Schule für Mathematik, Informatik, Logistik und Erfolg

SMILE ist eine Abkürzung für die Begriffsreihenfolge ‚Schule, Mathematik, Informatik, Logistik und Erfolg'. Diese Begriffsfolge soll den Anwenderkreis von Mathematik-Lernenden, -Studierenden und praktisch arbeitenden Personen verknüpfen, die sich für Mathematik interessieren und diese vertieft verstehen und anwenden wollen.

Der Autor war schon früh von der Frage geleitet, wie sich das ‚Abstraktum' Mathematik ins praktische Leben einfügt. Die Antwort fand er unmittelbar in seiner Berufspraxis. Auf Grund seiner langjährigen Erfahrung fiel es ihm leicht zu erkennen, daß es nur die Mathematik war, die jene Werkzeuge und Strukturen lieferte, einen sonst unmöglichen Transfer zu ermöglichen. In vielen logistischen Arbeitsabläufen zeigten sich Situationen, die er genau dieser Fragestellung zuordnen konnte. Aus diesem Grund hat er die Buchreihe ins Leben gerufen.

Die Buchreihe SMILE spannt in diesem Zusammenhang einen Bogen zwischen praktischer Arbeit und den daraus hervorgehenden theoretischen Erfordernissen. Sie besteht aus einem Kompaktband sowie einem mathematischen Vertiefungsband und einen extra entwickelten Software-Prototyp. Dieser Prototyp ist individuell in Python programmierbar und steht als kostenloser Download bereit. Ergänzt wird diese Software durch eine Bedienungsanleitung sowie eine zweiteilige technische Dokumentation. Die Dokumentation beinhaltet alle notwendigen Kenntnis-Grundlagen, die zur Anwendung der Programmiersprache Python und damit zur Erstellung des Prototyps erforderlich sind. Für alle Bände sind zusätzliche Übungsbücher inkl. Lösungen erhältlich.

SMILE wurde im Rahmen von Projektwochen, AGs und Vorlesungen an Schule und Hochschule erfolgreich vermittelt. Die Buchreihe richtet sich an Lehrer, Lehrende an Hoch- und technischen Fachschulen sowie an Berufseinsteiger der IT-Logistik-Entwicklung und -Beratung. Darüber hinaus sollte die Buchreihe für jene Anwender interessant sein, die das Thema ‚Digitalisierung in der Logistik' für sich vertiefen und in diesem Zusammenhang ‚Mathematik' als nachvollziehbaren Problemlöser verwenden wollen.

Erfolg kennt eine Lösung: ‚SMILE'!

Sven Wirsing

SMILE Prototyp zur Lagerverwaltung - Command Line Interface (CLI)

Übungsbuch

Sven Wirsing
Logistik IT-Beratung, Brandt & Partner
Eberbach, Baden-Württemberg, Deutschland

ISSN 3004-8478   ISSN 3004-8486   (electronic)
Schule für Mathematik, Informatik, Logistik und Erfolg
ISBN 978-3-662-71856-8   ISBN 978-3-662-71857-5   (eBook)
https://doi.org/10.1007/978-3-662-71857-5

Die Deutsche Nationalbibliothek verzeichnet diese Publikation in der Deutschen Nationalbibliografie; detaillierte bibliografische Daten sind im Internet über https://portal.dnb.de abrufbar.

Springer Vieweg ist ein Imprint der eingetragenen Gesellschaft Springer-Verlag GmbH, DE und ist ein Teil von Springer Nature.
Die Anschrift der Gesellschaft ist: Heidelberger Platz 3, 14197 Berlin, Germany

Wenn Sie dieses Produkt entsorgen, geben Sie das Papier bitte zum Recycling.

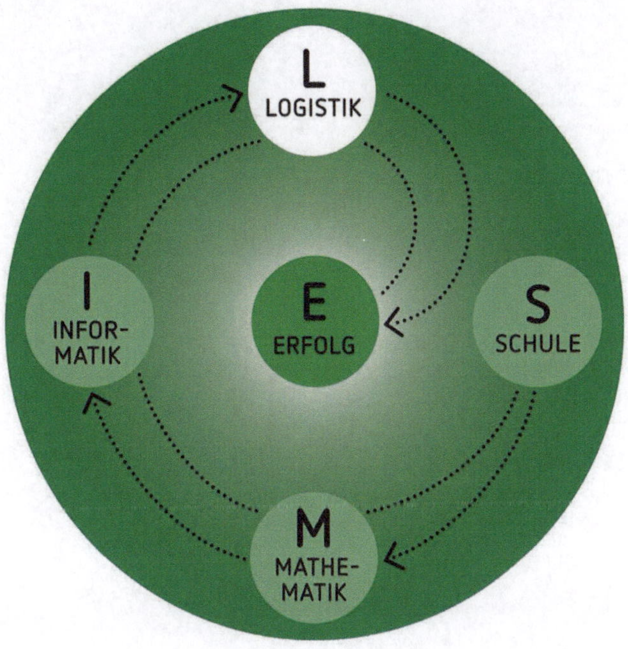
L
LOGISTIK
I
INFOR-
MATIK
E
ERFOLG
S
SCHULE
M
MATHE-
MATIK

Für meinen Freund
Pp
*****

Freundschaft
Danke für unsere Freundschaft
sie gibt mir Kraft
und zeigt neue Wege
aus dem Gedankengehege.
Der Austausch ist tief und klar
das ist einfach wunderbar.
Das Spiel mit den Worten
erfolgt an allen Orten.
Aber denke immer daran
ob im Jetzt oder irgendwann
das Lachen steht bevor:
es liegen defekte Waren vor!

(Sven Wirsing, 2026)

Competing Interests Der/die Autor*in hat keine relevanten Interessenskonflikte im Zusammenhang mit dieser Publikation.

Historie

Tab. 1 Dokument-Historie

Datum	Name	Thema	Version
06.12.2024	Sven Wirsing	Erstellung von Version 1.0	1.0

Inhaltsverzeichnis

Abkürzungsverzeichnis

	fördertechniktauglich (Fehlerflag)
°C	Grad Celcius
A	Gebinde-Status ‚avisiert'
ABC	ABC-Klassifikation
Account	Benutzerkonto (zu einem IT-System, z. B. Hotmail)
AG	Aktiengesellschaft
Anaconda	Anaconda-Distribution von Python
ANLI	Anlieferung (Nummernkreis)
APP	Application, Anwendungssoftware (nicht nur für mobile Geräte)
APPLE	Betriebssystem
AUSL	Auslieferung (Nummernkreis)
AVIS	Avis (Ankündigung eines Wareneingangs)
B	Barcodefehler (Fehlerflag)
BELE	Materialbeleg (Nummernkreis)
BEST	Anzeige aller Gebinde (Menü-Code)
BEWE	alle Bewegungen abschauen (Menü-Code)
BIC	Bank identifier code
BLOCK	Blocklagertyp, Blocklagerplatz
BME	Basismengeneinheit
BMAT	Bestand zum Material (Menü-Code)
BPLA	Bestand zum Platz (Menü-Code)
bspw.	beispielsweise
Bug	(englisch: Insekt) logischer Fehler im Software-Programm
C	Chargenfehler (Fehlerflag)
CHAR	Chargenstamm anzeigen (Menü-Code)
CLI	Command Line Interface (Form des User-Interfaces)
COM	Commercial, commerce (Dateiformat)
CSV	Comma-separated values (Dateiformat)

Ctrl	Control
D	Mengenfehler (Fehlerflag)
DE	Deutschland
Distribution	Softwarepaketierung und Softwareverteilung (z. B. Anaconda)
Download (-Bereich)	Herunterladen (Ordner mit heruntergeladenen Dateien)
Drag & Drop	Ziehen und Ablegen
Editor	Software zum Bearbeiten von Texten
EINLAG	Einlagern (Menü-Code)
ENDE	Programmende (Menü-Code)
EPAL	Europalette, auch die zugehörige Firma
EPALG	EPAL-Gitterbox
EPAL7	EPAL-Halbpalette 7
EPAL3	EPAL-Industriepalette 3
EPAL2	EPAL-Industriepalette 2
EPALC	Europalette C
ERP	Enterprise Resource Planning
etc.	et cetera
EURO	Euro (Währung)
ev.	eventuell
Excel	Tabellenkalkulationsprogramm
F	Fördertechnikuntauglich (Fehlerflag)
False	falsch
FEFO	First expired first out
FEHLER	Anzeige mögliche Fehler am I-Punkt (Menü-Code)
FIFO	First in first out
FLAGS	Anzeige mögliche Fehlerflags am WE-Stich (Menü-Code)
GEBE	Gebinde (Menü-Code)
ggfs.	gegebenenfalls
GIF	Graphics Interchange Format (Dateiformat)
GMAIL	Google Mail
GMX	*Global Message eXchange* (deutsches Webportal)
GR	Goods receipt (Wareneingang)
GUI	Graphical User Interface (Form des User-Interfaces)
Handy	Mobiltelefon, Smartphone
HASH	Hashing
Hotmail	Mail-Account
HRL	Hochregallager
HRL_01_01_01	HRL, Gang 1, Säule 1, Platz 1 (Lagerplatz)
HRL_01_01_02	HRL, Gang 1, Säule 1, Platz 2 (Lagerplatz)
HRL_01_01_03	HRL, Gang 1, Säule 1, Platz 3 (Lagerplatz)

HRL_01_01_04	HRL, Gang 1, Säule 1, Platz 4 (Lagerplatz)
HRL_01_01_05	HRL, Gang 1, Säule 1, Platz 5 (Lagerplatz)
HRL_01_01_06	HRL, Gang 1, Säule 1, Platz 6 (Lagerplatz)
HRL_01_02_01	HRL, Gang 1, Säule 2, Platz 1 (Lagerplatz)
HRL_01_02_02	HRL, Gang 1, Säule 2, Platz 2 (Lagerplatz)
HRL_01_02_03	HRL, Gang 1, Säule 2, Platz 3 (Lagerplatz)
HRL_01_02_04	HRL, Gang 1, Säule 2, Platz 4 (Lagerplatz)
HRL_01_02_05	HRL, Gang 1, Säule 2, Platz 5 (Lagerplatz)
HRL_01_02_06	HRL, Gang 1, Säule 2, Platz 6 (Lagerplatz)
HSM	Hochschule Rhein-Main
HU	Handling Unit (Gebinde)
IBAN	Internationale Bankkontonummer
ICO	Icon (Dateiformat)
INFO	Gebindeinfo zu einem Gebinde (Menü-Code)
inkl.	inklusive
INTL	Umlagerung (Menü-Code)
IPUNKT	MFS am I-Punkt simulieren (Menü-Code)
I_PUNKT	I-Punkt (Lagerplatz)
IT	Informationstechnologie
JPEG	Joint Photographic Experts Group (Dateiformat)
K	Kartonage defekt (Fehlerflag)
KG	Kilogramm
Kivy	Kivy (Python-Modul)
Konsole (Python)	textuelle Eingabeoberfläche zur Ausführung von Python-Befehlen
KPUNKT	Bearbeitung am K-Punkt (Menü-Code)
K_PUNKT	K-Punkt (Lagerplatz)
KUEHL_1	Kühlturm, Platz 1 (Lagerplatz)
KUEHL_2	Kühlturm, Platz 2 (Lagerplatz)
KUEHL_3	Kühlturm, Platz 3 (Lagerplatz)
KUEHL_4	Kühlturm, Platz 4 (Lagerplatz)
KUEHL_5	Kühlturm, Platz 5 (Lagerplatz)
KUEHL	Lagertyp KUEHL
KUHL	Kühlgut im Lager (Menü-Code)
L	Gebinde-Status ‚im Lager‘
LABL	Labeldruck (Menü-Code)
Laptop	tragbarer PC
LED	Leuchtdiode
LEERAB	Absteigend nach Kapazität sortieren (Einlagerstrategie)
LEERAUF	Aufsteigend nach Kapazität sortieren (Einlagerstrategie)
LEFO	Last expired first out

LF	Lieferantenretoure
LHM	Ladehilfsmittel
LIFO	Last in first out
LIEF	Lieferant
Link	Verbindung (zu einer Internetseite), auch Hyperlink
LINUX	Betriebssystem
LKW	Lastkraftwagen
Logo	Logo
Loop	Schleife
LRET	Lieferantenretoure (Menü-Code)
lt.	laut
LVS	Lagerverwaltungssystem
M	Materialfehler (Fehlerflag)
M4a	MPEG-4-Audiodateien (Dateiformat)
Mail	Post (meist für E-Mail = elektronische Post verwendet)
MATS	Materialstamm anzeigen (Menü-Code)
max.	maximal
MP3	Motion Picture Experts Group Audio Layer 3 (Dateiformat)
MP4	Motion Picture Experts Group Audio Layer 4 (Dateiformat)
MPEG	Motion Picture Experts Group (Dateiformat)
Navigator(-APP)	grafische Benutzeroberfläche zum Ausführen und Managen von APPs
NIO	Nicht-In-Ordnung
NIO	Lagerplatz NIO
Nr.	Nummer
O	Stretchfolie defekt (Fehlerflag)
OK	Okay, in Ordnung
P	Palette defekt (Fehlerflag)
PC	Personal Computer
PDF	Portable Document Format (Dateiformat)
PICK	Kommissionierungen (Nummernkreis)
PICK	Shop-Kommissionierung (Menü-Code)
PIP	Paketinstallationsprogramm
PNG	Portable Network Graphics (Dateiformat)
PLAETZE	mögliche Plätze anzeigen (Menü-Code)
PLATZ	Platz von Gebinde ändern (Menü-Code)
Print	Befehl in Python zur Textausgabe
PY	Python-Format
PyQt5	Python Cute 5 (GUI-Modul von Python)
PYTHON	Python
QR	Quick response (2-dimensionaler-Barcode)

QT	Cute (englisch: niedlich)
REDR	Rechnungsdruck (Menü-Code)
RET	Lieferantenretoure für ein Gebinde (Menü-Code)
RETOURE	Retouren-Lagerplatz
Return	Return-Taste auf der Tastatur
Scan	Scannen (hier ein Bild eines QR-Codes inkl. Inhalt)
SMILE	Schule Mathematik Informatik Logistik Erkenntnis
SNRO	Nummernkreise anzeigen (Menü-Code)
Split00	den Split 00 an die ERP-Charge konkatenieren (Ja/Nein)
Spyder	Spyder-Editor (in der Anaconda-Distribution enthalten)
ST, St., St	Stück
STICH	Fehlerflag am WE-Stich setzen (Menü-Code)
SCHR	Verschrotten eines Gebindes (Menü-Code)
SCHROTT	Schrott-Lagerplatz
Tab	Tabulator – Taste auf der Tastatur
TH	Technische Hochschule
TIF	Tagged Image file Format (Dateiformat)
TK	Toolkit (siehe TKINTER)
TKINTER	GUI-Toolkit Tk (GUI-Modul von Python)
TRAPO	interne Umlagerung (Nummernkreis)
TRANSPORT_HRL	Lagerplatz für Gebinde-Transporte ins HRL
TRANSPORT_I_PUNKT	Lagerplatz für Gebinde-Transporte zum I-Punkt
TRANSPORT_K_PUNKT	Lagerplatz für Gebinde-Transporte zum K-Punkt
TRANSPORT_RETOURE	Lagerplatz für Gebinde-Transporte zum Retourenplatz
TOUR	Tour (Nummernkreis)
True	wahr
TXT	Textdateiformat
UstIdNr	Umsatzsteuer-Identifikationsnummer
Video	lateinisch für ‚Ich sehe.‘, heute meint man einen Film
VLC	VLC-Media-Player (VLC = VideoLan Client)
WA	Warenausgang
WA	Warenausgang (Nummernkreis)
WAV	WAVE-Dateiformat
WBS	Wiesbaden Business School
WE	Wareneingang
WE	Wareneingang (Nummernkreis)
WE_LIEF	Wareneingangsplatz zum externen Lieferanten
WEMA	manueller Wareneingang
WE_STICH	Wareneingangsstich-Lagerplatz
WIKI	Wikipedia, Projekt zum Aufbau einer Enzyklopädie aus freien Inhalten

WINDOWS	Betriebssystem mit grafischer Oberfläche
WWW	world wide web
XLSX	Excel-Dateiformat
Youtube	Englisch für ‚Deine Glotze/Röhre‘, Videoportal im Internet
z. B.	zum Beispiel
ZIP	Zipper, Reißverschluss, Format für verlustfrei komprimierte Dateien
zul.	zulässiges

Das vorliegende Übungsbuch ist Teil der SMILE-Reihe. Es ergänzt die technische Dokumentation [3] der Command Line Interface-Version (CLI) des SMILE-Prototyps zur Lagerverwaltung. Da der SMILE-Prototyp in der Programmiersprache Python ausgeführt worden ist, sind auch die Übungsaufgaben zur Lagerverwaltung und deren Lösungen in der Programmiersprache Python formuliert und programmiert. Aus der Programmierung ist der CLI-Prototyp in Version 2.0 entstanden. Via Springer Link [2] können Sie diesen Prototyp kostenlos downloaden. Darüberhinaus sind weitere Beispielprogramme zu Übungszwecken ebenfalls kostenfrei abrufbar.

Ausgangspunkt der Übungsaufgaben sind logistische Fragestellungen, die passend zu den bisherigen logistischen Themen von SMILE ausgewählt worden sind und den Prototyp funktionell erweitern.

© Der/die Autor(en), exklusiv lizenziert an Springer-Verlag GmbH, DE, ein Teil von
Springer Nature 2026
S. Wirsing, *SMILE Prototyp zur Lagerverwaltung - Command Line
Interface (CLI),* Schule für Mathematik, Informatik, Logistik und Erfolg,
https://doi.org/10.1007/978-3-662-71857-5_1

- Wareneingangs-Prozesse: Gefahrstoffe und ihre Einlagerung, Kundenretouren inkl. Einlagerung, Verschrottung und Gutschriften
- interne Prozesse: mehrstufige Umlagerungen zwischen Lagerplätzen mittels Transferplätzen, Nachschub für frei gewordene Lagerplätze, Bestandssperren inkl. Umlagerungen zu Sperrbereichen
- Warenausgangs-Prozesse: Kostenstellenausbuchungen von Beständen inkl. Storno, Rechnungserstellung zu Auslieferungen
- Shop-Prozesse: Erstellung einer Lagerstruktur, Erzeugung von QR-Codes für Lagerplätze und Nachschub, Nachschub für den und innerhalb des Shops, Auswertung zu Brandabschnitten, Kundenretouren und ggfs. deren Gutschriften, Einlagerungen und Verschrottungen, Kommissionierungen im Shop, Kassenabwicklung inkl. Verkauf & Kundenretouren.

Ziel der beschriebenen Aufgaben ist es, die in der technischen Dokumentation erläuterten Implementierungstechniken zu üben. In diesem Zusammenhang werden folgende Methoden vertieft:

- Entwicklung und Aufbau von Datentabellen zur Definition und Speicherung prozesssteuernder Parameter
- Erstellung und Anpassung notwendiger Stammdaten zur Prozess-Durchführung
- Darstellung von Ablaufdiagrammen von Haupt- und Unterprogrammen, Klassen und Methoden
- Erstellung von Programmierkonzepten als Grundlage zur Python-Implementierung
- Umsetzung der Programmierkonzepte unter Verwendung fast aller Python-Befehle, die in der technischen Dokumentation angesprochen worden sind
- Integration in den bestehenden CLI-Prototyp
  - Codierung neuer Hauptprogramme, Unterprogramme, Klassen und Methoden
  - Erzeugung eines neuen Übungsmoduls für die Lösungsprogrammierung der Übungsaufgaben und sein Import zur Integration in den bislang vorliegenden CLI-Prototyp
  - Anpassung bereits bekannter Hauptprogramme, Funktionen und Methoden, um diese sowohl für die Übungsaufgaben als auch im bisherigen Kontext weiterhin nutzen zu können.

Folgende besondere Anhänge ergänzen dieses Übungsbuch:

- mathematische Hintergründe zur Python-Implementierung
- Hintergründe zu den Logistik-Prozessen
- Auflistung aller zur Lösungsimplementierung verwendeten Python-Befehle
- Bedienungsanleitung zur Durchführung der Logistik-Prozesse
- Benennung möglicher Optimierungsmöglichkeiten der Lösungen
- Auflistung des kompletten Datenkonstruktes
- Auflistung aller verwendeten Programme, Klassen, Methoden und Unterprogramme.

Interessierte Anwender sollen durch die gestellten Übungsaufgaben ermutigt werden, sich tiefer in die Python-Programmierung des CLI-Prototyps einzuarbeiten.

> ‚Nichts ist hilfreicher als eine Herausforderung,
> um das Beste in einem Menschen hervorzubringen.‘
> (Sean Connery)

Eberbach, den 10.04.2026   **Sven Sven Wirsing**

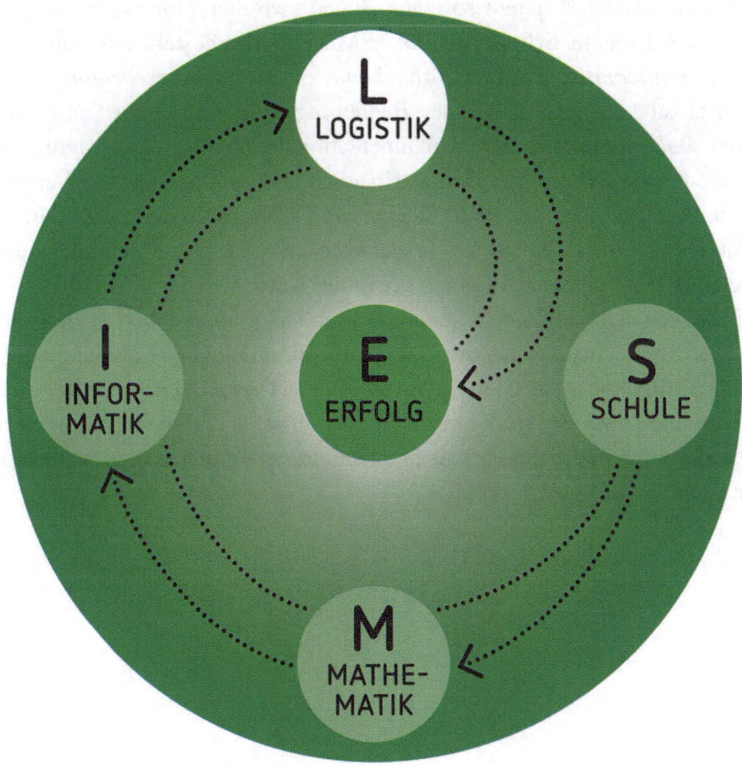

Abbildung 1: SMILE (siehe [1])

© Der/die Autor(en), exklusiv lizenziert an Springer-Verlag GmbH, DE, ein Teil von
Springer Nature 2026
S. Wirsing, *SMILE Prototyp zur Lagerverwaltung - Command Line
Interface (CLI),* Schule für Mathematik, Informatik, Logistik und Erfolg,
https://doi.org/10.1007/978-3-662-71857-5_2

‚*SMILE*' ist eine Abkürzung für die Begriffsreihenfolge ‚*Schule, Mathematik, Informatik, Logistik und Erfolg*'.

Die Begriffsreihenfolge verknüpft den Interessenten- und Anwenderkreis von Mathematik-Lernenden, -Studierenden und praktisch arbeitenden Personen, die das Abstraktum ‚Mathematik' im eigenen (individuellen) Sinn verstehen, vertiefen oder anwenden wollen.

Durch seine langjährige Erfahrung in der Logistik haben sich dem Autors Fragen aufgeworfen, die mathematische Antworten zwingend erforderlich machten. Auf den ersten Blick einfache Arbeitsprozesse galt es, vom praktischen Vorgang in die technisch-maschinenschriftlich lesbare Sprache zu übertragen. Inhaltlich entspricht dieser Vorgang der Transformation von der Logistik zur Informatik. Mathematik liefert die Werkzeuge und Strukturen, diesen Transfer erfolgreich zu leisten.

Logistische Prozesse werden innerhalb eines *Software-Prototyps* via Programmiersprache *Python* beispielhaft umgesetzt.

Die Buchreihe *SMILE* spannt so einen Bogen zwischen praktischer Arbeit und mathematisch-theoretischem Erfordernis. Die SMILE-Reihe besteht aus einem *Kompaktband*, einem *mathematischen Vertiefungsband*, einem *Software-Prototyp*, der kostenlos im Download verfügbar ist, seiner *Bedienungsanleitung* sowie einer zweiteiligen *technischen Dokumentation*. Die Dokumentation beinhaltet alle Grundlagen für die Programmiersprache *Python*, die für das Erstellen und zum technischen Verständnis des Prototyps notwendig sind. Zu allen Bänden sind *Übungsbücher inkl. Lösungen* vorhanden. *SMILE* ist im Rahmen von *Projektwochen und AGs* an einer Schule und als *Vorlesung* einer Hochschule erfolgreich vermittelt worden.

SMILE richtet sich an Lehrer, Lehrende an Hochschulen und technischen Fachschulen sowie Berufseinsteiger in die IT-Logistik-Beratung und -Entwicklung. Weiterhin wendet sich SMILE an Interessierte, die das Thema *Digitalisierung in der Logistik* für sich vertiefen und dabei die *Mathematik* als theoretischen Problemlöser anwenden wollen. *Informatik* dient in diesem Fall als praxisrelevantes Implementierungsinstrument.

Lernen auch Sie erfolgreich: *SMILE!*

Hinweise zu den Übungsaufgaben & Lösungen

3

Zu allen Aufgaben sind – falls nicht explizit anders vorgegeben –

- ein funktionelles Konzept, das den IT-Prozess beschreibt
- falls sinnvoll korrespondierende Schaubilder
- das Datenkonstrukt, notwendige Stammdaten sowie Beispieldaten
- das technische Implementierungskonzept mittels Python
- falls sinnvoll korrespondierende Ablaufdiagramme und
- die Implementierung in Python

zu erstellen.

Bei der Implementierung sollte eine neue Version von lvs.py programmiert werden – etwa **lvs_V2.py** (wie bei den in diesem Band vorgestellten Lösungen verwendet) –, in die sämtliche Python-Lösungen der Übungsaufgaben integriert werden soll. Zur besseren Übersichtlichkeit sollte man die Unterroutinen in ein eigenes Modul – etwa **lvs_ueb.py** auslagern. Das Menü, die bereits geschriebenen Methoden und Unterroutinen in lvs.py sind ebenso wie die Datengrundlage der CSV-Dateien ggfs. zu erweitern.

Das Szenario zum Shop wurde teils in die Module lvs_V2.py und lvs_ueb.py integriert. Die Kasse ist als eigenes Modul **shop_kasse.py** implementiert worden. Auf die bestehende GUI-Version des Prototyps wird ebenfalls zugegriffen (zum Scannen). Sie ist weiterhin unter **lvs_gui_tkinter.py** downloadbar.

Ergänzende Information Die elektronische Version dieses Kapitels enthält Zusatzmaterial, auf das über folgenden Link zugegriffen werden kann https://doi.org/10.1007/978-3-662-71857-5_3.

S. Wirsing, *SMILE Prototyp zur Lagerverwaltung - Command Line Interface (CLI),* Schule für Mathematik, Informatik, Logistik und Erfolg, https://doi.org/10.1007/978-3-662-71857-5_3

Abbildung 2: Python-Programme Version 2

Der komplette SMILE-CLI-Prototyp in Version 2.0 ist bei Springer-Link kostenlos downloadbar!

Es müssen innerhalb von lvs_ueb.py und shop_kasse.py Importe und ggfs. auch ‚pip installs' durchgeführt werden.

```
 6
 7   import lvs_V2 as lvs
 8   import webbrowser
 9   from fpdf import FPDF
10   import aspose.pdf as ap
11   import time
12   from operator import itemgetter
13   import qrcode
14   import lvs_gui_tkinter as gui
15   import cv2
16   import math
17   import numpy as np
```

Abbildung 3: Übersicht Imports

In der GUI-Version wurde die CLI-Version entsprechend abgeändert importiert:

Abbildung 4: Import Version 2

In der CLI-Version selbst wurde das Übungsmodul importiert.

```
20    from operator imp
21    import lvs_ueb
22    #Ende impo
```

Abbildung 5: Import Übungscoding

Zur Lösungsumsetzung gehören ebenfalls Tests. Diese sind im Übungsbuch nicht dokumentiert, sollten aber im Rahmen der Lösungserstellung pro Aufgabe durchgeführt werden. Inhalt der Tests sind

- die neue Funktion in verschiedenen Varianten und Konstellationen zu testen
- Tests bestehender Prozesse und Funktionen durchzuführen, falls diese bei der Implementierung geändert werden; die Funktionsweise darf sich nicht ändern (Regressionstests anderer Prozesse und auch Module).

<u>Anmerkung:</u>

Ausgelöst durch den Regressionstest der GUI-Version wurde zwei Änderungen vorgenommen:

- Das Modul ‚playsound' wurde in der Version 1.2.2 nachträglich installiert:
  - pip install playsound = = 1.2.2

- Das Versenden von Mails im Rahmen der Auslieferungserzeugung war über Hotmail nicht mehr ohne weiteres durchführbar. Aus diesem Grund wurde der Mailversand über GMX implementiert.
  - Der Server wurde entsprechend im Coding der GUI-Version angepasst.

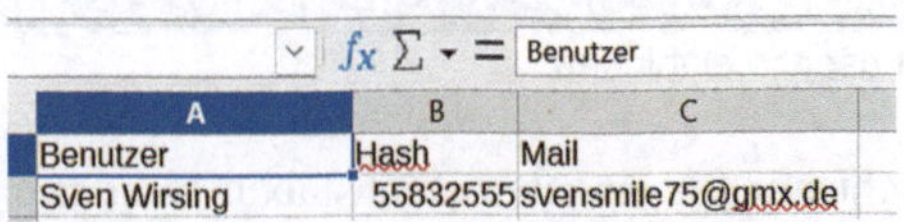

```
7651
7652            if varmail.get() == 1:
7653                sender_email = ''
7654                receiver_email = ''
7655                port = 587    # For starttls
7656                smtp_server = 'mail.gmx.net'
7657                smail = lvs.db.benutzer.select({'Ben
7658                if len(smail) != 0:
7659                    for row in smail:
```

Abbildung 6: Mailversand mit GMX

  - Zum Versand benötigt man einen Mailaccount bei GMX, der in den Benutzerdaten (CSV-Datei benutzer.csv) abzulegen ist.

			fx Σ ▾ =	Benutzer	
	A	B	C
Benutzer	Hash	Mail
Sven Wirsing	55832555	svensmile75@gmx.de

Abbildung 7: Ablage Mailadresse zum User

  - Im GMX-Account sind Sicherheitseinstellungen vorzunehmen (siehe [6]).

<u>Tipp:</u>

Im Warenausgangsbereich ist auf folgende Tabellen = CSV-Dateien zurückzugreifen, die erst bei der GUI-Implementierung verwendet werden.

- Kunden (kunden.csv)
- Auslieferungskopf (slkopf.csv)
- Auslieferungspositionen (slpos.csv).

Beim Shop-Szenario werden Scan-Logiken ebenfalls aus der GUI-Version von SMILE verwendet.

Generell sollten möglichst das vorhandene Datenkonstrukt und die bereits implementierten Unterroutinen verwendet werden. Die Programmierbefehle aus der technischen CLI-Dokumentation reichen zur Umsetzung der Übungsaufgaben (fast) komplett aus.

Um Zufallszahlen zu erzeugen, die nicht nur ganze, sondern sogar Dezimalzahlen sind, ist der Python-Befehl

np.random.uniform(min,max)

zu verwenden. Statt **randint** (Zufallszahlen bei der Wareneingangskontrolle) wird in diesem Zusammenhang (Waage-Simulation) **uniform** benutzt. Die Variablen **min** und **max** stellen de Unter- bzw. Obergrenze des reellen Zahlenintervalls dar, innerhalb dessen eine Zufallszahl ermittelt wird.

Um Bilder in ein PDF-Dokument aufzunehmen, kann das Modul **aspose** verwendet werden. Anbei ein zugehöriges Beispiel aus der Implementierung einer der Übungsaufgaben.

```
345
346    #    PDF-Dokument benennen und speichern: Auslieferung_Rechnung.pdf
347         save = str(ausl)+'_'+str(redr)
348         save_ohne_logo = save + '.pdf'
349         pdf.output(save_ohne_logo)
350
351    #    Logo mit aspose-Modul
352         input_file = save_ohne_logo
353         output_pdf = save + '_logo.pdf'
354         image_file = "Spirale.gif"
355         # Open document
356         document = ap.Document(input_file)
357         document.pages[1].add_image(image_file, ap.Rectangle(450, 700, 600, 850, True))
358         document.save(output_pdf)
```

Abbildung 8: Grafiken mit aspose einbinden

Der **in**-Befehl kann nicht nur für einzelne Buchstaben, sonder ebenfalls für Strings verwendet werden. Durch die Zeile

    if 'SHOP' in rowp['Lagertyp']:

wird bspw. geprüft, ob das Wort ‚SHOP' in der Lagertyp-Benennung enthalten ist. Der Befehl.

    string.index(z)

retourniert den Index des Buchstabens ‚z' im String ‚string'.

Übungsaufgaben 4

4.1 Warenausgang

4.1.1 Warenausgang Kostenstelle

Man konzipiere und implementiere eine Funktion, mit der man Bestand von einem nur zu diesem Zweck vorgesehenen Lagerplatz komplett oder teilweise für eine Entnahme auf eine Kostenstelle ausbuchen kann. Bei der Verarbeitung sind eine Kostenstelle und ein Grund einzugeben, die in einer zugehörigen Bewegung abzuspeichern sind. Die für diesen Prozess verwendbaren Kostenstellen müssen als Stammdaten angelegt sein. Welcher Bestand darf nicht entnommen werden?

4.1.2 Storno Warenausgang Kostenstelle

Buchungen, die mittels Übungsaufgabe 4.1.1 erzeugt werden, sind zu stornieren. Der ausgebuchte Bestand ist zu diesem Zweck auf einem Storno-Platz zurückzubuchen. Eine Kostenstellenausbuchung darf nur einmal storniert werden.

4.1.3 Rechnung zur Auslieferung

Zu einer Auslieferung soll eine Rechnung als PDF-Dokument erzeugt werden können. Folgende Daten sollen auf der Rechnung beinhaltet sein:

S. Wirsing, *SMILE Prototyp zur Lagerverwaltung - Command Line Interface (CLI)*, Schule für Mathematik, Informatik, Logistik und Erfolg, https://doi.org/10.1007/978-3-662-71857-5_4

- Absender – SMILE-Lager
- Empfänger der Auslieferung
- Kundennummer
- Auslieferungsnummer
- Rechnungsnummer (neues Nummernkreisintervall)
- Inhalt der Auslieferung je Position (Positionsnummer, Material, Menge, Einheit, Einzelpreis, Gesamtpreis der Position)
- Pauschalpreis für Transport
- Pauschalpreis für Verpackung
- Mehrwertsteuer
- Gesamtpreis mit Mehrwertsteuer
- aktuelles Datum mit Uhrzeit
- Steuernummer
- Umsatzsteuer-Identifikationsnummer
- Telefonnummer und E-Mail
- Bankverbindung.

Die Rechnung wird im Rahmen des Shop-Szenarios als Kassenbeleg verwendet.

4.2 Wareneingang

4.2.1 Gefahrstoffe

Gefahrstoffe sind Produkte, die im Materialstamm mittels einer Lagerklasse gekenn-zeichnet werden sollen. Mögliche Lagerklassen sollen inkl. eines Textes separat als Stammdatum ablegbar sein.

Gefahrstoffe dürfen (analog zu Kühlgütern) nicht avisiert werden.

Bei Einlagerung von Gefahrstoffen soll geprüft werden können, ob die Lagerklasse im Lagertyp des Lagerplatzes zur Einlagerung erlaubt ist.

Man definiere vier Gefahrstoff-Produkte mit vier verschiedenen Lagerklassen. Zwei Produkte dürfen in einem gemeinsamen Lagertyp eingelagert werden, der nur diese bei-den Lagerklassen zulässt. Ein anderer Lagertyp ist für die Lagerung der anderen beiden Gefahrstoffe vorgesehen. In ihm dürfen auch andere Lagerklassen sowie Produkte ohne Gefahrstoffzuordnung lagern.

Zusätzlich sollen Brandabschnitte eingeführt werden, die als Attribut zum Lagerplatz erfasst werden können. Mittels Brandabschnitt können zur Lagerung die Anzahl an HUs zu Gefahrstoffen beschränkt werden. Diese Anzahl ist bei Einlagerung/Umlagerung in die-ser Aufgabe nicht zu beachten. Sie wird im Shop-Szenario berechnet und gefüllt werden.

Brandabschnitte sollen per Dialog zu definieren sein. Ihr Name unterliegt folgenden Regeln:

- Die ersten beiden Buchstaben entstammen dem Alphabet ‚A bis Z‘.
- Der dritte und vierte Buchstabe ist eine ganze Zahl zwischen 0 bis 9.

Zusätzlich sollen erfassbar sein:

- ein Text = Beschreibung des Brandabschnitts
- erlaubte Anzahl an Gefahrstoff-HUs im Brandabschnitt
- aktuelle Anzahl an Gefahrstoff-HUs im Brandabschnitt.

Eine weitere Funktion zeigt die definierten Brandabschnitte an.

4.2.2   Kundenretoure

Bei einer Kundenretoure wird ein Wareneingang mit Bezug zu einer Lieferungsposition erfasst. Die retournierte Menge muss kleiner gleich der Lieferungspositions-Menge abzüglich bereits retournierter Mengen und ganzzahlig sein. Die Auslieferung muss bereits abgeschlossen sein. Es ist der Grund für die Retoure zu erfassen.

Der Grund ist bei der Bewegung zum Retouren-Wareneingang ebenso wie der Bezug zur Auslieferungsposition zu erfassen. Der Retouren-Wareneingang soll ein eigenes Nummernkreisintervall bekommen.

Der Kundenretouren-Bestand liegt nach Wareneingangsbuchung auf dem Platz ‚WE_ KRET‘ und besitzt ein Sperrkennzeichen sowie eine Zuordnung zur Kundenretoure.

Bestände mit Sperrkennzeichen sind zunächst nicht bewegbar (Umlagerung, Einlagerung und Lieferantenretoure sind entsprechend anzupassen) und müssen im Wareneingangsbereich für Retouren solange lagern, bis sie (nach nicht IT-technisch abgebildeter Qualitätsprüfung) freigegeben werden. Die Freigabe ist abzubilden. Alternativ kann – auch ohne Freigabe – eine Verschrottung vorgenommen werden.

Wird der Bestand nicht verschrottet und ist er freigegeben, kann er im Prototyp mit bekannten Mitteln eingelagert werden.

4.2.3   Kundenretoure – Gutschrift

Nach erfolgter Wareneingangsbuchung einer Kundenretoure (siehe Aufgabe 4.2.2) soll eine Gutschrift zur retournierten Auslieferungsposition als PDF erstellt werden. Dazu ist möglichst die Implementierung aus Aufgabe 4.1.3 zu nutzen. In dieser Aufgabe ist zusätzlich zu überlegen, welche zur Rechnung abweichenden Inhalte eine Gutschrift aufweisen sollte.

4.3 Interne Prozesse

4.3.1 Nachschub

Ein Mitarbeiter soll die Möglichkeit besitzen, zu einem Lagerplatz und Material einen Nachschub zu initiieren. Zu diesem Zweck muss der Lagertyp, aus dem nachgeschoben werden soll, zum Lagerplatz und Material ablegbar sein. Nachgeschoben wird immer ein ganze HU aus dem Nachschub-Lagertyp. Dabei sollen HUs mit kleinsten Mengen zuerst nachgeschoben werden. Bereits gesperrte Bestände dürfen je nach Einstellung in zugehörigen Stammdaten-Parametern nachgeschoben werden.

4.3.2 Mehrstufige Umlagerungen

Bei einem Transport von Quelle zu Ziel soll es möglich sein, über einen Transfer-Lagertyp zu transportieren. Die ursprüngliche Umlagerung wird auf diese Weise in zwei Teiltransporte aufgeteilt. Aus diesem Grund nennt man dieses Konzept ‚mehrstufige Umlagerung‘. Jeder der Teiltransporte kann ggfs. wieder mehrstufig erfolgen.

Bei Druck der Transportschuppe sollen alle Teiltransporte angedruckt werden.

Zusätzlich soll eine Funktion implementiert werden, mit der nach Eingabe zweier Plätze der Transportweg laut mehrstufiger Umlagerung ersichtlich ist.

4.3.3 Bestandssperren & Folgeaktionen

Innerhalb der Chargenanzeige soll die Möglichkeit gegeben sein, eine Charge als ‚gesperrt‘ zu kennzeichnen.

Innerhalb der Gebindeanzeige soll es möglich sein, ein Gebinde zu sperren. Dabei kann das Retouren-Sperrkennzeichen intern verwendet werden. In der Referenz wird der Text ‚manuell‘ automatisch im Gebindestamm erfasst. Zur Unterscheidung zu Kundenretouren wird nur die Kopf-, nicht aber die Positionsreferenz im Gebindestamm fortgeschrieben.

Falls Charge und Split, die mit der HU verbunden sind, als gesperrt gekennzeichnet sind, wird die HU automatisch mit dem Sperrkennzeichen versehen und diese Aktion mitgeteilt. Ein manuelles Sperren ist dann nicht mehr notwendig. Referenz ist ‚gesperrte Charge‘.

Aus Vorsichtsgründen wird das Gebinde nach einer Sperrung auf den Platz ‚SPERR‘ im Lagertyp ‚SPERR‘ automatisch umgelagert. Dort wird entschieden, ob das gesperrte Gebinde auf den Schrottplatz umgelagert oder anderweitig verwendet wird.

Sollte das Gebinde gesperrt sein und noch nicht auf ‚SPERR‘ liegen, wird eine Umlagerung auf diesen Platz innerhalb der Gebindeanzeige initiiert.

Avisierte Gebinde dürfen bei diesen Funktionen nicht ausgeschlossen werden.

4.4   Menüstruktur

4.4.1   Umgestaltung Menü

Die Darstellung der Menüfunktionen soll übersichtlicher gestaltet. Zu diesem Zweck werden Menübereiche eingeführt und Funktionen diesen Bereichen zugeordnet. In der Menüanzeige werden die Funktionen je Menübereich aufgelistet.

4.5   SMILE-Shop

Im SMILE-Lager gibt es einen Shop-Bereich, in dem Artikel von Kunden vor Ort gekauft und retourniert werden können.

Im Shop-Bereich ist dem Kunden eine Verkaufsfläche = Showroom sowie ein Kleinteilebereich mit Waage zugänglich. Ware steht zusätzlich in einem Regal hinter dem Verkaufstresen bereit, da nicht sämtliche Produkte im Kleinteilebereich und in der Verkaufsfläche des Shops liegen können. Dieser Shop-Bereich dient ebenfalls als Nachschub für die Verkaufsfläche und Kleinteilebereich. In diesem Kontext müssen Teilmenge von HUs nachschiebbar sein. Ein Gefahrstoff-Schrank hinter dem Verkaufstresen ist vorhanden, aus dem Ware für Verkauf nur von den Mitarbeitern entnommen werden kann. Gefahrstoffe lager im Shop-Bereich nur in diesem Gefahrstoff-Schrank.

Material kann zusätzlich aus dem Lager mehrstufig über einen Transfer-Platz per Nachschub angefordert werden, falls es sich nicht im Shop-Bereich befindet und vom Kunden gekauft werden möchte. Mitarbeiter können den Nachschub auch adhoc außerhalb der Verkaufsprozesse auslösen, um Material aus dem Lager in den Shop-Bereich nachzuschieben.

Der Shop ist ein eigener Brandabschnitt. Eine Auswertung zu Brandabschnitten soll anzeigen, welche Artikel in welchen Mengen in einem Brandabschnitt liegen und welche davon Gefahrstoffe sind. Die Anzahl an Gefahrstoff-HUs ist im Rahmen dieser Auswertung je Brandabschnitt zu ermitteln und in der Brandabschnitts-Datentabelle abzulegen.

Die Lagerplätze im Shop-Bereich, deren Benennung auf Strings der Länge 10 und Nutzung von Großbuchstaben A bis Z und Zahlen von 0 bis 9 beschränkt ist, können mit QR-Barcodes ausgestattet werden. Der Aufbau eines QR-Lagerplatz-Barcodes ist.

,Lagernummer/Lagertyp/Lagerplatz/Kapazität/Brandabschnitt'

Es soll möglich sein, Barcodes zu erzeugen und diese durch Anscannen zu testen.

Um den adhoc-Nachschub zu optimieren, soll es Barcodes geben, die

,Lagerplatz/Materialnummer'

beinhalten. Diese sollen ebenfalls erzeugt und getestet werden können.

Bei Shop-Kundenretouren wird eine Kundenretoure erfasst. In diesem Zusammenhang wird dem Kunden eine Gutschrift ausgehändigt und das Geld direkt ausbezahlt. Für die Einlagerung von Kundenretouren wird – falls der Artikel im Shop verkauft wird – erst im Shop (Regal und Gefahrstoff-Schrank hinter dem Tresen, nicht in der Verkaufsfläche) ermittelt, ob Platz vorhanden ist. Ansonsten erfolgt eine Einlagerung über den Transfer-Platz ins Lager.

Über eine Kasse werden Shop-Artikel verkauft bzw. Kundenretouren erfasst.

Im Kleinteilebereich soll die Waage beim Verkaufsprozess verwendet werden. Sie wird im Rahmen der Kommissionierung verwendet, um ein sinnvoll und zufällig ermitteltes Gewicht zum Verkaufstresen zu transportieren.

Der Verkaufsprozess soll folgendermaßen ablaufen:

- Kassenbereich wird durch den Lagertyp SHOP_PACK abgebildet.
- Zu jedem Kunden ist ein Lagerplatz SHOP_<Kundenname> vorhanden.
- Kommissionierung
  - Umlagerung von ganzen HUs oder Teilbeständen zum Kundenplatz
  - Erstellung neuer Gebinde von Voll- oder Teilabgriff
  - Erniedrigung des Bestandes der Quell-HU
- Verkaufsprozess an der Kasse
  - Eingabe des Kunden
  - Selektion aller Bestände auf dem Kundenplatz in SHOP_PACK
  - Erstellung einer Auslieferung auf Basis dieses Bestandes
  - Verwendung der Rechnungserstellung aus obiger Übungsaufgabe
  - Erhöhung Kassenbestandes lt. Rechnungsbetrag
  - Ausbuchung aller Gebinde vom Kundenplatz

Die Kasse hat folgende Funktionen:

- Anmelden
- Abmelden
- Verkaufsprozess
- Kundenretoure
- Inventur.

Die Kasse lädt alle Artikel (inkl. Preise), die mit dem Shop-Kennzeichen versehen sind. Der aktuelle Geldbestand ist dauerhaft zu speichern.

Es gibt einen Schrottbereich im Shop zum Sammeln von zu verschrottender Waren. Diese werden dort direkt verschrottet.

Der SHOP-Bereich und die angesprochenen Prozesse sind durch eine Skizze zu visualisieren.

Ein Ablaufdiagramm ist nur im letzten Aufgabenteil gefordert.

Die Implementierungen sind durch geeignete Beispiele zu testen und zu dokumentieren.

4.5.1   Shop-Skizze

Man fertige eine Skizze der Shop-Struktur und der Prozesse an.

4.5.2   Abbildung der Lagerstruktur

Man pflege Stammdaten im SMILE-Prototyp, um die Lagerstruktur des Shops abzubilden.
   Zusätzlich definiere man neue Materialien für den SHOP-Bereich und fülle die Bestandstabelle bzgl. der neu definierten Lagerstrukturen mit neuen und bestehenden Materialien.

4.5.3   Auszeichnung Lagerplätze

Die Lagerplätze im Shop-Bereich, deren Benennung auf Strings der Länge 10 und Nutzung von Großbuchstaben A bis Z und Zahlen von 0 bis 9 beschränkt ist, können mit QR-Barcodes ausgestattet werden. Der Aufbau eines QR-Lagerplatz-Barcodes ist.

,Lagernummer/Lagertyp/Lagerplatz/Kapazität/Brandabschnitt'.

Man implementiere die QR-Barcode-Erzeugung und ihren Test im SMILE-Prototyp durch zwei Funktionen.
   Hinweise:
   Die Erzeugung von Labels wurde bereits für HUs in Version 1.0 der CLI-Version durchgeführt.

```python
#...Labeldruck
def SELmanuwelbl():
    if manuwe == "":
        tkinter.messagebox.showinfo(title="Info", message="Label kann noch nicht erzeugt werden. E
    if manuwe == "X":
        global qr
        toSelectmat = lvs.db.matstamm.select({'Material':matmanuwe.get()})
        for row in toSelectmat:
            if row['Chargenpflicht'] == 'JA':
                qr = 'SMILE' + '/' + str(gebmanuwe.get()) + '/' + str(matmanuwe.get()) + '/' + str(ch
            else:
                qr = 'SMILE' + '/' + str(gebmanuwe.get()) + '/' + str(matmanuwe.get()) + '/' + "" +
        img = qrcode.make(qr)
        global text
        text = str(gebmanuwe.get()) + '.png'
        img.save(text)
        tkinter.messagebox.showinfo(title="Info", message="Label erzeugt und in " + text + " gespe
        global manulbl
        manulbl ="X"
        if varmanuwe1.get() == 1.
            img.show(text)
    return
```

Abbildung 9: Hinweise zu QR-Codes

Für den Test eines QR-Lagerplatz-Barcodes kann das Scannen und Splitten aus der GUI-Version verwendet werden:

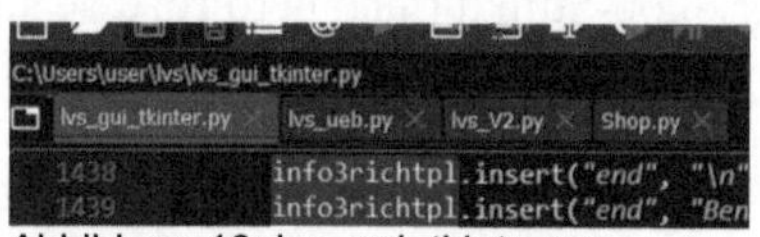

Abbildung 10: lvs_gui_tkinter.py

```python
    return

#....Gebinde-Scan
def SELrichtplscan():
#...Scan-Dialog mit Rückgabe Wert in scanfeld als globale Variable
    SCANqrcode()
#...Protokoll starten
    info3richtpl.delete(1.0, "end")
    gauge.set_value(0)
    flagtextpl.set("                                          ")
    aplatztextpl.set("                                          ")
    info3richtpl.insert("end", "Start Scan QRCODE \n")
    info3richtpl.insert("end", "\n")
#...Nichts tun, wenn scanfeld leer ist
    initial=len(scanfeld)
    if initial == 0:
        info3richtpl.insert("end", "kein QRCODE ermittelt \n")
        info3richtpl.insert("end", "Ende Scan QRCODE \n")
        return
#...Splitroutine
    info3richtpl.insert("end", "QRCODE gecannt: " + scanfeld + " \n")
    x=scanfeld.split("/")
    info3richtpl.insert("end", "QRCODE nach / gesplittet: " + str(x) + " \n")
#...Check-Routine
    fix = x[0]
    info3richtpl.insert("end", "Präfix: " + fix + " \n")
    if fix != 'SMILE':
        info3richtpl.insert("end", "Präfix nicht 'SMILE' \n")
        info3richtpl.insert("end", "Ende Scan QRCODE \n")
        return
    geb = x[1]
    info3richtpl.insert("end", "Gebinde: " + geb + " \n")
    if len(geb) == 0:
```

Abbildung 11: Scannen vom QR-Barcode mittels GUI-Version

4.5.4   Lagerplätze & Mathematik

Ein Mitarbeiter möchte die Lagerplätze im Shop durch genau eine Zahl codieren. Zu diesem Zweck hat er sich folgenden Algorithmus überlegt:

- Jeder Großbuchstabe wird durch eine Zahl ersetzt.
  - A → 0, B → 1 usw.
- Jede Zahl verbleibt als Zahl.
  - 0 → 0, 1 → 1 usw.

- Anschließend werden die Zweierpotenzen der erhaltenen Zahlen gebildet und aufsummiert.
- Das Ergebnis soll den Lagerplatz abbilden.
- Tauchen andere Zeichen in der Lagerplatzbezeichnung auf, bricht die Berechnung mit einem Fehler ab.

Welche Zahl ergibt sich für die Lagerplätze ‚ABCD' und ‚AEBD'?

Kann die Benennung eines Lagerplatzes aus der mit obigem Algorithmus berechneten Zahl rekonstruiert werden?

Man schreibe zu diesem Zweck ein Testprogramm, bei dem nur Buchstaben als Lagerplatzbezeichner verwendet werden (Hinweis: string.index() ist nützlich!).

Welche Beziehung besteht zur Wareneingangskontrolle, innerhalb derer Binärzahlen eingesetzt werden?

4.5.5 Auszeichnung Nachschub

Um den adhoc-Nachschub zu optimieren, soll es Barcodes geben. Sie sind folgendermaßen aufgebaut:

‚Lagerplatz/Materialnummer'

Barcodes sollen erzeugt und durch Anscannen getestet werden können.

4.5.6 Auswertung Brandabschnitte

Der Shop ist ein eigener Brandabschnitt. Es werden auch Gefahrstoffe verkauft. Eine Auswertung zu Brandabschnitten soll anzeigen, welche Artikel in welcher Menge in einem beliebigen Brandabschnitt liegen und welche davon Gefahrstoffe sind. Die Anzahl an Gefahrstoff-HUs ist im Rahmen dieser Auswertung zum eingegebenen Brandabschnitt zu ermitteln und in der Datenbank zum Brandabschnitt abzulegen.

Man implementiere die Auswertung der Brandabschnitte und teste sie.

4.5.7 Nachschub aus dem Lager

Man definiere geeignete Materialien und führe einen adhoc-Nachschub aus dem Lager in den Shop-Bereich mit und ohne Barcode-Unterstützung durch. Zu diesem Zweck ist die Nachschub-Abwicklung bzgl. Barcodes zu erweitern. Ein Scan eines Nachschub-Barcodes löst einen Nachschub über den Transfer-Platz zwischen Lager und Shop aus. Im Shop-Bereich kann aus dem Lager heraus in die Lagertypen SHOP_NACH und SHOP_GEFA nachgeschoben werden. Für die in Beispielen zu verwendenden Materialien sind entsprechende Nachschubdaten zu pflegen.

4.5.8   Nachschub innerhalb Shop

Man definiere geeignete Materialien und führe einen adhoc-Nachschub mit und ohne
Barcode-Unterstützung innerhalb des Shop-Bereiches durch. In diesem Kontext sollen
Teilmengen-Nachschübe möglich sein. Das bedeutet, dass nicht die gesamte Menge
eines Gebindes, sondern eine eventuell kleinere Menge nachgeschoben werden muss.

   Die Nachschub-Abwicklung ist entsprechend anzupassen:

- Teilmengen-Nachschub soll pro Platz einstellbar sein
- Quell-HU in Menge reduzieren
- neue HU zum Nachschub mit Umlagerungs-Menge anlegen.

Ein Nachschub ist vom Lagertyp ‚SHOP_NACH' in den Showroom und den Kleinteilebereich möglich.

4.5.9   Kundenretoure

Der logistische Prozess der Kundenretoure soll zunächst ohne Kassenfunktion IT-seitig
abgebildet werden. Folgende Themen sind bei der Implementierung zu beachten:

- Die Erfassung der Kundenretoure soll auf dem Platz SHOP_KRET durchgeführt wer-
  den. Zu diesem Zweck ist obige Übungsaufgabe 15 zu verwenden.
- Nach erfolgter Erfassung wird die Kundenretoure entweder umgebucht (siehe eben-
  falls Übungsaufgabe 15) oder verschrottet.
- Für die Gutschrift ist Übungsaufgabe 16 anzuwenden.
- Für die Einlagerung gilt prinzipiell die Platzfindung/Einlagerung aus dem SMILE-
  Prototyp. Vorgeschaltet werden soll die Logik, aus dem Shop heraus für Shop-Mate-
  rialien in einem ersten Schritt einen Platz im Shop zu suchen:
  – Gefahrstoffe sind in SHOP_GEFA einzulagern.
  – Andere Shop-Produkte sind in SHOP_NACH einzulagern.
     In einem zweiten Schritt wird ggfs. die bestehende Platzfindung aufgerufen.
- Bei der Einlagerung ins Lager aus dem Shop heraus ist die Mehrstufigkeit zu be-
  achten (siehe Übungsaufgabe 16, Transfer-Lagertyp verwenden).
- Man teste die Kundenretouren-Logik an geeigneten Beispielen.

4.5.10 Shop-Kommissionierung

Als Vorbereitung auf den Verkaufsprozess mittels Kasse wird im Rahmen dieser Übungsaufgabe die Zusammenstellung der Waren im Shop umgesetzt. Das Zusammenstellen
von Waren wird innerhalb der Logistik ‚Kommissionierung' genannt.

Der Lagertyp SHOP_PACK wird der Lagerstruktur hinzugefügt. Kommissionierte Waren sind kundenbezogen auf Lagerplätzen SHOP_KUNDE nach Kommissionierung gelagert. Zu diesem Zweck ist für jeden Kunden ein entsprechender Lagerplatz anzulegen. Das Kommissionieren wird nach folgendem Verfahren durchgeführt:

- Relevante Lagertypen sind SHOP_GEFA, SHOP_NACH, SHOP_SHOW und SHOP_KLT.
- Zur Kommissionierung sind Kunde und HU einzugeben. Die komplette HU (Vollabgriff) oder auch ein Teil der HU (=Teilabgriff) wird auf den entsprechenden Kundenplatz umgelagert.
- Als Besonderheit soll im Kleinteilebereich der Teilabgriff zufallsbasiert mittels Zufallszahlen für das Nettogewicht ermittelt werden.

4.5.11 Kasse

Als Kassenfunktion sollte das entsprechende Python-Programm aus der technischen CLI-Dokumentation verwendet werden. Auf dieser Grundlage steht genau eine Kasse mit folgenden Grundfunktionen zur Verfügung:

- Anmelden
- Abmelden
- Inventur
- Übersicht Kassenfunktionen
- Verkaufsvorgang.

Die Funktionen müssen angepasst und neue entwickelt werden. Nachfolgend die Beschreibung der zu verwendenden Kassenfunktionen:

- Die Kasse bleibt ein eigenes Python-Programm.
- Es soll genau eine Kasse verwendbar sein.
- Beim Anmelden müssen abweichend zur Übungsaufgabe alle Shop-Produkte in die Kasse geladen und der aktuelle Geldbestand von der Datenbank abgerufen werden.
- Beim Abmelden muss der Geldbestand auf der Datenbank gespeichert werden.
- Die Anzeige der Kassenfunktionen kann ohne Abänderung verwendet werden.
- Der Verkaufsvorgang muss neu entwickelt werden:
  - Vorbereitend werden Kundenretoure und Gutschrift außerhalb der Kasse durchgeführt (siehe Übungsaufgabe 23). Die Gutschrift muss den Gutschriftsbetrag speichern.
  - Der Kunde legt die Gutschrift mit Nummer vor.
  - Der Betrag wird ermittelt und ausgezahlt.
  - Das Ausbezahlen wird in der Gutschrift vermerkt, um keine zweite Ausbezahlung durchführen zu können.

- Der Verkaufsvorgang muss komplett neu entwickelt werden. Er kann nicht übernommen werden.
  - Vorbereitend muss alles das, was der Kunde kaufen möchte, per Übungsaufgabe 23 kommissioniert und auf den richtigen Kundenlagerplatz im Lagertyp SHOP_ PACK umgelagert werden.
  - Der Kunde übergibt seine Kundennummer.
  - Es werden alle Gebinde auf dem Kundenlagerplatz in SHOP_PACK ermittelt und physisch verpackt. Das Verpacken wird IT-seitig nicht erfasst.
  - Es soll der Rechnungsbeleg aus Übungsaufgabe 14 Verwendung finden. Zu diesem Zweck ist eine Auslieferung auf Basis der zuvor selektierten Bestände intern (mit SHOP-Kennzeichen) anzulegen und der Rechnungsdruck aufzurufen. Der Kunde erhält die Rechnung.
  - Der Kunde bezahlt die Rechnung. Demzufolge erhöht sich der Kassenbestand.
  - Die Gebinde werden vom Kundenlagerplatz im Lagertyp SHOP_PACK ausgebucht.

4.5.12 Verschrottungslogik

Man implementiere die Verschrottung im Shop-Bereich und teste sie. Die Verschrottung aus dem SMILE-Prototyp soll Grundlage sein.

4.5.13 Übersichtsbild zur Implementierung

Man visualisiere das Coding zum Shop, in dem man Zusammenhänge der neu entwickelten Methoden, Klassen und Unterprogramme darstellt.

Lösungen

5.1 Warenausgang

5.1.1 Warenausgang Kostenstelle

Aufgabenstellung
Man konzipiere und implementiere eine Funktion, mit der man Bestand von einem nur zu diesem Zweck vorgesehen Lagerplatz komplett oder teilweise für eine Entnahme auf eine Kostenstelle ausbuchen kann. Bei der Verarbeitung sind eine Kostenstelle und ein Grund einzugeben, die in einer zugehörigen Bewegung abzuspeichern sind. Die für diesen Prozess verwendbaren Kostenstellen müssen als Stammdaten angelegt sein. Welcher Bestand darf nicht entnommen werden?

funktionelles Konzept bzw. Ablauf
Im Menü wird eine neue Funktion ‚WAKO' eingebaut, die den Warenausgang zur Kostenstelle aufruft. Der zu buchende Bestand ist vorher auf den PLATZ ‚WAKOSTL' manuell umzulagern.

Nach Aufruf der Funktion sind das Gebinde, der Buchungsgrund, die Kostenstelle und die Menge einzugeben. Über die Mengeneingabe kann Teilbestand ausgebucht werden.

Für die Kostenstellen wird eine neue CSV-Datei ‚kostenstellen.csv' erstellt, gegen die die User-Eingabe zur Kostenstelle geprüft wird.

Auszubuchende Gebinde müssen sich im Status ‚L' befinden. Avisierte Gebinde können nicht WA-gebucht werden.

© Der/die Autor(en), exklusiv lizenziert an Springer-Verlag GmbH, DE, ein Teil von Springer Nature 2026
S. Wirsing, *SMILE Prototyp zur Lagerverwaltung - Command Line Interface (CLI)*, Schule für Mathematik, Informatik, Logistik und Erfolg, https://doi.org/10.1007/978-3-662-71857-5_5

Anschließend wird der Bestand reduziert oder gänzlich gelöscht (je nach Mengeneingabe). Physisch wird dem Gebinde der ausgebuchte Bestand entnommen und entsprechend des Grundes verwendet.

Zur Bestandsbuchung wird eine Bewegung mit neuer Bewegungsart ‚HU_WA-KOSTL‘ gespeichert. Die Bewegung enthält als Referenz die Kostenstelle und die Materialbelegnummer (neues Feld in der Bewegungs-Unterroutine), die aus dem bereits vorhandenen Nummernkreis ‚BELE‘ ermittelt wird.

Über den Materialbeleg kann folgend eine Stornierung gebucht werden (siehe Lösung 5.1.2).

Stammdaten-Konzept

Folgende Daten sind zu pflegen:

- Lagerplatz für Kostenstellen-Ausbuchung
  - neuer Eintrag in der CSV-Datei ‚plaetze.csv‘

TIKL_01_02_0TIKL, Gang 1, Säule 2, Platz 0		TIKL	NEIN		20	0	0
WAKOSTL	Ausbuchung Kostenstelle	BLOCK	NEIN	ungeprüft	unbegrenzt		0

- Kostenstellen
  - neue CSV-Datei ‚kostenstellen.csv‘ erstellen

	A	B	C
1	Kostenstelle	Bezeichnung	
2	1000	Logistik	
3	2000	Vertrieb	
4	3000	Einkauf	
5	4000	Transport	
6	5000	Kommissionierung	
7	6000	Verpackung	
8	7000	Verladung	
9			

Abbildung 12: Kostenstellenausbuchung - Kostenstellen

- Nummernkreis für Materialbelegnummer
  - zu Infozwecken in der CSV-Datei ‚nummernkreise.csv‘ das bereits existierende Nummernkreisintervall ‚BELE‘ auf ‚AKTIV‘ setzen

	A	B	C	D
1	Objekt	Stand	Beschreibung	Aktiv
2	TRAPO	35	interne Transp	JA
3	WE	0	Wareneingang	NEIN
4	AUSL	59	Auslieferung	JA
5	INTL	0	interne Umlag	NEIN
6	BELE	1	Materialbeleg	JA
7	ANLI	0	Anlieferung	NEIN
8	GEBE	0	Gebinde	NEIN
9	TOUR	21	Touren	JA
10	WA	0	Warenausgan	NEIN
11	PICK	0	Kommissionie	NEIN
12				

Abbildung 13: Kostenstellenausbuchung - Nummernkreise

- Bewegungsart
  - in der CSV-Datei ,bewegungsarten.csv' die neue Bewegungsart ,HU_WAKOSTL' pflegen

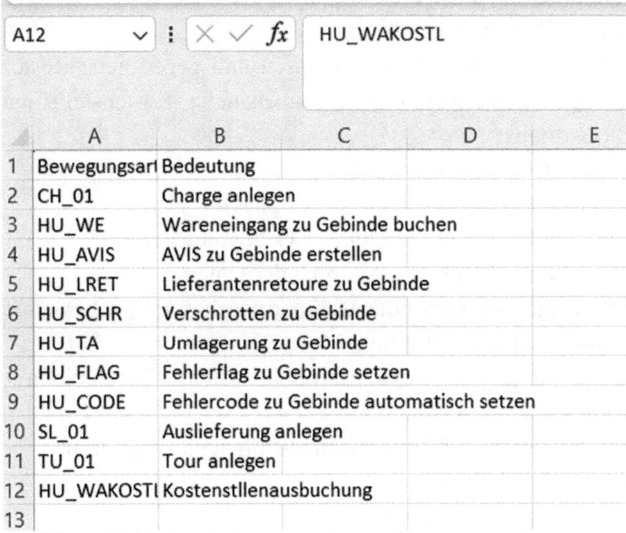

A12		fx	HU_WAKOSTL

	A	B	C	D	E
1	Bewegungsar	Bedeutung			
2	CH_01	Charge anlegen			
3	HU_WE	Wareneingang zu Gebinde buchen			
4	HU_AVIS	AVIS zu Gebinde erstellen			
5	HU_LRET	Lieferantenretoure zu Gebinde			
6	HU_SCHR	Verschrotten zu Gebinde			
7	HU_TA	Umlagerung zu Gebinde			
8	HU_FLAG	Fehlerflag zu Gebinde setzen			
9	HU_CODE	Fehlercode zu Gebinde automatisch setzen			
10	SL_01	Auslieferung anlegen			
11	TU_01	Tour anlegen			
12	HU_WAKOSTl	Kostenstllenausbuchung			
13					

Abbildung 14: Kostenstellenausbuchung - Bewegungsarten

- Bewegungen
  - in der CSV-Datei ,bewegungen.csv' die Spalte ,KOSTENSTELLE' aufnehmen

	N	O	P	Q	R
	Einheit	Grund	Referenz	Kostenstelle	
	ST	Schrott			
	ST				
	ST				

Abbildung 15: Kostenstellenausbuchung - Bewegungen

- Menüfunktion
  - in der CSV-Datei ‚codes.csv' den Code ‚WAKO' pflegen

5	WAKO	Kostenstellenausbuchung

Abbildung 16: Kostenstellenausbuchung Menücode

Implementierungs-Konzept
Folgende Anpassungen sind durchzuführen:

- **Logik in Modul lvs.ueb.py:**
  - Unterprogramm ‚wakostl' mit folgender Logik (ähnlich zur Verschrottung) erstellen
    - Datenbank initialisieren
    - Überschrift ausgeben
    - Gebindeeingabe durch User
    - Selektion Gebinde und ggfs. Fehlerausgabe sowie Return zum aufgerufenen Programm, wenn
      - es unbekannt oder avisiert ist
      - es nicht auf dem Platz ‚WAKOSTL' liegt oder
    - Nummernkreis ‚BELE' lesen, um 1 erhöhen (für aktuelle Belegnummer) und diese Nummer in Datenbank abspeichern
    - Grund vom User eingeben lassen
    - Kostenstelle vom User eingeben lassen und gegen neue Kostenstellen-Tabelle prüfen; ggfs. Fehlermeldung bei unbekannter Kostenstelle und Abbruch des Unterprogramms
    - Menge vom User eingeben lassen
      - Prüfung auf natürliche Zahl größer gleich 1
      - Prüfung auf Mengenobergrenze = Gebindemenge
      - ggfs. Fehlermeldung und Abbruch der Unterroutine
    - Gebindemenge anpassen oder Gebinde löschen (je nach Menge); Nutzung der lvs-Methoden modify bzw. delete
    - Bewegung mit neuer Bewegungsart und Kostenstelle schreiben
    - Erfolgsmeldung ausgeben
    - Datenbank sichern und Return zum aufrufenden Programm.
- **Menüfunktion in lvs_V2.py.**
  - **in Routine ‚mainloop'** eingreifen
  - Fall ‚WAKO' integrieren
  - Datenbank sichern
  - die Routine ‚wakostl' zum User in Modul ‚lvs_ueb' aufrufen
  - nach Aufruf Datenbank wieder initialisieren.
- **Anpassung der Bewegung mit Kostenstelle in lvs_V2.py**
  - Unterroutine ‚bewegungen_schreiben'
  - neuen optionalen Parameter ‚q' für Kostenstelle aufnehmen (Dadurch sind alle weiteren Aufrufe im gesamten Prototyp nicht anzupassen!)
  - Parameter ‚q' in Routine an Feld ‚Kostenstelle' übergeben.

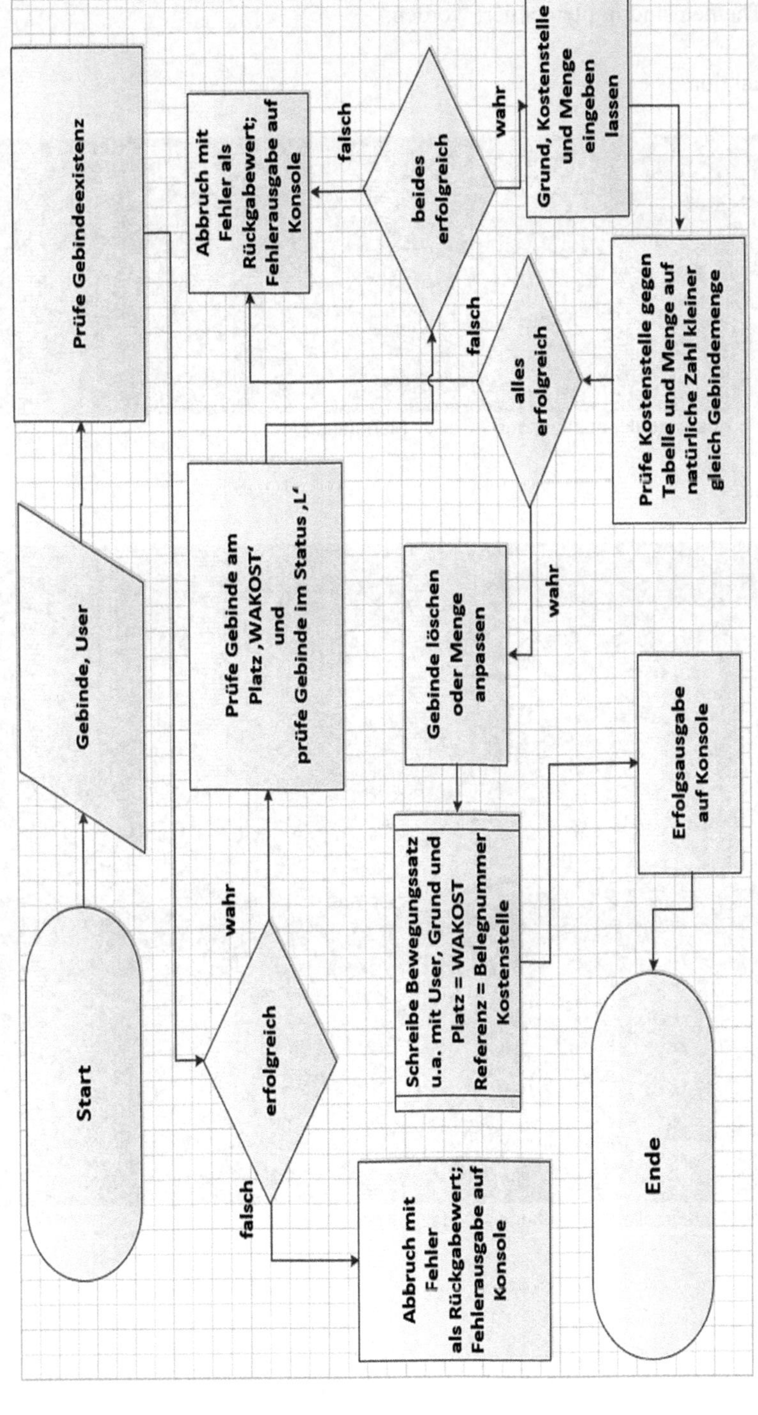

Abbildung 17: Unterprogramm ‚wakostl‘

Python-Implementierung in SMILE

Folgende Themen sind implementiert worden:

- Menüfunktion

```
1406
1407       #              Bestand auf Kostenstelle ausbuchen
1408              elif answer=='WAKO':
1409                  db.sichern()
1410                  print()
1411                  lvs_ueb.wakostl(user)
1412                  init()
1413                  input('Bitte eine Taste drücken: ')
1414                  print()
```

Abbildung 18: Kostenstellenausbuchung - Code - Menüfunktion

- Bewegung

```
772    #---------------------------------------------
773    #Unterprogramm Bewegungssatz schreiben
774    #---------------------------------------------
775    def bewegungen_schreiben(a,b,c,d,e,f,g,h,i="",j="",k="",l="",m="",n="", o="", p="",q=""):
776        #angepasst für GUI-Dialoge (ohne Print-Ausgabe)
777        if o == "":
778            print()
779            print('Bewegungssatz geschrieben')
780            print()
781        bew = db.bewegungen.get_empty()
782        bew['Bewegung']=a
783        bew['HU']=b
784        bew['Lieferant']=c
785        bew['User']=d
786        bew['Fehlerflag']=e
787        bew['Fehlercode']=f
788        bew['von-Platz']=g
789        bew['an-Platz']=h
790        bew['Zeitstempel']=time.localtime()
791        bew['Material']=i
792        bew['Charge']=j
793        bew['Split']=k
794        bew['Menge']=l
795        bew['Einheit']=m
796        #angepasst für Beispiel 3
797        bew['Grund']=n
798        #GUI-Dialog für Lieferanten-Retoure: Referenzfeld für Bestellung, Lieferschein etc.
799        bew['Referenz']=p
800        bew['Kostenstelle']=q
801        #angepasst für GUI-Dialoge (ohne Print-Ausgabe)
802        if o == "":
803          print(bew)
804        db.bewegungen.insert(bew)
805    #---------------------------------------------
806
```

Abbildung 19: Kostenstellenausbuchung - Code - Bewegungen

- Warenausgangsbuchung

```
 8
 9    #------------------------------------------------------------------
10    #Unterprogramm Bestand auf Kostenstelle ausbuchen
11    #------------------------------------------------------------------
12    def wakostl(user):
13        lvs.init()
14        print('Bestand auf Kostenstelle ausbuchen')
15        print()
16        hunr6=input('Bitte Gebinde eingeben: ')
17        toSelect6 = lvs.db.gebinde.select({'Nummer':hunr6})
18        print()
19        initial=len(toSelect6)
20        if initial == 0:
21            print()
22            print('Fehler: Gebinde unbekannt')
23            return 'FEHLER'
24        toSelect1 = lvs.db.nummernkreise.select({'Objekt':'BELE'})
25        initial=len(toSelect1)
26        if initial == 0:
27            print()
28            print('Fehler: Numernkreis für Transporte unbekannt')
29            return 'FEHLER'
30        for row1 in toSelect1:
31            nummer = int(row1['Stand'])
32            nummer = nummer + 1
33            row1['Stand'] = nummer
34            #neuen Stand speichern
35            lvs.db.nummernkreise.modify(row1)
36        for row in toSelect6:
37            if row['Platz'] != 'WAKOSTL':
38                print()
39                print('Fehler: Gebinde ist nicht am Kostenstellen-WA-Platz')
40                print()
41                return 'Fehler'
42            if row['Status'] != 'L':
43                print()
44                print('Fehler: Gebinde ist nicht im Lager.')
45                print()
46                return 'Fehler'
47            grund = input('Bitte Grund die Ausbuchung eingeben: ')
48            kostl = input('Bitte Kostenstelle für die Ausbuchung eingeben: ')
```

Abbildung 20: Kostenstellenausbuchung - Code - Warenausgangsbuchung

```
49          toSelectk = lvs.db.kostenstellen.select({'Kostenstelle':str(kostl)})
50          if toSelectk == initial:
51              print('Kostenstelle nicht vorhanden.')
52              return 'Fehler'
53          menge = input('Bitte Menge eingeben: ')
54      #   Menge muss Integer sein
55          try:
56           menge=int(menge)
57          except:
58           print('Bitte geben sie eine natürliche Zahl ein.')
59           return 'Fehler'
60          if int(menge) > int(row['Menge']):
61              print('Bitte maximal die Menge ', int(row['Menge']), ' eingeben.')
62              return 'Fehler'
63          if int(menge) == int(row['Menge']):
64           lvs.db.gebinde.delete(row)
65          else:
66           quan = int(row['Menge']) - int(menge)
67           row['Menge'] = str(quan)
68           lvs.db.gebinde.modify(row)
69          lvs.bewegungen_schreiben('HU_WAKOSTL',hunr6,row['Lieferant'],user,row['Fehlerflag'],
70                              row['Fehlercode'],'WAKOSTL','',row['Material'],row['Charge'],
71                              row['Split'],row['Menge'],row['Einheit'],str(grund),"",str(nummer),
72                              str(kostl))
73          print()
74          print('Ausbuchung gebucht')
75          lvs.db.sichern()
76      return 'OKAY'
77  #-------------------------------------------------------------------------
```

Abbildung 21: Kostenstellenausbuchung - Code - Warenausgangsbuchung II

5.1.2   Storno Warenausgang Kostenstelle

Aufgabenstellung

Buchungen, die mittels Übungsaufgabe 4.1.1 erzeugt werden, sind zu stornieren. Der ausgebuchte Bestand ist zu diesem Zweck auf einem Storno-Platz zurückzubuchen. Eine Kostenstellenausbuchung darf nur einmal storniert werden.

funktionelles Konzept und Ablauf

Im Menü wird eine neue Funktion ‚WAKOST' integriert, die den Storno zum Warenausgang zur Kostenstelle aufruft.

Nach Aufruf der Funktion sind der zu stornierende Materialbeleg und der Grund der Stornierung einzugeben. Der Beleg muss existieren und darf nicht bereits storniert worden sein.

Folgend wird der Bestand aus der Bewegung rekonstruiert und auf ein neues Gebinde auf den Platz ‚WAKOSTL_ST' zugebucht. Dabei wird eine neue interne Gebindenummer aus dem Intervall ‚GEBE' vergeben. Es muss geprüft werden, ob die interne Nummer bereits als Gebinde existiert und ggfs. solange die Gebindenummer erhöht werden, bis eine freie Nummer gefunden worden ist. Hintergrund ist, dass im Prototypen bereits manuell Nummern vergeben werden.

Mit der neuen Bewegungsart ‚HU_WAKOSTL_ST' wird die Storno-Bewegung erfasst. Die Bewegung enthält als Referenz die Materialbelegnummer, die aus dem bereits vorhandenen Nummernkreis ‚BELE' ermittelt wird. Zudem wird die stornierte Materialbelegnummer im Feld ‚VReferenz' (für Vorgänger-Referenz) abgelegt. Auf dieser Basis kann oben erwähnte Prüfung, ob eine Stornierung bereits erfolgt ist, durchgeführt werden.

Stammdaten-Konzept
Folgende Anpassungen sind durchzuführen:

- **Bewegungsart**
  - neue Bewegungsart ‚HU_WAKOSTL_ST' in die CSV-Datei ‚bewegungsarten.csv' aufnehmen

	A	B	C	D
1	Bewegungsart	Bedeutung		
2	CH_01	Charge anlegen		
3	HU_WE	Wareneingang zu Gebinde buchen		
4	HU_AVIS	AVIS zu Gebinde erstellen		
5	HU_LRET	Lieferantenretoure zu Gebinde		
6	HU_SCHR	Verschrotten zu Gebinde		
7	HU_TA	Umlagerung zu Gebinde		
8	HU_FLAG	Fehlerflag zu Gebinde setzen		
9	HU_CODE	Fehlercode zu Gebinde automatisch setzen		
10	SL_01	Auslieferung anlegen		
11	TU_01	Tour anlegen		
12	HU_WAKOSTL	Kostenstllenausbuchung		
13	HU_WAKOSTL_ST	Storno Kostenstllenausbuchung		

Abbildung 22: Kostenstellenausbuchung - Storno - Bewegungsart

- **Menüfunktion**
  - Menü-Code ‚WAKOST' in die CSV-Datei ‚codes.csv' aufnehmen

	A	B	C	D
1	Funktion	Bedeutung		
2	ENDE	Programmende		
3	AVIS	Gebinde anlegen		
4	STICH	Fehlerflag am WE-Stich setzen		
5	IPUNKT	MFS am I-Punkt simulieren		
6	KPUNKT	Bearbeitung am K-Punkt		
7	INFO	Gebindeinfo zu einem Gebinde		
8	FLAGS	Anzeige mögliche Fehlerflags am WE-Stich		
9	FEHLER	Anzeige mögliche Fehler am I-Punkt		
10	BEST	Anzeige aller Gebinde		
11	PLATZ	Platz von Gebinde ändern		
12	PLAETZE	mögliche Plätze anzeigen		
13	RET	Lieferantenretoure für ein Gebinde		
14	BEWE	alle Bewegungen anschauen		
15	CHAR	Chargenstamm anzeigen		
16	MATS	Materialstamm anzeigen		
17	BMAT	Bestand zum Material		
18	BPLA	Bestand zum Platz		
19	WEMA	Wareneingang manuell		
20	SNRO	Nummernkreise anzeigen		
21	SCHR	Verschrotten		
22	KUHL	Kühlgut im Lager		
23	LABL	Labeldruck		
24	EINLAG	Einlagern		
25	WAKO	Kostenstellenausbuchung		
26	WAKOST	Storno Kostenstellenausbuchung		
27				

Abbildung 23: Kostenstellenausbuchung - Storno - Menücode

- **Platz**
  - Lagerplatz ‚WAKOSTL_ST' in die CSV-Datei ‚plaetze.csv' aufnehmen

	A	B	C	D	E	F	G
26	HRL_01_02_02	HRL, Gang 1, Säule 2, Platz 2	HRL	NEIN	20	0	0
27	HRL_01_02_03	HRL, Gang 1, Säule 2, Platz 3	HRL	NEIN	20	0	0
28	HRL_01_02_04	HRL, Gang 1, Säule 2, Platz 4	HRL	NEIN	20	0	0
29	HRL_01_02_05	HRL, Gang 1, Säule 2, Platz 5	HRL	NEIN	20	0	0
30	HRL_01_02_06	HRL, Gang 1, Säule 2, Platz 6	HRL	NEIN	20	0	0
31	WAKOSTL	Ausbuchung Kostenstelle	BLOCK	NEIN	ungeprüft	unbegrenzt	0
32	WAKOSTL_ST	Ausbuchung Kostenstelle - Storno	BLOCK	NEIN	ungeprüft	unbegrenzt	0
33							

Abbildung 24: Kostenstellenausbuchung - Storno - Lagerplatz

- **Gebinde-Intervall**
  - Intervall ‚GEBE' existiert bereits in CSV-Datei ‚nummernkreise.csv' und ist auf ‚aktiv' zu setzen

	A	B	C	D	E
1	Objekt	Stand	Beschreibung	Aktiv	
2	TRAPO	35	interne Trans¡	JA	
3	WE	0	Wareneingan¡	NEIN	
4	AUSL	59	Auslieferung	JA	
5	INTL	0	interne Umla¡	NEIN	
6	BELE	3	Materialbeleg	JA	
7	ANLI	0	Anlieferung	NEIN	
8	GEBE	5	Gebinde	JA	
9	TOUR	21	Touren	JA	
10	WA	0	Warenausgan	NEIN	
11	PICK	0	Kommissionie	NEIN	
12					

Abbildung 25: Kostenstellenausbuchung - Storno - Nummernkreis

- **Bewegung**
  - neue Spalte ‚VReferenz' in CSV-Datei ‚bewegungen.csv' aufnehmen

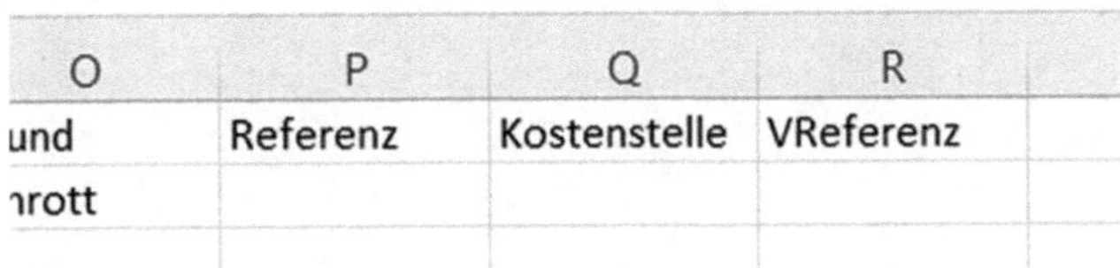

O	P	Q	R	
und	Referenz	Kostenstelle	VReferenz	
¡rott				

Abbildung 26: Kostenstellenausbuchung - Storno - Bewegungen

Implementierungs-Konzept
- **Menüfunktion in lvs_V2.py**
  - in Routine ‚mainloop' eingreifen
  - Fall ‚WAKOST' integrieren und dort die Routine ‚wakostlst' zum User in Modul ‚lvs_ueb' aufrufen
  - vor dem Aufruf die Datenbank sichern
  - nach dem Aufruf die Datenbank wieder initialisieren
- **Anpassung der Bewegung mit Vorgänger-Referenz in lvs_V2.py**
  - Unterroutine ‚bewegungen_schreiben'
  - neuen Parameter ‚r' optional (keine weiteren Anpassungen notwendig für bisherige Aufrufe) für die Vorgänger-Referenz mit aufnehmen
  - Parameter ‚r' in Routine an Feld ‚VReferenz' übergeben

- **Storno-Funktion ‚wakostlst' in Modul lvs.ueb.py**
    - Datenbank initialisieren
    - User-Eingabe der Belegnummer
        Belegnummer muss eine Kostenstellenausbuchung sein (Bewegungsart nutzen)
        Belegnummer darf nicht bereits storniert worden sein (Vorgänger-Referenz nutzen)
        ggfs. Abbruch der Unterroutine
    - Nummernkreis Belegnummer und Gebinde verwenden für neue Nummern
      Prüfung, ob Gebindenummer bereits existiert
      anderenfalls solange hochzählen, bis nicht vergebene Nummer gefunden worden ist
    - User-Eingabe des Grundes für die Stornierung
    - Bestand aus Bewegung zur Kostenstellenausbuchung rekonstruieren und auf Platz ‚WAKOSTL_ST' buchen
    - Bewegung inkl. Vorgängerbeleg zur neuen Bewegungsart speichern
    - Datenbank sichern
    - Rückkehr zum aufrufenden Programm

Ablaufdiagramm für die Stornofunktion (Unterprogramm ‚wakostlst')

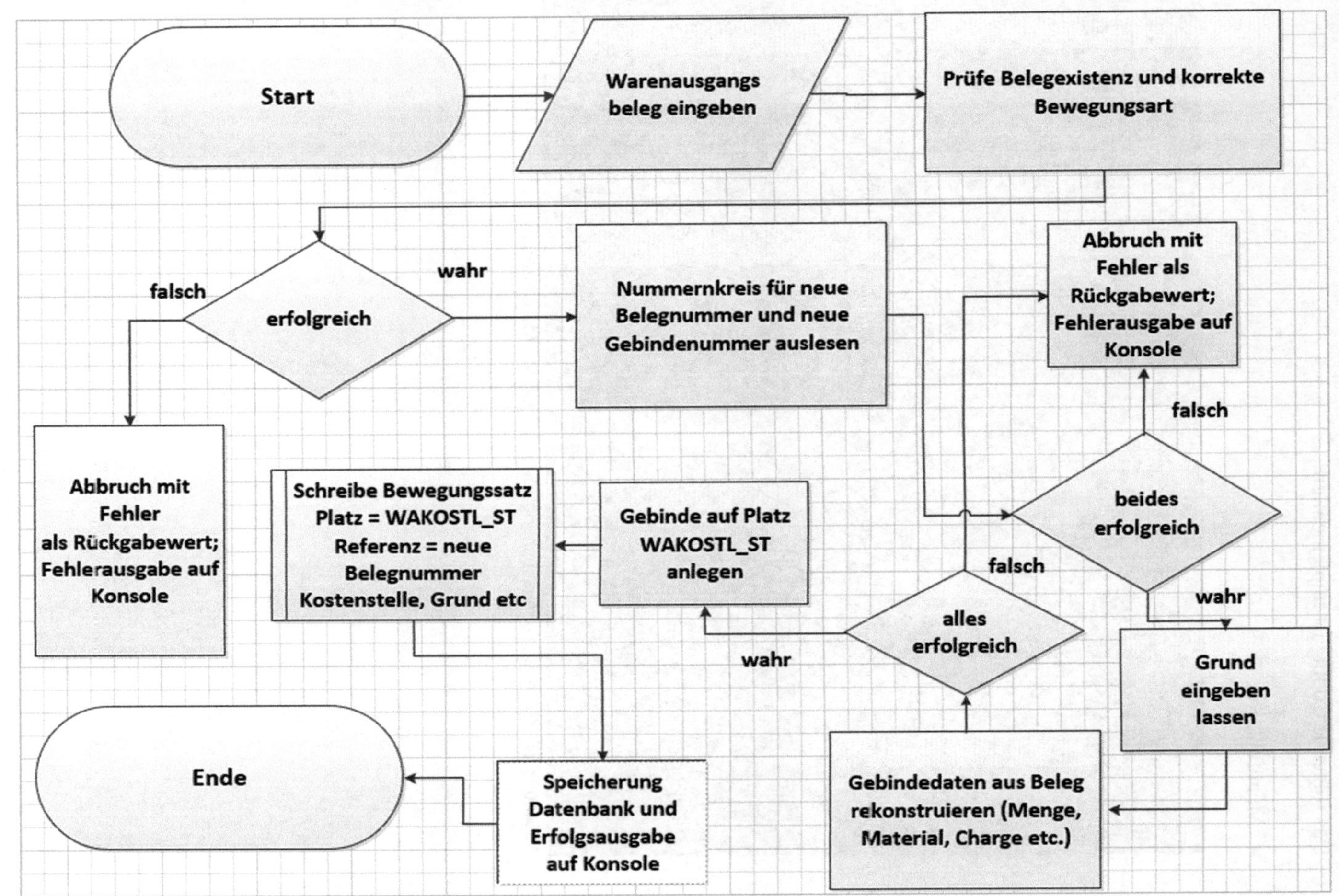

Python-Implementierung in SMILE

Das folgende Coding ist implementiert:

- Menüfunktion

```
1401            hu=input('Bitte Gebinde eingeben: ')
1402            gebindelabel(hu,user)
1403            print()
1404            input('Bitte eine Taste drücken: ')
1405            print()
1406
1407    #       Bestand auf Kostenstelle ausbuchen
1408            elif answer=='WAKO':
1409            db.sichern()
1410            print()
1411            lvs_ueb.wakostl(user)
1412            init()
1413            input('Bitte eine Taste drücken: ')
1414            print()
1415
1416    #       Bestand auf Kostenstelle ausbuchen - Storno
1417            elif answer=='WAKOST':
1418            db.sichern()
1419            print()
1420            lvs_ueb.wakostlst(user)
1421            init()
1422            input('Bitte eine Taste drücken: ')
1423            print()
1424
```

Abbildung 27: Kostenstellenausbuchung - Storno - Code - Menüfunktion

- Anpassung Bewegungs-Erzeugung

```
#------------------------------------------------
#Unterprogramm Bewegungssatz schreiben
#------------------------------------------------
def bewegungen_schreiben(a,b,c,d,e,f,g,h,i="",j="",k="",l="",m="",n="", o="", p="",q="", r=""):
    #angepasst für GUI-Dialoge (ohne Print-Ausgabe)
    if o == "":
        print()
        print('Bewegungssatz geschrieben')
        print()
    bew = db.bewegungen.get_empty()
    bew['Bewegung']=a
    bew['HU']=b
    bew['Lieferant']=c
    bew['User']=d
    bew['Fehlerflag']=e
    bew['Fehlercode']=f
    bew['von-Platz']=g
    bew['an-Platz']=h
    bew['Zeitstempel']=time.localtime()
    bew['Material']=i
    bew['Charge']=j
    bew['Split']=k
    bew['Menge']=l
    bew['Einheit']=m
    #angepasst für Beispiel 3
    bew['Grund']=n
    #GUI-Dialog für Lieferanten-Retoure: Referenzfeld für Bestellung, Lieferschein etc.
    bew['Referenz']=p
    bew['Kostenstelle']=q
    bew['VReferenz']=r
    #angepasst für GUI-Dialoge (ohne Print-Ausgabe)
    if o == "":
      print(bew)
    db.bewegungen.insert(bew)
#------------------------------------------------
```

Abbildung 28: Kostenstellenausbuchung - Storno - Code - Bewegungen

- neue Unterroutine zum Storno

```
78
79  #-------------------------------------------------------------
80  #Unterprogramm Bestand auf Kostenstelle ausbuchen - Storno
81  #-------------------------------------------------------------
82  def wakostlst(user):
83  #   DB initialisieren und Überschrift
84      lvs.init()
85      print('Bestand auf Kostenstelle ausbuchen - Storno')
86      print()
87
88  #   Eingabe Belegnummern und Selektion
89      beleg=input('Bitte Beleg eingeben: ')
90
91  #   Beleg muss WA-Kostenstelle sein und existieren
92      toSelectk = lvs.db.bewegungen.select({'Referenz':str(beleg),'Bewegung':'HU_WAKOSTL'})
93      if len(toSelectk) == 0:
94       print()
95       print('Fehler: Beleg unbekannt oder keine Kostenstellenausbuchung')
96       return 'FEHLER'
97
98  #   Beleg darf nicht bereits storniert worden sein
99      toSelectv = lvs.db.bewegungen.select({'VReferenz':str(beleg),'Bewegung':'HU_WAKOSTL_ST'})
100     if len(toSelectv) != 0:
101      print()
102      print('Fehler: Beleg wurde bereits storniert.')
103      return 'FEHLER'
104
105 #   Selektion neue Belegnummer aus Nummernkreis und Update Nummernkreis
106     toSelect1 = lvs.db.nummernkreise.select({'Objekt':'BELE'})
107     initial=len(toSelect1)
108     if initial == 0:
109         print()
110         print('Fehler: Numernkreis für Materialbelege unbekannt')
111         return 'FEHLER'
112     for row1 in toSelect1:
113         nummer = int(row1['Stand'])
114         nummer = nummer + 1
115         row1['Stand'] = nummer
```

Abbildung 29: Kostenstellenausbuchung - Storno - Code - Buchung

```
116          #neuen Stand speichern
117          lvs.db.nummernkreise.modify(row1)
118
119     #   Selektion neue Gebindenummer aus Nummernkreis und Update Nummernkreis
120          toSelect2 = lvs.db.nummernkreise.select({'Objekt':'GEBE'})
121          initial=len(toSelect2)
122          if initial == 0:
123              print()
124              print('Fehler: Numernkreis für Gebinde unbekannt')
125              return 'FEHLER'
126          for row2 in toSelect2:
127              nummer2 = int(row2['Stand'])
128     #        Nummer darf nicht schon existieren als Gebinde
129              check = False
130              while check == False:
131               nummer2 = nummer2 + 1
132               row2['Stand'] = nummer2
133               #neuen Stand speichern
134               toSelectg = lvs.db.gebinde.select({'Nummer':str(nummer2)})
135               initialg = len(toSelectg)
136               if  initialg == 0:
137                check = True
138              lvs.db.nummernkreise.modify(row2)
139
140     #   Grund für Storno eingeben lassen
141          grund = input('Bitte Grund für die Stornierung eingeben: ')
142
143     #   Bestand aus Bewegung aufbauen und auf WAKOSTL_ST erzeugen
144          for row in toSelectk:
145           h = lvs.db.gebinde.get_empty()
146           h['Nummer']=str(nummer2)
147           h['Lieferant']=''
148           h['Fehlerflag']=''
149           h['Fehlercode']=0
150           h['Platz']='WAKOSTL_ST'
151           h['Status']='L'
152           h['Material']=row['Material']
153           h['Menge']=row['Menge']
154           h['Einheit']=row['Einheit']
155           h['Charge']=row['Charge']
```

Abbildung 30: Kostenstellenausbuchung - Storno - Code - Buchung II

```
156          h['Split']=row['Split']
157          lvs.db.gebinde.insert(h)
158     #    Bewegung speichern mit VReferenz = alte Belegumern
159          lvs.bewegungen_schreiben('HU_WAKOSTL_ST',str(nummer2),'',user,'',
160                                   '','WAKOSTL_ST','',row['Material'],row['Charge'],
161                                   row['Split'],row['Menge'],row['Einheit'],str(grund),"",str(nummer),
162                                   row['Kostenstelle'],str(beleg))
163
164     #   DB sichern
165          print()
166          print('Stornierung gebucht')
167          lvs.db.sichern()
168          return 'OKAY'
169     #
```

Abbildung 31: Kostenstellenausbuchung - Storno - Code - Buchung III

5.1.3   Rechnung zur Auslieferung

Aufgabenstellung
Zu einer Auslieferung soll eine Rechnung als PDF-Dokument erzeugt werden können.
Folgende Daten sollen auf der Rechnung beinhaltet sein:

- Absender – SMILE-Lager
- Empfänger der Auslieferung
- Kundennummer
- Auslieferungsnummer
- Rechnungsnummer (neues Nummernkreisintervall)
- Inhalt der Auslieferung je Position (Positionsnummer, Material, Menge, Einheit, Einzelpreis, Gesamtpreis der Position)
- Pauschalpreis für Transport
- Pauschalpreis für Verpackung
- Mehrwertsteuer
- Gesamtpreis mit Mehrwertsteuer
- aktuelles Datum mit Uhrzeit
- Steuernummer
- Umsatzsteuer-Identifikationsnummer
- Telefonnummer und E-Mail
- Bankverbindung.

Die Rechnung wird im Rahmen des Shop-Szenarios als Kassenbeleg verwendet.

funktionelles Konzept, Ablauf und Layout
Über eine neue Menüfunktion wird nach Eingabe einer bekannten Auslieferungsnummer
ein PDF-Dokument mit den Inhalten obiger Aufgabenstellung erzeugt und falls gewünscht ebenfalls angezeigt. Folgendes Layout wird verwendet:

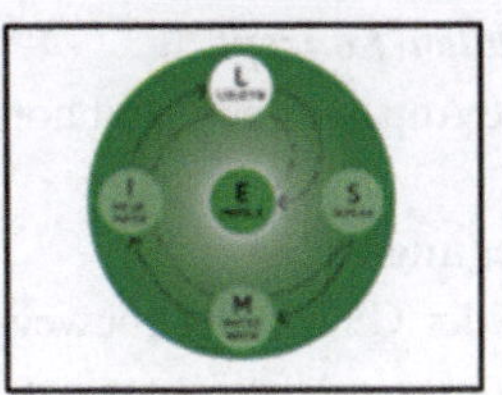

Lagerleiter SMILE – Mathematicum 1a – 34125 Python

Herr
Sven Wirsing
Informatik-Str. 42
55555 Logistikhausen
Deutschland

Internet	www.smile.de
E-Mail	smile@smile.de
Mobil	01234/987654-2
Steuer-Nr.	**222/3333/4444**
USt-IDNr.	**DE987654321**
Datum/Uhrzeit	22.09.2024/17:43:00
Kunde	123456
Rechnung	2024000001

Hallo Herr Wirsing,
nachfolgend die Rechnung zu Ihrem Einkauf im SMILE-Shop:

Rechnung 2024000001 zur Auslieferung 2024000001

Pos	Material	Bezeichnung	Menge	Einzelpreis	Betrag
1	M000	SMILE – DESINFEKT Pro	4 St.	22,50	90,00 €
2	M001	SMILE – Reinigungsmittel +	1 St.	10,00	10,00 €
			Nettobetrag		100,00 €
			Pauschale Transport 10%		10,00 €
			Pauschale Verpackung 5%		5,00 €
			Umsatzsteuer 19%		21,85 €
			Rechnungsbetrag		**136,85 €**

Danke, daß Sie im SMILE-Shop eingekauft haben!

Bitte überweisen Sie den offenen Betrag – falls nicht bereits im Shop beglichen – innerhalb einer
Woche mittels unten aufgeführter Bankverbindung.

Viele Grüße
Lagerleiter SMILE

Zahlungsempfänger   Lagerleiter SMILE
Bankverbindung   SMILE Bank
                           BIC 12312345, IBAN DE1234567890

Abbildung 32: Rechnungsdruck - Layout

Stammdaten-Konzept

Folgende Anpassungen sind notwendig:

- **Bewegungsarten**
  - In der CSV-Datei ‚bewegungsarten.csv' ist der Eintrag ‚REDR' zum Rechnungsdruck zur Auslieferung aufzunehmen

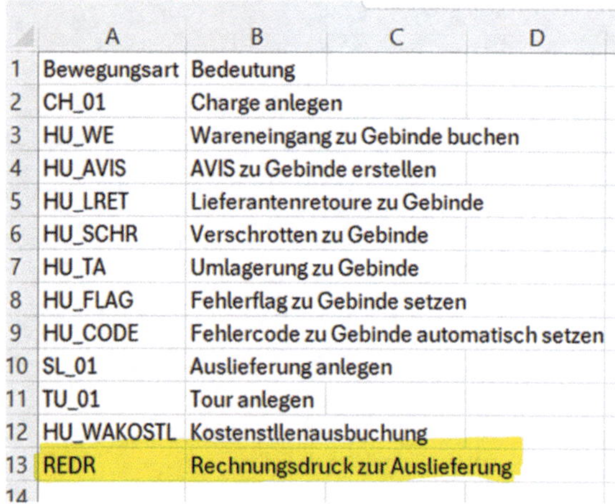

	A	B	C	D
1	Bewegungsart	Bedeutung		
2	CH_01	Charge anlegen		
3	HU_WE	Wareneingang zu Gebinde buchen		
4	HU_AVIS	AVIS zu Gebinde erstellen		
5	HU_LRET	Lieferantenretoure zu Gebinde		
6	HU_SCHR	Verschrotten zu Gebinde		
7	HU_TA	Umlagerung zu Gebinde		
8	HU_FLAG	Fehlerflag zu Gebinde setzen		
9	HU_CODE	Fehlercode zu Gebinde automatisch setzen		
10	SL_01	Auslieferung anlegen		
11	TU_01	Tour anlegen		
12	HU_WAKOSTL	Kostenstllenausbuchung		
13	REDR	Rechnungsdruck zur Auslieferung		
14				

Abbildung 33: Rechnungsdruck - Bewegungsart

- **Menücodes**
  - In der CSV-Datei ‚codes.csv' ist der Eintrag ‚REDR' zum Rechnungsdruck zur Auslieferung aufzunehmen

	A	B	C	D
1	Funktion	Bedeutung		
2	ENDE	Programmende		
3	AVIS	Gebinde anlegen		
4	STICH	Fehlerflag am WE-Stich setzen		
5	IPUNKT	MFS am I-Punkt simulieren		
6	KPUNKT	Bearbeitung am K-Punkt		
7	INFO	Gebindeinfo zu einem Gebinde		
8	FLAGS	Anzeige mögliche Fehlerflags am WE-Stich		
9	FEHLER	Anzeige mögliche Fehler am I-Punkt		
10	BEST	Anzeige aller Gebinde		
11	PLATZ	Platz von Gebinde ändern		
12	PLAETZE	mögliche Plätze anzeigen		
13	RET	Lieferantenretoure für ein Gebinde		
14	BEWE	alle Bewegungen anschauen		
15	CHAR	Chargenstamm anzeigen		
16	MATS	Materialstamm anzeigen		
17	BMAT	Bestand zum Material		
18	BPLA	Bestand zum Platz		
19	WEMA	Wareneingang manuell		
20	SNRO	Nummernkreise anzeigen		
21	SCHR	Verschrotten		
22	KUHL	Kühlgut im Lager		
23	LABL	Labeldruck		
24	EINLAG	Einlagern		
25	WAKO	Kostenstellenausbuchung		
26	REDR	Rechnungsdruck zur Auslieferung		

Abbildung 34: Rechnungsdruck - Menücode

- **Nummernkreise**
  - In der CSV-Datei ‚nummernkreise.csv‘ ist der Eintrag ‚REDR‘ zum Rechnungsdruck zur Auslieferung aufzunehmen und als aktiv zu kennzeichnen.

Objekt	Stand	Beschreibung	Aktiv
TRAPO	35	interne Transporte	JA
WE	0	Wareneingang	NEIN
AUSL	59	Auslieferung	JA
INTL	0	interne Umlagerung	NEIN
BELE	1	Materialbeleg	JA
ANLI	0	Anlieferung	NEIN
GEBE	0	Gebinde	NEIN
TOUR	21	Touren	JA
WA	0	Warenausgang	NEIN
PICK	0	Kommissionierungen	NEIN
REDR	0	Rechnungsdruck zur Auslieferung	JA

Abbildung 35: Rechnungsdruck - Nummernkreise

- **Materialstamm**
  - In der CSV-Datei ‚matstamm.csv‘ sind die Spalten ‚Preis pro BME‘, ‚Preiseinheit‘ und ‚Bezeichnung‘ zu ergänzen.
  - Bisher wird nur die Preiseinheit ‚EURO‘ verwendet. Umrechnungen zwischen Währungen oder verschiedene Währungen sind nicht implementiert.
  - Bisherige Materialstamm-Einträge müssen entsprechend gepflegt werden.

	GewEinheit	Palette	PreisBME	Preiseinheit	Bezeichnung
	KG	1000	12	Euro	SMILE DESGEL +
	KG	100	5	Euro	SMILE Kantenband 5m
)	KG	2	1001	Euro	SMILE TT-Tisch
1	KG	30	75	Euro	SMILE TT-Schuh 1 Paar
	KG	10	25	Euro	SMILE DESGEL Pro
7	KG	20	33	Euro	SMILE TT-Bande Paar

Abbildung 36: Rechnungsdruck - Materialstamm

- **Kundendaten**
  - Folgende Spalten sind in der Datei ‚kunde.csv' zu ergänzen und bei den bisherigen Daten zu füllen:

    Geschlecht (Herr/Frau)

    Kundennummer

    Postleitzahl der Stadt

    Nachname

	A	B	C	D	E	F	G	H	I
	Kunde	Land	Stadt	StrNr	Mail	Geschlecht	Nummer	Postleitzahl	Nachname
	Sven	Deutschland	Eberbach	Bahnhofstr. 3	svenbodo75@gmail.com	Herr	K000001	12345	Wirsing
	Alex	Deutschland	Marburg	Haupstr. 1		Herr	K000002	32145	Weiss
	Lena	Deutschland	Eberbach	Bahnhofstr. 3		Frau	K000003	65432	Wirsing-Engert
	Erhard	Deutschland	Hittfeld	Eisstr. 7		Herr	K000004	23124	Schwarz
	Dominik	Deutschland	Ober-Erlenba(	Flußweg 7		Herr	K000005	55555	Neuhaus
	Terence	Deutschland	Eberbach	Am Neckar 42	grundmann.alexander@web.de	Herr	K000006	45445	Hill

Abbildung 37: Rechnungsdruck - Kundendaten

- **neue Tabelle zur Lagernummer (übergreifend)**
  - Es wird die neue Tabelle ‚smile.csv' erstellt.
  - Bisher ist nur eine Lagernummer vorgesehen, der Prototyp kann aber auch lagernummerabhängig erweitert werden.
  - Spalten sind folgende, die ebenfalls mit sinnvollen Einträgen zu füllen sind:

A	B	C	D	E	F	G	H
Lagernummer	Lagerleiter	Strasse	Stadt	Land	Mail	Internet	Mobil
SMILE001	Sven Wirsing	Mathematicum 1a	34125 Python	Deutschland	smile@smile.de	www.smile.de	01234/987654-2

Abbildung 38: Rechnungsdruck - Lagernummerdaten

I	J	K	L	M	N	O	P	Q
UmstIdnNr	SteuerNr	ProzPauTra	ProzPauVerp	MWST	Bank	BIC	IBAN	ZahlEmp
DE987654321	22/3333/4444	10	5	19	SMILE-Bank	12312345	DE1234567890	Sven Wirsing

Abbildung 39: Rechnungsdruck - Lagernummerdaten II

Implementierungs-Konzept
- **Menüfunktion in lvs_V2.py**
  - in Routine ‚mainloop' eingreifen
  - Fall ‚REDR' integrieren und Routine ‚redr' zum User in Modul ‚lvs_ueb' aufrufen
  - vorher die Datenbank sichern und nach dem Aufruf Datenbank initialisieren
- **Druckfunktion ‚redr' in Modul lvs.ueb.py**
  - Datenbank initialisieren
  - Einstieg über User-Eingabe der Retourennummer

    muss existieren in Tabelle ‚slkopf.csv', sonst Abbruch der Unterfunktion

- Aufbau der PDF-Datei

  wie im Layout gezeigt

  PDF-Erzeugungsbefehle sind in Unterroutine ‚transportschuppe' im SMILE-Prototyp zu finden

  Bilder können mittels Modul ‚aspose' durch add.image hinzugefügt werden (für das Logo, siehe [4])

  Achtung: pip install aspose-pdf vorher durchführen!

  zugehörige Daten sind in oben präsentierter Datenstruktur zu finden ergänzt um ‚kunden.csv' für Kundendaten sowie ‚slkopf.csv' und ‚slpos.csv' für die Daten zur Auslieferung

  Berechnungsroutine für die Preisfelder

     selektiere Material und Menge in BME aus ‚slpos.csv'

     zum Material ist der Preis pro BME = Einzelpreis mit Preiseinheit ‚EURO' und seine Bezeichnung in ‚matstamm.csv' abgelegt

     Betrag je Material in EURO ist das Produkt aus Menge in BME und Preis in BME

     Nettobetrag ist die Summe alle Beträge pro Materialposition (Schleife über die slpos-Einträge)

     %-Pauschale zum Transport und Verpackung bezogen auf Nettobetrag ist in ‚smile.csv' abgelegt

     Mehrwertsteuer ist in ‚smile.csv' abgelegt

     Rechnungsbetrag ergibt sich aus der Formel

     $(1 + \text{Mehrwertsteuersatz})$

     $\times$

     $(\text{Nettobetrag} + \text{Pauschale Transport} + \text{Pauschale Verpackung})$

- PDF-Datei speichern (siehe Unterroutine ‚transportschuppe')
- Bewegung schreiben zur neuen Bewegungsart mit Referenz = Rechnungsnummer und Vorgängerreferenz = Auslieferungsnummer
- Abfrage, ob Rechnung angezeigt werden soll
- PDF-Datei ggfs. anzeigen (siehe Unterroutine ‚transportschuppe')
- Datenbank sichern und Rückkehr zum aufrufenden Programm.

Ablaufdiagramm technisch zur Rechnungserzeugung (Unterprogramm ‚redr')

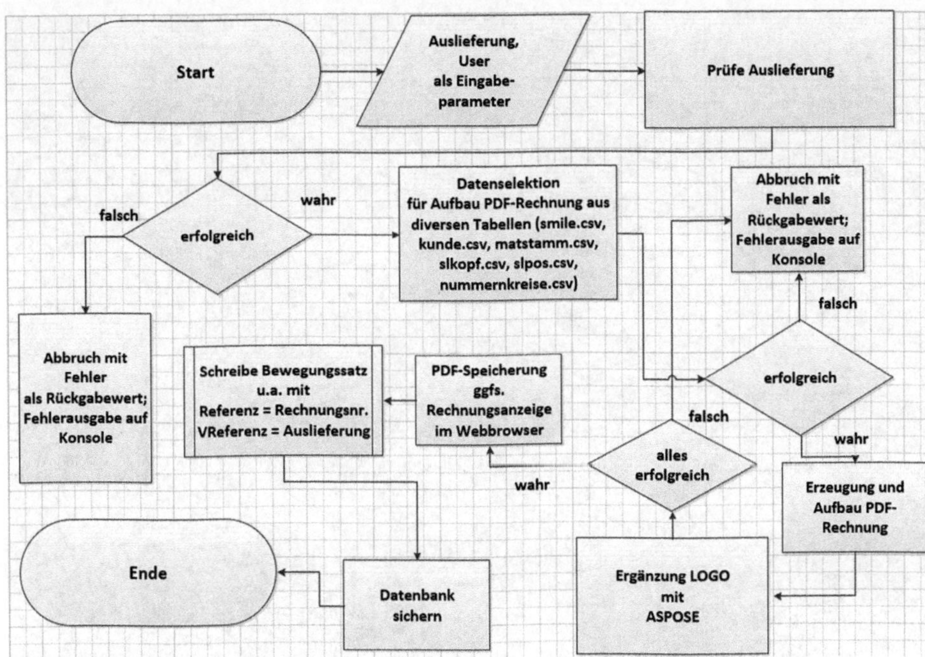

Abbildung 40: Rechnungsdruck - Ablaufdiagramm Unterprogramm ‚redr'

Python-Implementierung in SMILE

Implementierung im Menüablauf in lvs_V2.py:

```python
1427
1428    #       Rechnung zur Auslieferung drucken
1429    elif answer=='REDR':
1430        db.sichern()
1431        print()
1432        ausl = input('Bitte Auslieferungsnummer eingeben: ')
1433        print()
1434        lvs_ueb.redr(ausl,user)
1435        init()
1436        input('Bitte eine Taste drücken: ')
1437        print()
```

Abbildung 41: Rechnungsdruck - Code - Menü

Implementierung der Unterroutine redr in lvs_ueb:

```python
175     #----------------------------------------------------------------
176     #Unterprogramm Bestand auf Kostenstelle ausbuchen
177     #----------------------------------------------------------------
178     def redr(ausl,user):
179         lvs.init()
180         print('Rechnungsdruck zur Auslieferung')
181         print()
182
183     #   Prüfung der Auslieferung mit slkop.csv = Lieferung
184         toSelecta = lvs.db.slkopf.select({'Lieferung':str(ausl)})
185         for rowa in toSelecta:
186             if len(rowa['Lieferung']) == 0:
187                 print()
188                 print('Abbruch: Auslieferung ist unbekannt.')
189                 return 'NOKAY'
190     #       Kunde = slkopf-Kunde
191             kunde = rowa['Kunde']
192
193     #   Inhalt aus slpos.csv hinzuselektieren
194     #   später wird Position    Material    Menge   Einheit benötigt
195     #   später über Material auch PreisBME  Preiseinheit    Bezeichnung aus matstamm.csv
196
197         toSelectb = lvs.db.slpos.select({'Lieferung':str(ausl)})
198
199     #   Kundenfelder aus kunde.scv
200         toSelectk = lvs.db.kunde.select({'Kunde':str(kunde)})
201         for rowk in toSelectk:
202             kland = rowk['Land']
203             kstadt = rowk['Stadt']
204             kstrasse = rowk['StrNr']
205             kanrede = rowk['Geschlecht']
206             knummer = rowk['Nummer']
207             kplz = rowk['Postleitzahl']
208             knachname = rowk['Nachname']
209
```

Abbildung 42: Rechnungsdruck - Code - Unterprogramm ‚redr'

```python
210    #    Lagerdaten aus smile.csv
211         toSelects = lvs.db.smile.select({})
212    for rows in toSelects:
213         smileln = rows['Lagernummer']
214         smilell = rows['Lagerleiter']
215         smilestr = rows['Strasse']
216         smilestd = rows['Stadt']
217         smilelnd = rows['Land']
218         smilemail = rows['Mail']
219         smilewww = rows['Internet']
220         smilemobil =  rows['Mobil']
221         smileunr = rows['UmstIdnNr']
222         smilesnr = rows['SteuerNr']
223         smileptra = int(rows['ProzPauTra'])
224         smilepverp = int(rows['ProzPauVerp'])
225         smilemwst = float(rows['MWST'])
226         smilebank = rows['Bank']
227         smilebic = rows['BIC']
228         smileiban = rows['IBAN']
229         smileze = rows['ZahlEmp']
230
231    #    Nummernkreis zum Rechnungsdruck nummernkreise.csv mit Objekt 'REDR
232         toSelectn = lvs.db.nummernkreise.select({'Objekt':'REDR'})
233         initial=len(toSelectn)
234    if initial == 0:
235         print()
236         print('Abbruch: Numernkreis für Rechnungsdruck unbekannt')
237         return 'NOKAY'
238    for rown in toSelectn:
239         nummer = int(rown['Stand'])
240         #nächste Nummer ziehen
241         nummer = nummer + 1
242         rown['Stand'] = nummer
243         #neuen Stand speichern
244         lvs.db.nummernkreise.modify(rown)
245    #Rechnungsnummer
246         redr = str(nummer)
```

Abbildung 43: Rechnungsdruck - Code - Unterprogramm ‚redr' II

```python
248    #    Auslieferungsnummer ist in Parameter ausl bereits an Unterroutine übergeben
249         auslnr = str(ausl)
250
251    #    Datum und Uhrzeit
252         datetime = time.strftime("%d.%m.%Y %H:%M:%S")
253
254    #    PDF-Dokument erzeugen und aufbauen
255         pdf = FPDF()
256         pdf.add_page()
257         pdf.set_font("Arial", size=12)
258         pdf.cell(200, 5, txt="SMILE-CLI-Prototyp zur Lagerverwaltung", ln=1, align="C")
259         pdf.cell(200, 5, txt="Rechnungsdruck zur Auslieferung", ln=1, align="C")
260         pdf.set_font("Arial", size=6)
261         pdf.cell(200, 5, txt=str(smilell)+'-'+str(smilestr)+'-'+str(smilestd)+'-'+str(smilelnd), ln=1)
262         pdf.cell(100, 5, txt='________________________________________________________
263         pdf.set_font("Arial", size=10)
264         pdf.cell(100, 5, txt=str(kanrede), ln=1)
265         pdf.cell(100, 5, txt=str(kunde)+' '+str(knachname), ln=1)
266         pdf.cell(100, 5, txt=str(kstrasse), ln=1)
267         pdf.cell(100, 5, txt=str(kplz)+' '+str(kstadt), ln=1)
268         pdf.cell(100, 5, txt=str(kland), ln=1)
269         pdf.set_font("Arial", size=6)
270         pdf.cell(175, 5, txt='Internet: '+str(smilewww), ln=1, align="R")
271         pdf.cell(175, 5, txt='E-Mail: '+str(smilemail), ln=1, align="R")
272         pdf.cell(175, 5, txt='Mobil: '+str(smilemobil), ln=1, align="R")
273         pdf.cell(175, 5, txt='SteuerNr: '+str(smilesnr), ln=1, align="R")
274         pdf.cell(175, 5, txt='UmstIdnNr: '+str(smileunr), ln=1, align="R")
275         pdf.cell(175, 5, txt='Datum/Uhrzeit: '+str(datetime), ln=1, align="R")
276         pdf.cell(175, 5, txt='Kundennummer: '+str(knummer), ln=1, align="R")
277         pdf.cell(175, 5, txt='Rechnungsnummer: '+str(redr), ln=1, align="R")
278         pdf.set_font("Arial", size=10)
279         pdf.cell(100, 5, txt='Hallo '+str(kanrede)+' '+str(kunde)+' '+str(knachname)+',', ln=1)
280         pdf.cell(100, 5, txt='', ln=1)
281         pdf.cell(100, 5, txt='nachfolgend die Rechnung zu Ihrem Einkauf im SMILE-Shop:', ln=1)
282         pdf.cell(100, 5, txt='Rechnungnummer '+str(redr)+' zur Auslieferungnummer '+str(ausl), ln=1)
283         pdf.cell(100, 5, txt='', ln=1)
284
```

Abbildung 44: Rechnungsdruck - Code - Unterprogramm ‚redr' III

```python
285 #    Schleife für Ausgabe Position, Material, Menge und Preisberechnung über slpos
286 #    Preisberechnung mit matstamm.csv und smile.csv
287 #    Inhalt aus slpos.csv hinzuselektieren
288 #    später wird Position    Material    Menge    Einheit benötigt
289 #    später über Material auch PreisBME  Preiseinheit    Bezeichnung aus matstamm.csv
290     netto = 0
291     betrag = 0
292     for rowb in toSelectb:
293         toSelectm = lvs.db.matstamm.select({'Material':str(rowb['Material'])})
294         for rowm in toSelectm:
295             einzelpreis = str(rowm['PreisBME'])
296             preiseinheit = str(rowm['Preiseinheit'])
297             bezeichnung = str(rowm['Bezeichnung'])
298         betrag = float(rowb['Menge']) * float(einzelpreis)
299         netto = float(netto) + float(betrag)
300         pdf.cell(100, 5, txt='Pos. '+str(rowb['Position'])+' Bez. '+str(bezeichnung)+' Menge '+str(rowb['
301
302     pdf.cell(100, 5, txt='', ln=1)
303 #    betrag
304     pdf.cell(100, 5, txt='Nettobetrag = '+str(netto)+' Eur', ln=1)
305 #    pauschaletra
306     ptra =  float(netto)*float(smileptra)/100
307     pdf.cell(100, 5, txt='Pauschale Transport = '+str(ptra)+' Eur', ln=1)
308 #    pauschaleverp
309     pverp =  float(netto)*float(smilepverp)/100
310     pdf.cell(100, 5, txt='Pauschale Verpackung = '+str(pverp)+' Eur', ln=1)
311 #    mwst
312     mwst = float(smilemwst)/100*(float(netto)+float(ptra)+float(pverp))
313     pdf.cell(100, 5, txt='Mehrwertsteuer = '+str(mwst)+' Eur', ln=1)
314 #    rbetrag
315     rbetrag = float(netto)+float(ptra)+float(pverp)+float(mwst)
316     pdf.cell(100, 5, txt='Rechnungsbetrag = '+str(rbetrag)+' Eur', ln=1)
317 #    Abschlusstext
318     pdf.cell(100, 5, txt='', ln=1)
319     pdf.cell(100, 5, txt='Danke, dass Sie im SMILE-Shop eingekauft haben!', ln=1)
320     pdf.cell(100, 5, txt='Bitte ueberweisen Sie den offenen Betrag', ln=1)
321     pdf.cell(100, 5, txt='falls nicht bereits im Shop beglichen', ln=1)
322     pdf.cell(100, 5, txt='innerhalb einer Woche mittels unten aufgefuehrter Bankverbindung.', ln=1)
323     pdf.cell(100, 5, txt='', ln=1)
```

Abbildung 45: Rechnungsdruck - Code - Unterprogramm ‚redr' IV

```python
324    pdf.cell(100, 5, txt='Viele Gruesse', ln=1)
325    pdf.cell(100, 5, txt='Ihr Lagerleiter des SMILE-Shops', ln=1)
326    pdf.cell(100, 5, txt='', ln=1)
327 #    Bankverbindung
328    pdf.set_font("Arial", size=6)
329    pdf.cell(100, 5, txt='Zahlungsempfaenger: Lagerleiter SMILE-Shop', ln=1)
330    pdf.cell(100, 5, txt='Bank: '+str(smilebank), ln=1)
331    pdf.cell(100, 5, txt='IBAN: '+str(smileiban), ln=1)
332    pdf.cell(100, 5, txt='BIC: '+str(smilebic), ln=1)
333
334 #  PDF-Dokument benennen und speichern: Auslieferung_Rechnung.pdf
335    save = str(ausl)+'_'+str(redr)
336    save_ohne_logo = save + '.pdf'
337    pdf.output(save_ohne_logo)
338
339 #  Logo mit aspose-Modul
340    input_file = save_ohne_logo
341    output_pdf = save + '_logo.pdf'
342    image_file = "Spirale.gif"
343    # Open document
344    document = ap.Document(input_file)
345    document.pages[1].add_image(image_file, ap.Rectangle(450, 700, 600, 850, True))
346    document.save(output_pdf)
347
348 #  Bewegung schreiben zum Rechnungsdruck
349    lvs.bewegungen_schreiben('REDR',' ',' ',str(user),' ',' ',' ',' ',' ',' ',' ',' ',' ',' ',' ',"",str(redr
350
351 #  DB sichern wegen Nummernkreis und Bewegung
352    print()
353    print('Rechnung gespeichert')
354    lvs.db.sichern()
355
356 #  Rechnung anzeigen? import webbrowser notwendig!
357    frage = input('Rechnung anzeigen (ja/nein) ')
358    if frage =='ja':
359     webbrowser.open(output_pdf,new=2)
360
361 #  zurück zum Hauptprogramm
362    return 'OKAY'
```

Abbildung 46: Rechnungsdruck - Code - Unterprogramm ‚redr' V

Beispieldateien

Beispieldateien im lvs-Ordner:

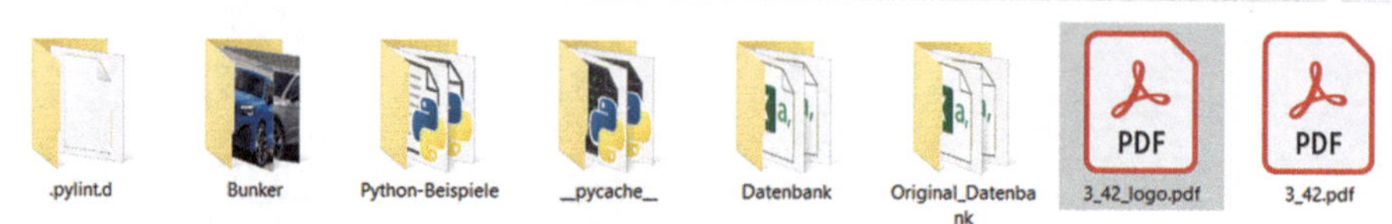

Abbildung 47: Rechnungsdruck - Beispieldateien

Beispieldatei auf dem Bildschirm im Webbrowser:

SMILE-CLI-Prototyp zur Lagerverwaltung
Rechnungsdruck zur Auslieferung

Sven Wirsing-Mathematicum 1a-34125 Python-Deutschland

Herr
Sven Wirsing
Bahnhofstr. 3
12345 Eberbach
Deutschland

Internet: www.smile.de
E-Mail: smile@smile.de
Mobil: 01234/987654-2
SteuerNr: 22/3333/4444
UmstldNr: DE987654321
Datum/Uhrzeit: 23.09.2024 19:47:12
Kundennummer: K000001
Rechnungsnummer: 42

Hallo Herr Sven Wirsing,

nachfolgend die Rechnung zu Ihrem Einkauf im SMILE-Shop:
Rechnungnummer 42 zur Auslieferungnummer 3

Pos. 1 Bez. SMILE TT-Bande Paar Menge 3 EP/Eur 33 Betrag/Eur 99.0

Nettobetrag = 99.0 Eur
Pauschale Transport = 9.9 Eur
Pauschale Verpackung = 4.95 Eur
Mehrwertsteuer = 21.631500000000003 Eur
Rechnungsbetrag = 135.4815 Eur

Abbildung 48: Rechnungsdruck - Formular I

Danke, dass Sie im SMILE-Shop eingekauft haben!
Bitte ueberweisen Sie den offenen Betrag
falls nicht bereits im Shop beglichen
innerhalb einer Woche mittels unten aufgefuehrter Bankverbindung.

Viele Gruesse
Ihr Lagerleiter des SMILE-Shops

Zahlungsempfaenger: Lagerleiter SMILE-Shop
Bank: SMILE-Bank
IBAN: DE1234567890
BIC: 12312345

Abbildung 49: Rechnungsdruck - Formular II

5.2   Wareneingang

5.2.1   Gefahrstoffe

Aufgabenstellung

Gefahrstoffe sind Produkte, die im Materialstamm mittels Lagerklasse gekennzeichnet werden sollen. Mögliche Lagerklassen sollen inkl. eines Textes separat als Stammdatum ablegbar sein.

Gefahrstoffe dürfen (analog zu Kühlgütern) nicht avisiert werden.

Bei Einlagerung von Gefahrstoffen soll geprüft werden können, ob die Lagerklasse im Lagertyp des Lagerplatzes zur Einlagerung erlaubt ist.

Man definiere vier Gefahrstoff-Produkte mit vier verschiedenen Lagerklassen. Zwei Produkte dürfen in einem gemeinsamen Lagertyp eingelagert werden, der nur diese beiden Lagerklassen zulässt. Ein anderer Lagertyp ist für die Lagerung der anderen beiden Gefahrstoffe vorgesehen. In ihm dürfen auch andere Lagerklassen sowie Produkte ohne Gefahrstoffzuordnung lagern.

Zusätzlich sollen Brandabschnitte eingeführt werden, die als Attribut zum Lagerplatz erfasst werden können. Mittels Brandabschnitt können zur Lagerung die Anzahl an HUs zu Gefahrstoffen beschränkt werden. Diese Anzahl ist bei Einlagerung/Umlagerung in dieser Aufgabe nicht zu beachten. Sie wird im Shop-Szenario berechnet und gefüllt werden.

Brandabschnitte sollen per Funktion zu definieren sein. Ihr Name unterliegt folgenden Regeln:

- Die ersten beiden Buchstaben entstammen dem Alphabet ‚A bis Z‘.
- Der dritte und vierte Buchstabe ist eine ganze Zahl zwischen 0 bis 9.

Zusätzlich sollen erfassbar sein:

- ein Text = Beschreibung des Brandabschnitts
- erlaubte Anzahl an Gefahrstoff-HUs im Brandabschnitt
- aktuelle Anzahl an Gefahrstoff-HUs im Brandabschnitt.

Eine weitere Funktion zeigt die definierten Brandabschnitte an.

Stammdatenkonzept

Folgende Änderungen am Datenkonstrukt sind vorzunehmen:

- neue Tabelle zu den Lagerklassen (‚lagerklassen.csv‘) mit den Spalten ‚Lagerklasse‘ und ‚Bezeichnung‘

	A	B	C	D	E	F
	Lagerklasse	Bezeichnung				
	LG1	Explosive Gefahrstoffe				
	LG2	Gase				
	LG3	Aerosolpackungen und Feuerzeuge				
	LG4	Entzündbare Flüssigkeiten				
	LG5	Organische Peroxide und selbstzersetzliche Gefahrstoffe				
	LG6	Entzündbare feste Gefahrstoffe				
	LG7	Pyrophore oder selbsterhitzungsfähige Gefahrstoffe				
	LG8	Gefahrstoffe, die in Berührung mit Wasser entzündbare Gase entwickeln				
	LG9	Radioaktive Stoffe				
	LG10	Oxidierende Gefahrstoffe				

Abbildung 50: Gefahrstoffe - Lagerklassen

- neue Tabelle zu den Lagertypen (lagertyp.csv) mit den Spalten ‚Lagernummer‘, ‚Lagertyp‘, zugehörige ‚Bezeichnung‘ und Kennzeichnung ‚GefaPr‘, ob eine Gefahrstoffprüfung erfolgen soll. Eine Lagerung wird momentan nur im HRL, in KUEHL und BLOCK vollzogen. Nur dort wird die Gefahrstoffprüfung im SMILE-CLI-Prototyp aktiviert.

	A	B	C	D
1	Lagernummer	Lagertyp	Bezeichnung	GefaPr
2	SMILE001	WE	Wareneingang	
3	SMILE001	RETOURE	Lieferantenretoure	
4	SMILE001	HRL	Hochregallager	X
5	SMILE001	KUEHL	Kühllager	X
6	SMILE001	BLOCK	Blocklager	X
7	SMILE001	SCHROTT	Verschrottung	
8	SMILE001	WA	Warenausgang	
9				

Abbildung 51: Gefahrstoffe - Lagertypen

- neue Tabelle (gefaltyp.csv) zur Festlegung, welche Lagerklassen in welchem Lagertyp erlaubt sind. Es wurden nur die Lagertypen aufgenommen, in denen eine Prüfung erfolgen soll. In den Lagertypen BLOCK (Lagerklassen LG3 und LG4) und HRL (Lagerklasse LG9) sind auch nicht-Gefahrstoffe zulässig. Aus diesem Grund muss ein entsprechender Eintrag mit leerer Lagerklasse für diese Lagertypen eingetragen werden. Im Lagertyp KUEHL dürfen nur Gefahrstoffe der Klassen LG1 und LG2 lagern.

	A	B	C	D
1	Lagernummer	Lagertyp	Lagerklasse	
2	SMILE001	HRL	LG9	
3	SMILE001	HRL		
4	SMILE001	KUEHL	LG1	
5	SMILE001	KUEHL	LG2	
6	SMILE001	BLOCK	LG3	
7	SMILE001	BLOCK	LG4	
8	SMILE001	BLOCK		
9				
10				

Abbildung 52: Gefahrstoffe - Lagertypen und Lagerklassen

- Anpassung in Materialstamm-Tabelle (matstamm.csv) um die Lagerklasse. Die Materialien M006 bis M009 wurden entsprechend konfiguriert.

L	M	N	O	P	Q	R	S	T
LHM	Gewicht	GewEinheit	Palette	PreisBME	Preiseinheit	Bezeichnung	Lagerklasse	
EPAL	0.1	KG	1000	12	Euro	SMILE DESGEL +		
EPAL7	0.1	KG	100	5	Euro	SMILE Kantenband 5m		
EPALG	350	KG	2	1001	Euro	SMILE TT-Tisch		
EPAL3	1	KG	30	75	Euro	SMILE TT-Schuh 1 Paar		
EPAL2	0.5	KG	10	25	Euro	SMILE DESGEL Pro		
EPALC	7	KG	20	33	Euro	SMILE TT-Bande Paar		
EPAL2	1	KG	10	1	Euro	SMILE Kleber Bio	LG1	
EPAL2	2	KG	20	2	Euro	SMILE Kleber Bio Pro	LG2	
EPAL3	3	KG	30	3	Euro	SMILE Desinfekt	LG3	
EPAL3	4	KG	40	4	Euro	SMILE Desinfekt +	LG4	

Abbildung 53: Gefahrstoffe - Materialstamm

- neue Tabelle (brabs.csv) für Brandabschnitte mit den Spalten ‚Brandabschnitt', ‚Bezeichnung', ‚AnzGefaHU' für die erlaubte Anzahl an Gefahrstoff-HUs und ‚AktAnzGefaHU' für die aktuelle Anzahl an Gefahrstoff-HUs im Brandabschnitt. Die Brandabschnitte können über die Codes ‚BRAA' angelegt und über ‚BRAS' angezeigt werden.

	A	B	C	D	
1	Brandabschnitt	Bezeichnung	AnzGefaHu	AktAnzGefaHu	
2	BR01	Brandabschnitt 01	10	0	
3	BR02	Brandabschnitt 02	20	0	
4					

Abbildung 54: Gefahrstoffe - Brandabschnitte

- Einträge in die Menü-Tabelle (codes.csv) für die Brandabschnittstransaktionen

3	KRET	Kundenretoure zur Auslieferungsposition
9	KUMB	Bestand zur Kundenretoure entsperren
)	GUDR	Gutschriftdruck zur Kundenretoure
1	BRAA	Brandabschnitte anlegen
2	BRAS	Brandabschnitte anzeigen
3		

Abbildung 55: Gefahrstoffe - Menücodes

- Eintrag in die Bewegungsarten-Tabelle (bewegungsarten.csv) für die Brandabschnitts-Anlage

5	KUMB	Bestand zur Kundenretoure entsperren
7	GUDR	Gutschriftdruck zur Kundenretoure
8	BRAA	Brandabschnitte anlegen
9		
1		

Abbildung 56: Gefahrstoffe - Bewegungsarten

- neue Spalte für den Brandabschnitt in der Platztabelle (plaetze.csv) sowie Pflege der Brandabschnitte HRL = BR01, KUEHL = BR02 und BLOCK = BR03 (möglichst mittels neuer Transaktion anzulegen)

	A	B	C	D	E	F	G	H	I
1	Platz	Bedeutung	Lagertyp	belegt	Temperatur	Kapazitaet	aktAnzahl	Brandabschnitt	
2	WE_STICH	Wareneingan	WE	NEIN	ungeprüft	unbegrenzt	0		
3	TRANSPORT_I	Transport zum	WE	NEIN	ungeprüft	unbegrenzt	0		
4	I_PUNKT	I-Punkt	WE	NEIN	ungeprüft	unbegrenzt	0		
5	NIO	Kontroll-Platz	WE	NEIN	ungeprüft	unbegrenzt	0		
6	TRANSPORT_I	Transport ins I	WE	NEIN	ungeprüft	unbegrenzt	0		
7	TRANSPORT_I	Transport zum	WE	NEIN	ungeprüft	unbegrenzt	0		
8	K_PUNKT	K-Punkt	WE	NEIN	ungeprüft	unbegrenzt	0		
9	TRANSPORT_I	Transport zum	RETOURE	NEIN	ungeprüft	unbegrenzt	0		
10	RETOURE	Retouren-Plat	RETOURE	NEIN	ungeprüft	unbegrenzt	0		
11	WE_LIEF	manueller Wa	WE	NEIN	ungeprüft	unbegrenzt	0		
12	HRL_01_01_0:	HRL, Gang 1, !	HRL	JA	20	2	2	BR01	
13	HRL_01_01_0:	HRL, Gang 1, !	HRL	JA	20	2	2	BR01	
14	HRL_01_01_0(	HRL, Gang 1, !	HRL	JA	20	2	2	BR01	
15	HRL_01_01_0	HRL, Gang 1, !	HRL	JA	20	2	2	BR01	
16	HRL_01_01_0!	HRL, Gang 1, !	HRL	NEIN	20	2	1	BR01	
17	HRL_01_01_0(	HRL, Gang 1, !	HRL	NEIN	20	2	1	BR01	
18	KUEHL_1	Kühlturm, Plat	KUEHL	NEIN	-1	5	1	BR02	
19	KUEHL_2	Kühlturm, Plat	KUEHL	NEIN	0	5	0	BR02	
20	KUEHL_3	Kühlturm, Plat	KUEHL	NEIN	1	5	1	BR02	
21	KUEHL_4	Kühlturm, Plat	KUEHL	NEIN	2	5	0	BR02	
22	KUEHL_5	Kühlturm, Plat	KUEHL	NEIN	3	5	1	BR02	
23	BLOCK	Blockplatz	BLOCK	NEIN	ungeprüft	unbegrenzt	0	BR03	
24	SCHROTT	Schrottplatz	SCHROTT	NEIN	ungeprüft	unbegrenzt	0		
25	HRL_01_02_0:	HRL, Gang 1, !	HRL	NEIN	20	0	3	BR01	
26	HRL_01_02_0:	HRL, Gang 1, !	HRL	NEIN	20	0	0	BR01	

Abbildung 57: Gefahrstoffe - Lagerplätze

Ablauf und Implementierungskonzept

- keine Avisierung
  - in Unterprogramm ‚gebindeavis‘ einzubauen
  - nach Materialselektion Prüfung auf Lagerklasse in matstamm.csv und ggfs. abbrechen
- Prüfung Einlagerung in ‚platzfindung‘-Routine
  - liste2 analog zu liste am Anfang der Routine definieren
  - in Zeile 624 bei Material-Selektion die Lagerklasse aus matstamm.csv merken und protokollieren
  - bei der Analyse der möglichen Lagerplätze zu den Temperaturen in Variable ‚liste‘ ebenfalls den Lagertyp mit aufnehmen und protokollieren
  - hinter der Temperaturprüfung die Plätze zu Gefahrstoffen analysieren
  - for-Schleife über Variable ‚liste‘
  - Logik aus Umlagerung wiederholen
  - falls erfolgreich, den Lagerplatz in liste2 appenden
  - liste = liste2 setzen, damit Folgelogiken wie vorher ablaufen können
- Prüfung Umlagerung in ‚platzaendern‘-Routine
  - vor Temperaturprüfung den Lagertyp des Zielplatzes merken
  - hinter Temperaturprüfung die Gefahrstoffprüfung implementieren
  - über den Lagertyp die Lagertyp-Daten selektieren (aus ‚lagertyp.csv‘)
  - nur im Falle einer aktivierten Prüfung weiterverfahren (Feld GefaPr = ‚X‘)
  - Materialdaten zulesen und Lagerklasse merken (neues Feld ‚Lagerklasse‘ in matstamm.csv)
  - Daten aus Tabelle ‚gefaltyp.csv‘ über Lagertyp und Lagerklasse zulesen
  - falls kein Eintrag vorhanden, Umlagerung abbrechen
- Anlage Brandabschnitt
  - mainloop in lvs_V2.py
    - Code ‚BRAA‘ mittels elif auswerten
    - Aufruf Unterroutine ‚braa‘
    - sonstiger Ablauf wie bei den bisherigen Funktionen
  - neues Unterprogramm in lvs_ueb.py
    - Datenbank initialisieren
    - Eingabe Brandabschnitt durch den User
    - Prüfung Länge des Strings = 4
    - zwei Mengen mit Alphabeten für ‚A bis Z‘ und ‚0 bis 9‘ definieren
    - Zeichen in Brandabschnitt mit Mengenprüfung auswerten
    - über brabs.csv prüfen, daß Brandabschnitt nicht bereits angelegt ist
    - Text zum Brandabschnitt durch User eingeben lassen
    - Mengenfeld für Brandabschnitt eingeben lassen und mit try-except auf natürliche Zahl prüfen

brabs-Eintrag mit get-empty-Methode und eingegebenen Daten aufbauen

Bewegung mit neuer Bewegungsart anlegen

Datenbank sichern

zurück zum Hauptprogramm

- Anzeige Brandabschnitt
  - mainloop in lvs_V2.py

    Code ‚BRAS‘ mittels elif ausführen

    Aufruf Unterroutine ‚bras‘

    sonstiger Ablauf wie bei den bisherigen Funktionen
  - neues Unterprogramm in lvs_ueb.py

    brabs.csv mit lvs-Methode ‚show‘ anzeigen

Ablaufdiagramme technisch

- Prüfung Einlagerung & Umlagerung

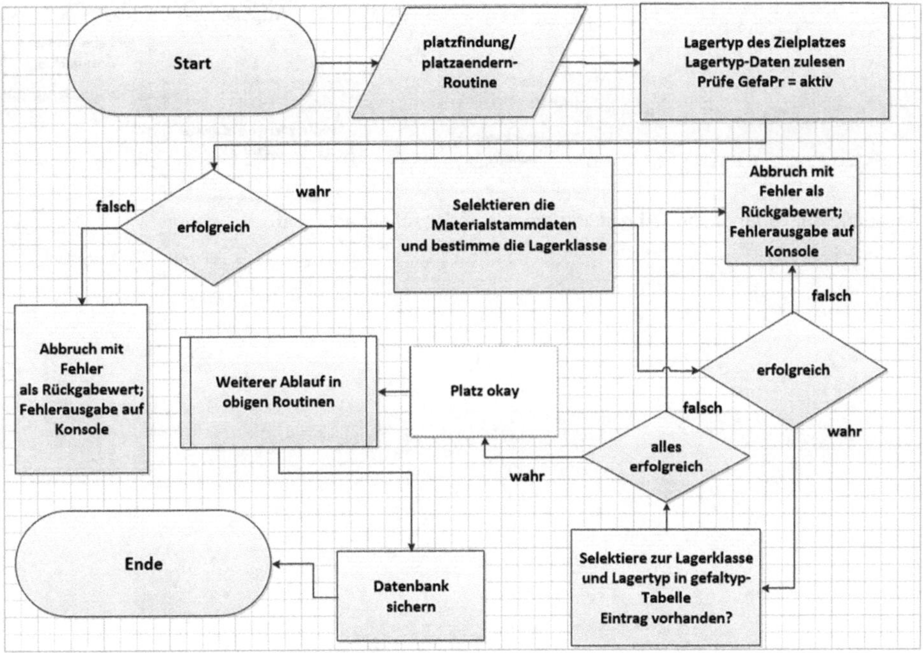

Abbildung 58: Gefahrstoffe - Ablaufdiagramm Unterprogramm Einlagern/Umlagern

- Anlage Brandabschnitt

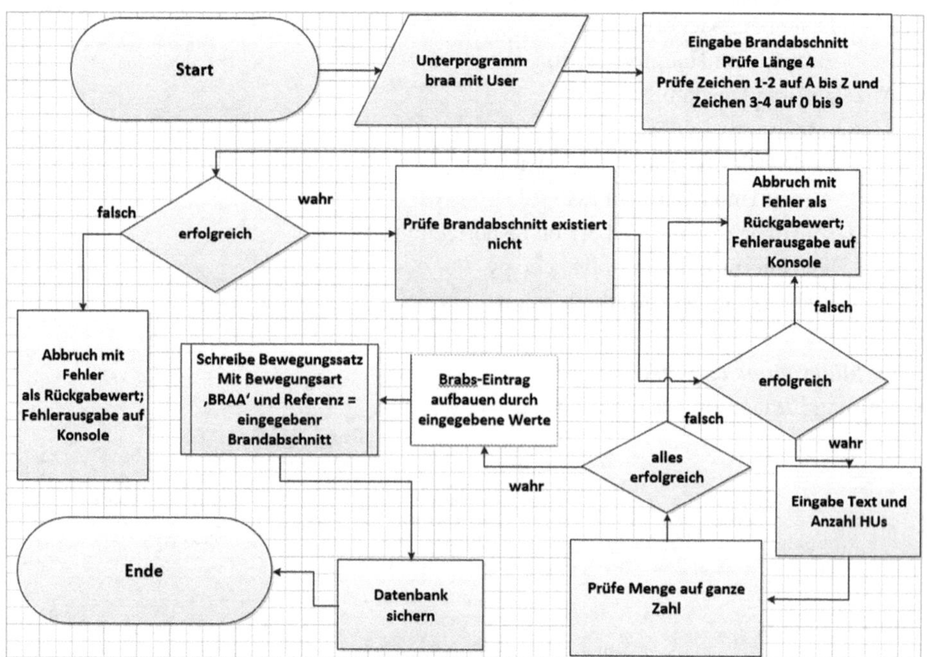

Abbildung 59: Gefahrstoffe - Ablaufdiagramm Brandabschnitt anlegen

Python-Implementierung in SMILE

Prüfung: kein Gefahrstoff bei Avisierung in gebindeavis-Unterprogramm.

```
382  #------------------------------------------------
383  #fuer Beispiel 2 mit Bestands- und Chargendaten angepasst
384  #Charge muss existieren
385  #------------------------------------------------
386  def gebindeavis(hunr5,user):
387      toSelect5 = db.gebinde.select({'Nummer':hunr5})
388      print()
389      print(toSelect5)
390      initial=len(toSelect5)
391      if initial != 0:
392          print()
393          print('Fehler: Gebinde bereits bekannt')
394          return 'FEHLER'
395      print()
396      lieferant=input('Bitte Lieferant eingeben: ')
397
398      material=input('Bitte Material eingeben: ')
399      toSelect4 = db.matstamm.select({'Material':material})
400      initial=len(toSelect4)
401      if initial == 0:
402          print()
403          print('Fehler: Material unbekannt')
404          return 'FEHLER'
405      for row in toSelect4:
406          #Kühlgut nicht avisieren Beispiel 3
407          if row['Kuehlpflicht'] == 'JA':
408              print()
409              print('Fehler: Avisieren ungültig. Kühlgut bitte manuell buchen.')
410              return 'FEHLER'
411          #Beispiel 3 Ende Kühlgut
412          #Gefahrstoffe dürfen nicht avsiert werden - Übungsbuch CLI
413          if len(str(row['Lagerklasse'])) != 0:
414              print()
415              print('Fehler: Avisieren ungültig. Gefahrstoffe bitte manuell buchen.')
416              return 'FEHLER'
417          #Ende Gefahrstoffprüfung
```

Abbildung 60: Gefahrstoffe - Code - keine Avisierung

Prüfung bei Umlagerung bzgl. Lagerklassen im Unterprogramm ‚platzaendern'

```
897    #Temperaturprüfung am An-Platz wenn Prüfung aktiv ist und Material Kühlgut ist
898    for row2 in toSelect2:
899        #Lagertyp für Gefahrstoffprüfung zulesen
900        lgtyp = str(row2['Lagertyp'])
901        if row2['Temperatur'] != 'ungeprüft':
902            toSelect9 = db.matstamm.select({'Material':row['Material']})
903            for row9 in toSelect9:
904                if row9['Kuehlpflicht'] == 'JA':
905                    if int(row2['Temperatur']) < int(row9['vonTemp']):
906                        print()
907                        print('Fehler: Temperatur-Untergrenze verletzt')
908                        return 'Fehler'
909                    if int(row2['Temperatur']) > int(row9['bisTemp']):
910                        print()
911                        print('Fehler: Temperatur-Obergrenze verletzt')
912                        return 'Fehler'
913    #Gefahrstoffprüfung
914    #Material hat Lagerklasse = Gefahrstoff
915    #Platzdaten zulesen zum Zielplatz, Lagertyp ermitteln
916    #Lagertypdaten zulesen und Gefahrstoffprüfung auswerten
917    #falls ja, Lagerklasse in Lagertyp-Gefa prüfen, auch zu nicht Gefahrstoff
918    toSelectlty = db.lagertyp.select({'Lagertyp':lgtyp})
919    for rowlty in toSelectlty:
920        if rowlty['GefaPr'] == 'X':
921            toSelectgef = db.matstamm.select({'Material':row['Material']})
922            for rowgef in toSelectgef:
923                klasse = str(rowgef['Lagerklasse'])
924                toSelectkl = db.gefaltyp.select({'Lagertyp':lgtyp,'Lagerklasse':klasse})
925                if toSelectkl == []:
926                    print()
927                    print('Fehler: Gefahrstoff-Lagerklasse im Zielplatz nicht erlaubt')
928                    return 'Fehler'
```

Abbildung 61: Gefahrstoffe - Code - Umlagern

Prüfung bei Einlagerung bzgl. Lagerklassen in Unterroutine ‚platzfindung'

```
599   #------------------------------------------------
600   #Unterprogramm Platzfindung
601   #zu Gebinde für Beispiel 3
602   #------------------------------------------------
603   def platzfindung(hu, gui=""):
604       platz = ''
605       liste =[]
606       liste2 = []
607       highvalue = 999999
608       protokoll = []
609       #Einlagertyp ermitteln
610       #Einlagerstrategie ermitteln
611       #Temperaturen ermitteln
612       #Kuehlgutkennzeichen ermitteln
613       toSelect = db.gebinde.select({'Nummer':hu})
614       if gui == "":
615        print('Protokoll Platzfindung zu HU ',hu)
616       protokoll.append("Protokoll Platzfindung zu HU")
617       for row in toSelect:
618           toSelect2 = db.matstamm.select({'Material':row['Material']})
619           if gui == "":
620            print('Material: ',row['Material'])
621           protokoll.append("Material: " + str(row['Material']))
622           for row2 in toSelect2:
623               klasse = row2['Lagerklasse']
624               if gui == "":
625                   print('Material-Lagerklasse: ',klasse)
626               protokoll.append("Material-Lagerklasse: " + klasse)
```

Abbildung 62: Gefahrstoffe - Code - Platzfindung

```
701           if ja == 'X':
702               liste.append((row3['Platz'],frei,row3['Lagertyp']))
703               if gui == "":
704                print('Platz ',row3['Platz'],' hat freie Kapazität ',frei)
705               protokoll.append("Platz " + row3['Platz'] + " hat freie Kapazität " + str(frei))
706       initial=len(liste)
707       if initial == 0:
708         if gui == "":
709            print('keine geeignet temperierten oder freien Plätze vorhanden')
710         protokoll.append("keine geeignet temperierten oder freien Plätze vorhanden")
711         return '', protokoll
712   #Gefahrstoffprüfung und ggfs. Plätze aussortieren wegen Gefahrstoffprüfung
713       if gui == "":
714           print()
715           print('Gefahrstoffprüfung')
716       protokoll.append("Gefahrstoffprüfung ")
717       for c in liste:
718           toSelectlg = db.lagertyp.select({'Lagertyp':c[2]})
719           for rowlg in toSelectlg:
720               if rowlg['GefaPr'] == 'X':
721                   toSelectkl = db.gefaltyp.select({'Lagertyp':c[2],'Lagerklasse':klasse})
722                   if toSelectkl == []:
723                       if gui == "":
724                           print()
725                           print('Gefahrstoff-Lagerklasse im Zielplatz nicht erlaubt: ' + str(c[0]))
726                       protokoll.append('Gefahrstoff-Lagerklasse im Zielplatz nicht erlaubt: ' + str(c[0]))
727                   liste2.append(c)
728       liste = liste2
729       #Plätze für Protokoll ausgeben
```

Abbildung 63: Gefahrstoffe - Code - Platzfindung II

Anlage Brandabschnitte

- mainloop in lvs_v2.py

```
1551
1552      #        Brandabschnitte anlegen
1553      elif answer=='BRAA':
1554          db.sichern()
1555          print()
1556          lvs_ueb.braa(user)
1557          init()
1558          input('Bitte eine Taste drücken: ')
1559          print()
1560
1561      #        Brandabschnitte anzeigen
1562      elif answer=='BRAS':
1563          db.sichern()
1564          print()
1565          lvs_ueb.bras(user)
1566          init()
1567          input('Bitte eine Taste drücken: ')
1568          print()
1569
```

Abbildung 64: Gefahrstoffe - Code - Menü

- Unterroutine ‚braa' in lvs_ueb.py

```
703     #-----------------------------------------------------------
704     #Unterprogramm Brandabschnitte anlegen
705     #-----------------------------------------------------------
706     def braa(user):
707         print('Brandabschnitte anlegen')
708         print()
709         lvs.init()
710
711     #   Eingabe Kennung, Bezeichnung und Anzahl
712     #   Kennung darf noch nicht existieren
713     #   Kennungsprüfung mit Alphabeten und Längen
714     #    Länge gleich vier
715     #    ersten beiden Buchstaben A bis Z
716     #    dritter und vierter Buchstabe eine Zahl 0 bis 9
717     #   Anzahl muss ganze Zahle sein
718         alphabeta = set('ABCDEFGHIJKLMNOPQRSTUVWXYZ')
719         alphabetb = set('0123456789')
720         brabs = input('Brandabschnitt: ')
721         if len(brabs) != 4:
722                 print('Bitte genau 4 Zeichen eingeben!')
723                 print()
724                 input('Bitte eine Taste drücken: ')
725                 return 'NOKAY'
726         test = brabs[0] in alphabeta
727         if test == False:
728                 print('Erstes Zeichen muss A bis Z sein')
729                 print()
730                 input('Bitte eine Taste drücken: ')
731                 return 'NOKAY'
732         test = brabs[1] in alphabeta
733         if test == False:
734                 print('Zweites Zeichen muss A bis Z sein')
735                 print()
736                 input('Bitte eine Taste drücken: ')
737                 return 'NOKAY'
```

Abbildung 65: Gefahrstoffe - Code - Unterprogramm ‚braa'

```
738            test = brabs[2] in alphabetb
739            if test == False:
740                    print('Drittes Zeichen muss 0 bis 9 sein')
741                    print()
742                    input('Bitte eine Taste drücken: ')
743                    return 'NOKAY'
744            test = brabs[3] in alphabetb
745            if test == False:
746                    print('Viertes Zeichen muss 0 bis 9 sein')
747                    print()
748                    input('Bitte eine Taste drücken: ')
749                    return 'NOKAY'
750        toSelect = lvs.db.brabs.select({'Brandabschnitt':str(brabs)})
751        for row in toSelect:
752            if len(str(row['Brandabschnitt'])) == 4:
753                    print('Brandabschnitt existiert bereits!')
754                    print()
755                    input('Bitte eine Taste drücken: ')
756                    return 'NOKAY'
757        brabst = input('Beschreibung Brandabscnitt: ')
758        try:
759          menge = input('Anzahl Gefa-HUs: ')
760          menge = int(menge)
761        except TypeError:
762                    print('Bitte natürliche Zahl als Menge eingeben!')
763                    print()
764                    input('Bitte eine Taste drücken: ')
765                    return 'NOKAY'
766        except ValueError:
767                    print('Bitte natürliche Zahl als Menge eingeben!')
768                    print()
769                    input('Bitte eine Taste drücken: ')
770                    return 'NOKAY'
771    #    Aufbau brabs-Eintrag und speichern
772        h = lvs.db.brabs.get_empty()
773        h['Brandabschnitt']=str(brabs)
774        h['Bezeichnung']=str(brabst)
775        h['AnzGefaHu']=menge
776        h['AktAnzGefaHu']=0
```

Abbildung 66: Gefahrstoffe - Code - Unterprogramm ‚braa' II

```python
761        except TypeError:
762                print('Bitte natürliche Zahl als Menge eingeben!')
763                print()
764                input('Bitte eine Taste drücken: ')
765                return 'NOKAY'
766        except ValueError:
767                print('Bitte natürliche Zahl als Menge eingeben!')
768                print()
769                input('Bitte eine Taste drücken: ')
770                return 'NOKAY'
771    #   Aufbau brabs-Eintrag und speichern
772        h = lvs.db.brabs.get_empty()
773        h['Brandabschnitt']=str(brabs)
774        h['Bezeichnung']=str(brabst)
775        h['AnzGefaHu']=menge
776        h['AktAnzGefaHu']=0
777        lvs.db.brabs.insert(h)
778    #   Bewegung schreiben
779        lvs.bewegungen_schreiben('BRAA',' ',' ',str(user),' ',' ',' ',' ',' ',' ',' ',' ',' ',' ',' ',' ','',str(brab
780    #   Erfolgsmeldung und DB-Sicherung
781        print()
782        print('Brandabschnitt angelegt!')
783        lvs.db.sichern()
784    #   zurück zum Hauptprogramm
785        return 'OKAY'
786    #--------------------------------------------------------------
787
```

Abbildung 67: Gefahrstoffe - Code - Unterprogramm ‚braa' III

Anzeige Brandabschnitte

- Mainloop in lvs_v2.py

```python
1551
1552    #        Brandabschnitte anlegen
1553    elif answer=='BRAA':
1554        db.sichern()
1555        print()
1556        lvs_ueb.braa(user)
1557        init()
1558        input('Bitte eine Taste drücken: ')
1559        print()
1560
1561    #        Brandabschnitte anzeigen
1562    elif answer=='BRAS':
1563        db.sichern()
1564        print()
1565        lvs_ueb.bras(user)
1566        init()
1567        input('Bitte eine Taste drücken: ')
1568        print()
1569
```

Abbildung 68: Gefahrstoffe - Code - mainloop

- Unterroutine ‚bras' in lvs_ueb.py

```
#---------------------------------------------------------------
#Unterprogramm Brandabschnitte anzeiegn
#---------------------------------------------------------------
def bras(user):
    print('Brandabschnitte anzeigen')
    print()
    lvs.init()
    lvs.db.brabs.show()
    input('Bitte eine Taste drücken: ')
    lvs.db.sichern()
    #   zurück zum Hauptprogramm
    return 'OKAY'
```

Abbildung 69: Gefahrstoffe - Code - Funktion Brandabschnitt anzeigen

5.2.2 Kundenretoure

Aufgabenstellung

Bei einer Kundenretoure wird ein Wareneingang mit Bezug zu einer Lieferungsposition erfasst. Die retournierte Menge muss kleiner gleich der Lieferungspositions-Menge abzüglich bereits retournierter Mengen und ganzzahlig sein. Die Auslieferung muss bereits abgeschlossen sein. Es ist der Grund für die Retoure zu erfassen.

Der Grund ist bei der Bewegung zum Retouren-Wareneingang ebenso wie der Bezug zur Auslieferungsposition zu erfassen. Der Retouren-Wareneingang soll ein eigenes Nummernkreisintervall bekommen.

Der Kundenretouren-Bestand liegt nach Wareneingangsbuchung auf dem Platz ‚WE_KRET' und besitzt ein Sperrkennzeichen sowie eine Zuordnung zur Kundenretoure.

Bestände mit Sperrkennzeichen sind zunächst nicht bewegbar (Umlagerung, Einlagerung und Lieferantenretoure sind entsprechend anzupassen) und müssen im Wareneingangsbereich für Retouren solange lagern, bis sie (nach nicht IT-technisch abgebildeter Qualitätsprüfung) freigegeben werden. Die Freigabe ist abzubilden. Alternativ kann – auch ohne Freigabe – eine Verschrottung vorgenommen werden.

Wird der Bestand nicht verschrottet und ist er freigegeben, kann er im Prototyp mit bekannten Funktionen eingelagert werden.

Abläufe und Implementierungskonzepte
Code KRET:

Über das Menü kann der Code ‚KRET' zur Anlage einer Kundenretoure ausgewählt werden. Der Anwender muss die zugehörige Auslieferung und Auslieferungsposition, die retournierte Menge und den Retourengrund eingeben. Die Menge muss ganzzahlig sein (try-except verwenden).

In der Unterroutine ist der Ablauf wie folgt:

- Überprüfung
  - der Existenz der Auslieferungsposition (slpos-Selektion)
  - des Status der Auslieferungsposition (slpos-Status)
  - der Menge (eingegebene Menge + bereits retournierte Menge in slpos <= ursprünglich gelieferte Menge in slpos)
- bereits retournierte Menge in Auslieferungsposition um Menge korrigieren (slpos-RMenge anpassen, um Menge erhöhen)
- Daten aus Auslieferungsposition übernehmen (Charge, Split etc.)
- Kundenretoure und Position aufbauen (get_empty-Methode für neue Tabellen ‚retkopf‘ und ‚retpos‘, insert ausführen)
  - Daten aus Auslieferungsposition übernehmen
  - neues Nummernkreisintervall für Kundenretouren-Nummer
- Gebinde für Bestandsbuchung aufbauen (analog mit Tabelle ‚gebinde‘)
  - Daten aus Auslieferungsposition übernehmen
  - Sperrkennzeichen setzen
  - Referenz zur Kundenretoure und Position setzen
- Bewegung mit neuer Bewegungsart und obigem Grund speichern
  - vorhandene Unterroutine nutzen

Code KUMB:

Über das Menü kann der Prozess KUMB – Entsperrung des Kundenretouren-Bestandes aufgerufen werden. Der User gibt zu diesem Zweck die Kundenretouren-Nummer an.

In der Unterroutine wird der Bestand selektiert, vom Sperrkennzeichen gelöst und abgespeichert (select-modify auf gebinde-Tabelle). Eine entsprechende Bewegung wird automatisch erfasst (‚bewegung_schreiben‘ nutzen).

Verschrottung:

In der bereits bestehenden Verschrottungslogik muss der Kundenretourenplatz ebenfalls erlaubt sein (Logik-Operatoren ‚and‘ und ‚ungleich‘ verwenden).

Prüfung Sperrkennzeichen:

Bei den Prozessen

- Lieferantenretoure (Unterprogramm ‚lieferantenret‘)
- Einlagerung (Unterprogramm ‚einlagern‘)
- Umlagerung (Unterprogramm ‚platzaendern‘)

wird nach erfolgter Selektion des Gebindes das Sperrkennzeichen überprüft. Ist es gesetzt (SpKz = ‚X‘), wird der Prozess mit einer Fehlermeldung abgebrochen.

Stammdatenkonzept

Folgende Anpassungen sind notwendig:

- **Bewegungsarten in ‚bewegungsarten.csv'**
  - Aufnahme ‚KRET' und ‚KUMB' für die neuen Retouren-Prozesse

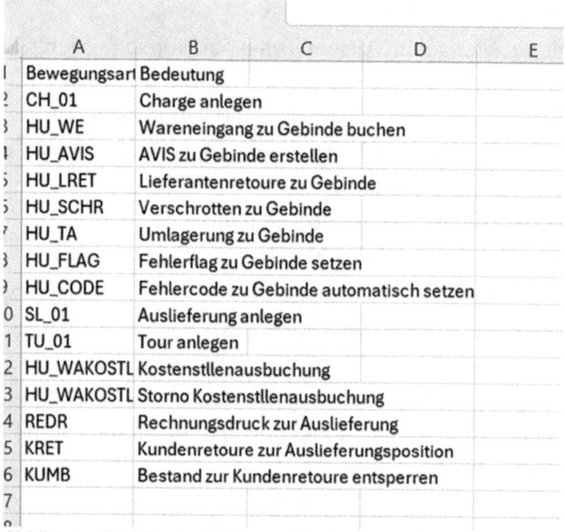

	A	B	C	D	E
1	Bewegungsart	Bedeutung			
2	CH_01	Charge anlegen			
3	HU_WE	Wareneingang zu Gebinde buchen			
4	HU_AVIS	AVIS zu Gebinde erstellen			
5	HU_LRET	Lieferantenretoure zu Gebinde			
6	HU_SCHR	Verschrotten zu Gebinde			
7	HU_TA	Umlagerung zu Gebinde			
8	HU_FLAG	Fehlerflag zu Gebinde setzen			
9	HU_CODE	Fehlercode zu Gebinde automatisch setzen			
10	SL_01	Auslieferung anlegen			
11	TU_01	Tour anlegen			
12	HU_WAKOSTL	Kostenstllenausbuchung			
13	HU_WAKOSTL	Storno Kostenstllenausbuchung			
14	REDR	Rechnungsdruck zur Auslieferung			
15	KRET	Kundenretoure zur Auslieferungsposition			
16	KUMB	Bestand zur Kundenretoure entsperren			
17					

Abbildung 70: Kundenretoure - Bewegungsarten

- **Codes in ‚codes.csv'**
  - Aufnahme der neuen Menü-Codes ‚KRET' und ‚KUMB'

	A	B	C	D	E
9	WEMA	Wareneingang manuell			
10	SNRO	Nummernkreise anzeigen			
11	SCHR	Verschrotten			
12	KUHL	Kühlgut im Lager			
13	LABL	Labeldruck			
14	EINLAG	Einlagern			
15	WAKO	Kostenstellenausbuchung			
16	WAKOST	Storno Kostenstellenausbuchung			
17	REDR	Rechnungsdruck zur Auslieferung			
18	KRET	Kundenretoure zur Auslieferungsposition			
19	KUMB	Bestand zur Kundenretoure entsperren			
20					
21					
22					

Abbildung 71: Kundenretoure - Menücodes

- ## Gebinde in ‚gebinde.csv‘
  - Aufnahme der neuen Felder

    RetKz – Sperrkennzeichen

    RetKopf – Bezug des Retourenbestandes

    Retpos – Bezug des Retourenbestandes

	A	B	C	D	E	F	G	H	I	J	K	L	M	N
1	Nummer	Lieferant	Platz	Fehlerflag	Fehlercode	Status	Material	Charge	Split	Menge	Einheit	RetKz	RetKopf	RetPos
2	4712	123-TOP	RETOURE	D	0	L	M001	CH001	10	42	ST			
3	4713	123-TOP	SCHROTT		98428	L	M000	CH000	0	120	ST			
4	4715	ABC-TOP	TRANSPORT_I	K	180500	L	M002	CH002	0	42	ST			
5	4716	ABC-TOP	WE_STICH	P	259	A	M003	CH003	0	42	M			

Abbildung 72: Kundenretoure - Gebinde I

	A	B	C	D	E	F	G	H	I	J	K	L	M	N	O
101	5666	Sven	TRANSPORT_I	D	0	L	M001	CH001	1	12	ST				
102	5		BLOCK			L	M005			1	ST		1	1	
103	7		WE_KRET			L	M000			1	ST	X	3	1	
104	8		WE_KRET			L	M000	CH00	S0	2	ST	X	4	1	
105	9		WE_KRET			L	M000	CH00	S0	1	ST	X	5	1	
106															

Abbildung 73: Kundenretoure - Gebinde II

- ## Auslieferungsposition in ‚slpos.csv‘
  - Aufnahme der neues Felder zur retournierten Menge (‚RMenge‘), zur Charge (‚Charge‘) und zum Split (‚Split‘)
  - Felder sind entsprechend in der Tabelle zu füllen, wenn eine Lieferung retourniert werden soll und das Material chargenpflichtig ist

	A	B	C	D	E	F	G	H	I
1	Lieferung	Position	Material	Menge	Einheit	Status	RMenge	Charge	Split
2	1	1	M001	102	ST	disponiert	0		
3	1	2	M002	11	ST	disponiert	0		
4	1	3	M000	2	ST	disponiert	0		
5	2	1	M004	23	L	zusammenste	0		
6	2	2	M005	12	ST	zusammenste	0		

Abbildung 74: Kundenretoure - slpos I

	Lieferung	Position	Material	Menge	Einheit	Status	RMenge
56	29	1	M000	12	ST	disponiert	0
57	30	1	M005	12	ST	unterwegs	2
58	31	1	M001	12	ST	angelegt	0

Abbildung 75: Kundenretoure - slpos II

	Lieferung	Position	Material	Menge	Einheit	Status	RMenge	Charge	Split
98	49	1	M000	12	ST	disponiert	0		
99	49	2	M001	21	ST	disponiert	0		
100	49	3	M003	34	M	disponiert	0		
101	50	1	M000	00	ST	erledigt	4	CH00	S0
102	50	2	M005	33	ST	erledigt	0		
103	51	1	M000	1	ST	angelegt	0		

Abbildung 76: Kundenretoure - slpos III

- **Nummernkreise in ‚nummernkreise.csv'**
  - neues Intervall ‚KRET' für die Kundenretouren anlegen

	A	B	C	D
1	Objekt	Stand	Beschreibung	Aktiv
2	TRAPO	35	interne Transp	JA
3	WE	0	Wareneingang	NEIN
4	AUSL	59	Auslieferung	JA
5	INTL	0	interne Umlag	NEIN
6	BELE	1	Materialbeleg	JA
7	ANLI	0	Anlieferung	NEIN
8	GEBE	9	Gebinde	NEIN
9	TOUR	21	Touren	JA
10	WA	0	Warenausgan	NEIN
11	PICK	0	Kommissionie	NEIN
12	REDR	42	Rechnungsdru	JA
13	KRET	5	Kundenretour	JA
14				

Abbildung 77: Kundenretoure - Nummernkreise

- **Plätze in ‚plaetze.csv'**
  - Lagerplatz ‚WE_KRET' für Bestandsbuchung zur Kundenretoure aufnehmen

	A	B	C	D	E	F	G
1	Platz	Bedeutung	Lagertyp	belegt	Temperatur	Kapazitaet	aktAnzahl
2	WE_STICH	Wareneingang	WE	NEIN	ungeprüft	unbegrenzt	0
3	TRANSPORT_I	Transport zum	WE	NEIN	ungeprüft	unbegrenzt	0
4	I_PUNKT	I-Punkt	WE	NEIN	ungeprüft	unbegrenzt	0
5	NIO	Kontroll-Platz	WE	NEIN	ungeprüft	unbegrenzt	0
6	TRANSPORT_I	Transport ins I	WE	NEIN	ungeprüft	unbegrenzt	0
17	HRL_01_01_0(	HRL, Gang 1, {	HRL	NEIN	20	2	1
18	KUEHL_1	Kühlturm, Plat	KUEHL	NEIN	-1	5	1
19	KUEHL_2	Kühlturm, Plat	KUEHL	NEIN	0	5	0
20	KUEHL_3	Kühlturm, Plat	KUEHL	NEIN	1	5	1
21	KUEHL_4	Kühlturm, Plat	KUEHL	NEIN	2	5	0
22	KUEHL_5	Kühlturm, Plat	KUEHL	NEIN	3	5	1
23	BLOCK	Blockplatz	BLOCK	NEIN	ungeprüft	unbegrenzt	0
24	SCHROTT	Schrottplatz	SCHROTT	NEIN	ungeprüft	unbegrenzt	0
25	HRL_01_02_0:	HRL, Gang 1, {	HRL	NEIN	20	0	3
26	HRL_01_02_0:	HRL, Gang 1, {	HRL	NEIN	20	0	0
27	HRL_01_02_0:	HRL, Gang 1, {	HRL	NEIN	20	0	0
28	HRL_01_02_0«	HRL, Gang 1, {	HRL	NEIN	20	0	0
29	HRL_01_02_0!	HRL, Gang 1, {	HRL	NEIN	20	0	0
30	HRL_01_02_0(	HRL, Gang 1, {	HRL	NEIN	20	0	0
31	WAKOSTL	Ausbuchung K	BLOCK	NEIN	ungeprüft	unbegrenzt	0
32	WAKOSTL_ST	Storno Ausbuc	BLOCK	NEIN	ungeprüft	unbegrenzt	0
33	WE_KRET	Kundenretour	BLOCK	NEIN	ungeprüft	unbegrenzt	0
34							
35							
36							

Abbildung 78: Kundenretoure - Lagerplätze

- **Retourenkopf in neuer Tabelle ‚retkopf.csv'**
  - Felder sind Lieferungsnummer (‚Lieferung') und Zeitstempel (‚Anlagedatum')

	A	B	C
1	Lieferung	Anlagedatum	
2	1	25.09.2024 20:21	
3	2	25.09.2024 20:26	
4	3	25.09.2024 20:38	
5	4	25.09.2024 20:39	
6	5	25.09.2024 20:44	
7			

Abbildung 79: Kundenretoure - retkopf

- **Retourenposition in neuer Tabelle ‚retpos.csv'**
  - Felder sind
    - Lieferung – Nummer der Kundenretoure
    - Position – immer genau 1
    - Material – aus Auslieferungsposition
    - Menge – aus Anwendereingabe
    - Einheit – aus Auslieferungsposition
    - Charge – aus Auslieferungsposition
    - Split – aus Auslieferungsposition
    - VLieferung – entspricht der eingegebenen Auslieferung
    - VPosition – entspricht der eingegebenen Auslieferungsposition

	A	B	C	D	E	F	G	H	I	J
1	Lieferung	Position	Material	Menge	Einheit	Charge	Split	VLieferung	VPosition	
2	1	1	M005		1 ST			30	1	
3	2	1	M005		1 ST			30	1	
4	3	1	M000		1 ST			50	1	
5	4	1	M000		2 ST	CH00	S0	50	1	
6	5	1	M000		1 ST	CH00	S0	50	1	
7										

Abbildung 80: Kundenretoure - retpos

Ablaufdiagramme technisch
Kundenretoure, Unterprogramm ‚kret' in lvs_ueb.py:

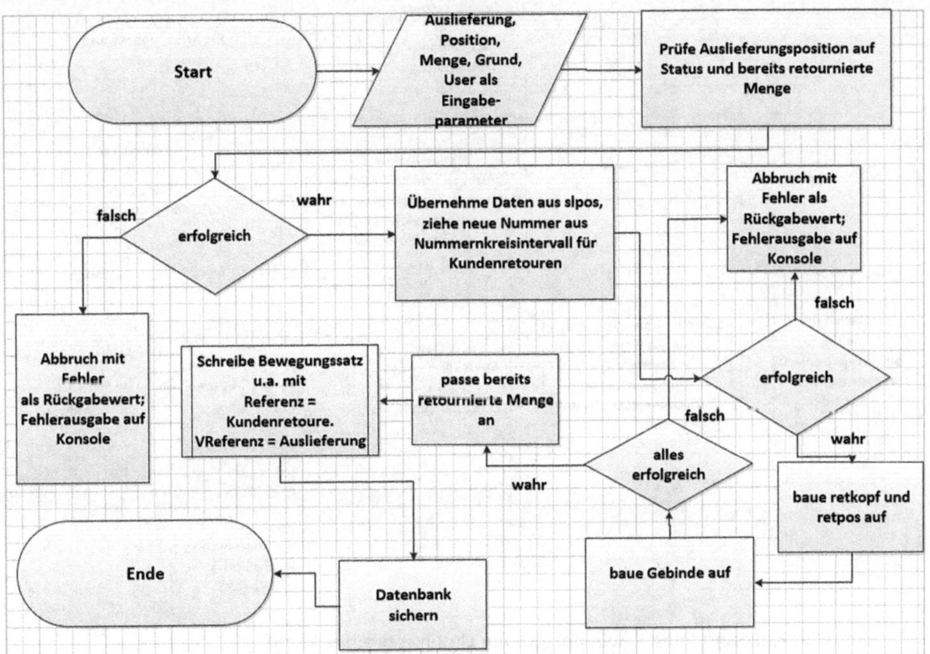

Abbildung 81: Kundenretoure - Ablaufdiagramm Unterprogramm ‚kret'

Bestandsumbuchung, Unterprogramm ‚kumb' in lvs_ueb.py:

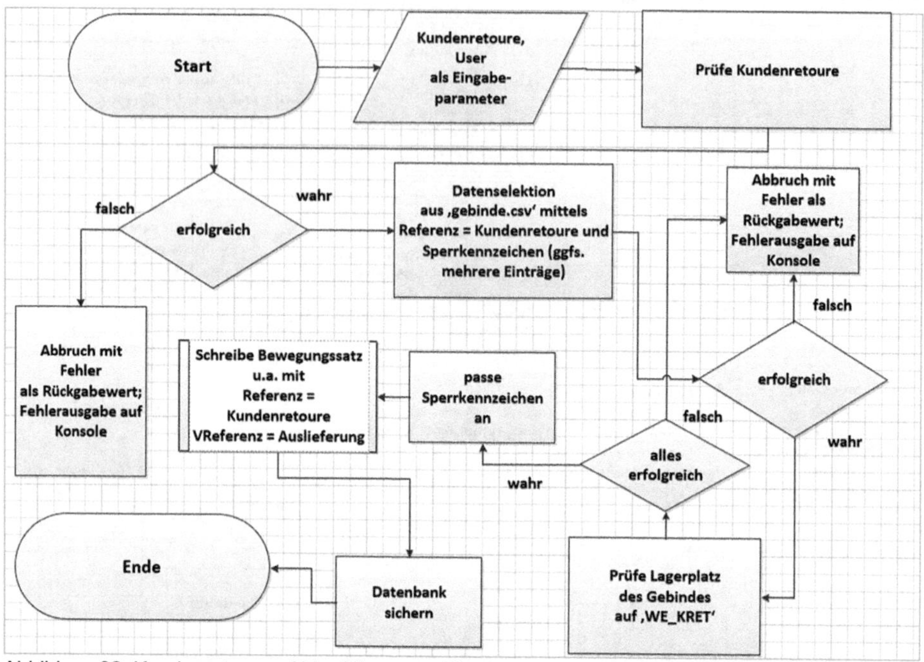

Abbildung 82: Kundenretoure - Ablaufdiagramm Unterprogramm ‚kumb'

Menü in lvs_V2.py:

Es werden per elif die zwei neuen Menücodes eingebaut, die die neuen Unterroutinen aufrufen. Bei der Kundenretoure wird bereits im Menü die Menge per try-except auf ganzzahlige Werte untersucht. Ein neues Ablaufdiagramm ist nicht notwendig.

Verschrottung in lvs_V2.py:

Auf ein neues Diagramm wird verzichtet. Es muss zusätzlich der Platz ‚WE_KRET' erlaubt werden.

Achtung: Im Code ist mittels ‚und' zu verknüpfen, da die Logik auf ‚ungleich' prüft.

Lieferantenretoure, Einlagerung, Umlagerung in lvs_V2.py:

Auf ein neues Diagramm wird verzichtet. Es muss die Prüfung auf Retourenbestand mit integriert werden.

Python-Implementierung in SMILE
Menü in lvs_V2.py

```
1458
1459     #        Kundenretoure zur Auslieferungsposition
1460          elif answer=='KRET':
1461            db.sichern()
1462            print()
1463            ausl = input('Bitte Auslieferungsnummer eingeben: ')
1464            print()
1465            auslpos = input('Bitte Auslieferunngsposition eingeben: ')
1466            print()
1467            grund = input('Bitte Retourengrund eingeben: ')
1468            try:
1469              auslmenge = input('Bitte Menge eingeben: ')
1470              menge = int(auslmenge)
1471              lvs_ueb.kret(ausl,auslpos,menge,user,grund)
1472              init()
1473              input('Bitte eine Taste drücken: ')
1474              print()
1475            except TypeError:
1476                print('Bitte natürliche Zahl als Menge eingeben!')
1477                print()
1478                input('Bitte eine Taste drücken: ')
1479            except ValueError:
1480                print('Bitte natürliche Zahl als Menge eingeben!')
1481                print()
1482                input('Bitte eine Taste drücken: ')
1483
1484     #        Kundenretoure Umbuchen
1485          elif answer=='KUMB':
1486            db.sichern()
1487            print()
1488            kret = input('Bitte Kundenretoure eingeben: ')
1489            lvs_ueb.kumb(kret,user)
1490            init()
1491            input('Bitte eine Taste drücken: ')
1492            print()
1493
```

Abbildung 83: Kundenretoure - Code - Menü

Kundenretoure in lvs_ueb.py:

```python
364
365    #-------------------------------------------------------------------
366    #Unterprogramm Kundenretoure zur Auslieferung
367    #-------------------------------------------------------------------
368    def kret(ausl,auslpos,menge,user,grund):
369        lvs.init()
370        print('Kundenretoure zur Auslieferungsposition')
371        print()
372    #   Prüfungen Auslieferungsposition, bereits retournierte Menge, Status
373        toSelectp = lvs.db.slpos.select({'Lieferung':str(ausl),'Position':str(auslpos)})
374        for rowp in toSelectp:
375            if rowp['Lieferung'] == '':
376                print()
377                print('Abbruch: Lieferung unbekannt.')
378                return 'NOKAY'
379            if rowp['Status'] != 'unterwegs' and rowp['Status'] != 'erledigt':
380                print()
381                print('Abbruch: Auslieferungsposition im falschen Status.')
382                return 'NOKAY'
383            if str(rowp['RMenge']) == '':
384                rowp['RMenge'] = 0
385            vgl = int(menge) + int(str(rowp['RMenge']))
386            if vgl > int(rowp['Menge']):
387                print()
388                print('Abbruch: Menge oberhalb der möglich zu retournierenden Menge.')
389                return 'NOKAY'
390    #       Charge und Split sowie Material überehmen
391            charge = str(rowp['Charge'])
392            split = str(rowp['Split'])
393            material = str(rowp['Material'])
394            einheit = str(rowp['Einheit'])
395    #   Anpassung retournierte Menge in SLPOS
396            rowp['RMenge'] = str(vgl)
397            lvs.db.slpos.modify(rowp)
398
```

Abbildung 84: Kundenretoure - Code - Unterprogramm ‚kret'

```
399    #    Aufbau RETKOPF: Lieferung und Anlagedatum
400    #    Nummernkreisintervall KRET
401         #nächste Nummer ziehen
402         toSelectn = lvs.db.nummernkreise.select({'Objekt':'KRET'})
403         initial=len(toSelectn)
404         if initial == 0:
405             print('Fehler: Numernkreis für Transporte unbekannt')
406             return 'FEHLER'
407         for rown in toSelectn:
408             nummer = int(rown['Stand'])
409             nummer = nummer + 1
410             rown['Stand'] = nummer
411             #neuen Stand speichern
412             lvs.db.nummernkreise.modify(rown)
413    #    Datum/Uhrzeit
414         datetime = time.strftime("%d.%m.%Y %H:%M:%S")
415    #    Speicherung
416         rkopf = lvs.db.retkopf.get_empty()
417         rkopf['Lieferung']=str(nummer)
418         rkopf['Anlagedatum'] = str(datetime)
419         lvs.db.retkopf.insert(rkopf)
420
421    #    Aufbau RETPOS: Lieferung    Position    Material    Menge
422    #                   Einheit   Charge   Split    VLieferung   VPosition
423    #    Daten sind bereits komplett bekannt
424    #    Speicherung
425         rpos = lvs.db.retpos.get_empty()
426         rpos['Lieferung']=str(nummer)
427         rpos['Position'] = 1
428         rpos['Material'] = material
429         rpos['Charge'] = charge
430         rpos['Split'] = split
431         rpos['Einheit'] = einheit
432         rpos['Menge'] = str(menge)
433         rpos['VLieferung'] = str(ausl)
434         rpos['VPosition'] = str(auslpos)
435         lvs.db.retpos.insert(rpos)
```

Abbildung 85: Kundenretoure - Code - Unterprogramm ‚kret' II

```
437    #    Aufbau Gebinde
438    #    Nummer  Lieferant   Platz   Fehlerflag  Fehlercode  Status  Material
439    #    Charge  Split   Menge   Einheit RetKz   RetKopf RetPos
440    #    Gebindenummer aus Nummernkreis ermitteln
441    #    Selektion neue Gebindenummer aus Nummernkreis und Update Nummernkreis
442         toSelect2 = lvs.db.nummernkreise.select({'Objekt':'GEBE'})
443         initial=len(toSelect2)
444         if initial == 0:
445             print()
446             print('Fehler: Nummernkreis für Gebinde unbekannt')
447             return 'FEHLER'
448         for row2 in toSelect2:
449             nummer2 = int(row2['Stand'])
450    #         Nummer darf nicht schon existieren als Gebinde
451             check = False
452             while check == False:
453              nummer2 = nummer2 + 1
454              row2['Stand'] = nummer2
455              toSelectg = lvs.db.gebinde.select({'Nummer':str(nummer2)})
456              initialg = len(toSelectg)
457              if  initialg == 0:
458               check = True
459    #          neuen Stand speichern
460              lvs.db.nummernkreise.modify(row2)
```

Abbildung 86: Kundenretoure - Code - Unterprogramm ‚kret' III

```
                lvs.db.nummernkreise.modify(row2)
461    #    Speicherung
462         geb = lvs.db.gebinde.get_empty()
463         geb['Nummer'] = str(nummer2)
464         geb['Lieferant'] = ''
465         geb['Platz'] = 'WE_KRET'
466         geb['Fehlerflag'] = ''
467         geb['Fehlercode'] = ''
468         geb['Status'] = 'L'
469         geb['Material'] = material
470         geb['Charge'] = charge
471         geb['Split'] = split
472         geb['Menge'] = str(menge)
473         geb['Einheit'] = einheit
474         geb['RetKz'] = 'X'
475         geb['RetKopf'] = str(nummer)
476         geb['RetPos'] = 1
477         lvs.db.gebinde.insert(geb)
478
479    #    Bewegung schreiben zur Kundenretoure
480         lvs.bewegungen_schreiben('KRET',str(nummer2),' ',str(user),' ',' ','WE_KRET','WE_KRET',material,charg
481
482    #    DB-Sicherung
483         print()
484         print('Kundenretoure gebucht')
485         lvs.db.sichern()
486         return 'OKAY'
487    #-----------------------------------------------------------------
```

Abbildung 87: Kundenretoure - Code - Unterprogramm ‚kret' IV

Bestandsumbuchung in lvs_ueb.py:

```python
489     #-------------------------------------------------------------------
490     #Unterprogramm Bestand zur Kundenretoure entsperren
491     #-------------------------------------------------------------------
492     def kumb(kret,user):
493         lvs.init()
494         print('Bestand zur Kundenretoure entsperren')
495         print()
496     #   selektiere Bestand zur Kundenretoure (sie haben im Prototyp immer
497     #   genau eine Position)
498         toSelectr = lvs.db.gebinde.select({'RetKopf':str(kret),'RetKz':'X'})
499         for rowr in toSelectr:
500             if rowr['Platz'] == '':
501                 print()
502                 print('Abbruch: Kundenretoure ist unbekannt.')
503                 return 'NOKAY'
504     #       prüfe zur Sicherheit Platz ‚WE_KRET'
505             if rowr['Platz'] != 'WE_KRET':
506                 print()
507                 print('Abbruch: Kundenretoure auf falschen Lagerplatz.')
508                 return 'NOKAY'
509     #       entferne Sperrkennzeichen und modify
510             rowr['RetKz'] = ''
511             lvs.db.gebinde.modify(rowr)
512     #       schreibe Bewegung mit Bewegungsart ‚KUMB'
513             lvs.bewegungen_schreiben('KUMB',rowr['Nummer'],' ',str(user),' ',' ','WE_KRET','WE_KRET',' ',' ',' ',
514     #   DB-Sicherung
515         print()
516         print('Retourensperrkennzeichen entfernt')
517         lvs.db.sichern()
518         return 'OKAY'
519     #-------------------------------------------------------------------
```

Abbildung 88: Kundenretoure - Code - Unterprogramm ‚kumb'

Verschrottung in lvs.V2.py:

```python
480     #Unterprogramm HU verschrotten
481     #fuer Beispiel 3
482     #Ergänzung, dass Kundenretourenplatz auch erlaubt ist (V2-Übung)
483     #-------------------------------------------------------------------
484     def verschrotten(hunr6,user):
485         toSelect6 = db.gebinde.select({'Nummer':hunr6})
486         print()
487         initial=len(toSelect6)
488         if initial == 0:
489             print()
490             print('Fehler: Gebinde unbekannt')
491             return 'FEHLER'
492         for row in toSelect6:
493             if row['Platz'] != 'SCHROTT' and row['Platz'] != 'WE_KRET':
494                 print()
495                 print('Fehler: Gebinde ist nicht am Schrott-Platz')
496                 print()
497                 return 'Fehler'
498             if row['Status'] != 'L':
499                 print()
500                 print('Fehler: Gebinde ist nicht im Lager.')
501                 print()
502                 return 'Fehler'
503             grund = input('Bitte Grund der Verschrottung eingeben: ')
504             db.gebinde.delete(row)
505             bewegungen_schreiben('HU_SCHR',hunr6,row['Lieferant'],user,row['Fehlerflag'],row['Fehlercode'],
506             print()
507             print('Verschrottung gebucht')
508         return 'OKAY'
509     #-------------------------------------------------------------------
```

Abbildung 89: Kundenretoure - Code - Verschrottung

Lieferantenretoure in lvs_V2.py:

```python
#------------------------------------------------------
#Unterprogramm HU an Lieferant senden
#Anpassung Kundenretoure: Verbot Rücksendung gesperrter Bestände
#------------------------------------------------------
def lieferantenret(hunr6,user):
    toSelect6 = db.gebinde.select({'Nummer':hunr6})
    print()
    initial=len(toSelect6)
    if initial == 0:
        print()
        print('Fehler: Gebinde unbekannt')
        return 'FEHLER'
    for row in toSelect6:
        if row['Platz'] != 'RETOURE':
         print()
         print('Fehler: Gebinde ist nicht am Retouren-Platz')
         print()
         return 'Fehler'
        if row['RetKz'] == 'X':
         print()
         print('Fehler: Gebinde ist wegen Retoure gesperrt')
         print()
         return 'Fehler'
        db.gebinde.delete(row)
        bewegungen_schreiben('HU_LRET',hunr6,row['Lieferant'],user,row['Fehlerflag'],row['Fehlercode'],'
        print()
        print('Lieferanteretoure gebucht')
    return 'OKAY'
#------------------------------------------------------
```

Abbildung 90: Kundenretoure - Code - Lieferantenretoure

Umlagerung in lvs_V2.py:

```python
#------------------------------------------------------
#Unterprogramm Platz ändern von HU
# z.B. für Einlagerung Beispiel 3
# Temperatur und Kapazitätsprüfung Beispiel 3
# Belegtkennzeichen und Anzahl Gebinde Beispiel 3
# erweitern mit Platzvorgabe für Einlagerung Beispiel 3
#Erweiterung: Retourenestände dürfen nicht umgelagert werden
#------------------------------------------------------
def platzaendern(hunr4,user,platz):
    toSelect4 = db.gebinde.select({'Nummer':hunr4})
    print()
    print(toSelect4)
    print()
    initial=len(toSelect4)
    if initial == 0:
        print()
        print('Fehler: Gebinde unbekannt')
        return 'FEHLER'
    for row in toSelect4:
        if row['Nummer'] == '':
            print('Fehler: Gebinde unbekannt')
            print()
            return 'Fehler'
        if row['Status'] != 'L':
            print('Fehler: Gebinde ist nicht im Lager, sondern avisiert oder inkonsistente
            print()
            return 'Fehler'
        if row['RetKz'] == 'X':
            print()
            print('Fehler: Gebinde ist wegen Retoure gesperrt')
            print()
            return 'Fehler'
            #Beispiel 3 eingebaut-Anfang
```

Abbildung 91: Kundenretoure - Code - Umlagerung

Einlagerung in lvs_V2.py:

```
732
733    #------------------------------------------------------
734    #Unterprogramm Einlagern
735    #zu Gebinde
736    #für Beispiel 3
737    #Retouren mit Sperrkennzeichen dürfen nicht eingelagert werden
738    #------------------------------------------------------
739    def einlagern(hu,user):
740      print('Gebinde einlagern')
741      print()
742      toSelect6 = db.gebinde.select({'Nummer':hu})
743      initial=len(toSelect6)
744      if initial == 0:
745          print()
746          print('Fehler: Gebinde unbekannt')
747          return 'FEHLER'
748      for row in toSelect6:
749          if row['RetKz'] == 'X':
750              print()
751              print('Fehler: Gebinde ist wegen Retoure gesperrt')
752              print()
753              return 'Fehler'
754      platz, protokoll = platzfindung(hu)
755      if platz == '':
756          print()
757          print('Fehler: kein Platz gefunden')
758          return 'FEHLER'
```

Abbildung 92: Kundenretoure - Code - Einlagerung

5.2.3 Kundenretoure – Gutschrift

Aufgabenstellung

Nach erfolgter Wareneingangsbuchung einer Kundenretoure (siehe Aufgabe 4.2.2) soll eine Gutschrift zur retournierten Auslieferungsposition als PDF erstellt werden. Dazu ist möglichst die Implementierung aus Aufgabe 4.1.3 zu nutzen. In dieser Aufgabe ist zusätzlich zu überlegen, welche zur Rechnung abweichenden Inhalte eine Gutschrift aufweisen sollte.

Ablauf

Über eine neue Menüfunktion wird nach Eingabe einer bekannten Kundenretoure ein PDF-Dokument erzeugt und falls gewünscht ebenfalls angezeigt.

Stammdatenkonzept

Folgende Anpassungen sind notwendig:

- **Bewegungsarten**
  - In der CSV-Datei ‚bewegungsarten.csv‘ ist der Eintrag ‚GUDR‘ zum Gutschrifts-
    druck zur Kundenretoure aufzunehmen

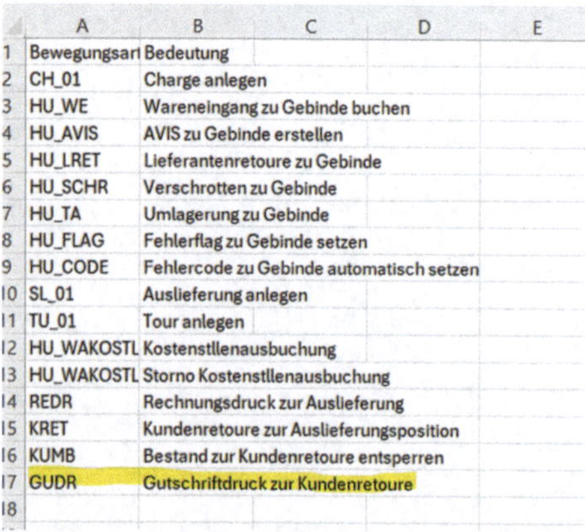

Abbildung 93: Kundenretoure - Gutschrift - Bewegungsarten

- **Menücodes**
  - In der CSV-Datei ‚codes.csv‘ ist der Eintrag ‚GUDR‘ zum Gutschriftdruck zur
    Kundenretoure aufzunehmen

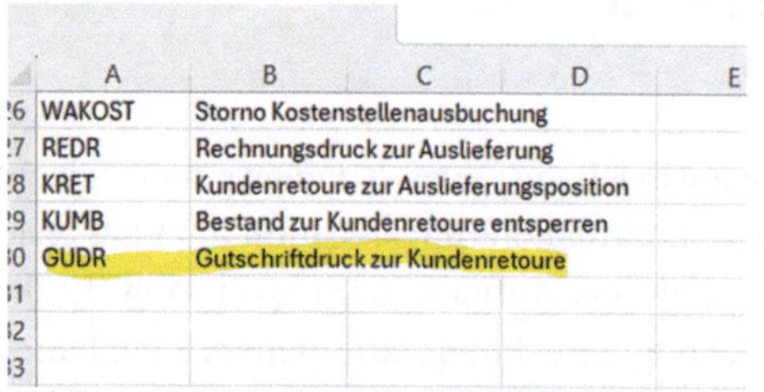

Abbildung 94: Kundenretoure - Gutschrift - Menücodes

- **Nummernkreise**
  - In der CSV-Datei ‚nummernkreise.csv' ist der Eintrag ‚GUDR' zum Gutschriftdruck zur Kundenretoure aufzunehmen und als aktiv zu kennzeichnen

	A	B	C	D
	Objekt	Stand	Beschreibung	Aktiv
	TRAPO	35	interne Transp	JA
	WE	0	Wareneingang	NEIN
	AUSL	59	Auslieferung	JA
	INTL	0	interne Umlag	NEIN
	BELE	1	Materialbeleg	JA
	ANLI	0	Anlieferung	NEIN
	GEBE	9	Gebinde	NEIN
	TOUR	21	Touren	JA
)	WA	0	Warenausgan	NEIN
1	PICK	0	Kommissionie	NEIN
2	REDR	42	Rechnungsdrı	JA
3	KRET	5	Kundenretour	JA
4	GUDR	1	Gutschrftdruc	JA
5				

Abbildung 95: Kundenretoure - Gutschrift - Nummernkreise

Implementierungs-Konzept

In Anlehnung an Aufgabe 4.1.3.

- **Menüfunktion in lvs_V2.py**
  - in Routine ‚mainloop' eingreifen
  - Fall ‚GUDR' integrieren und dort die Routine ‚gudr' zum User in Modul ‚lvs_ueb' aufrufen
  - vorher die Datenbank sichern
  - nach dem Aufruf Datenbank initialisieren
- **Druckfunktion ‚gudr' in Modul lvs.ueb.py**
  - Datenbank initialisieren
  - Einstieg über User-Eingabe der Auslieferungsnummer
    - muss existieren in Tabelle ‚retkopf.csv', ansonsten Abbruch der Funktion
  - Aufbau der PDF-Datei
    - wie im Layout gezeigt
    - PDF-Erzeugungsbefehle sind in der Unterroutine ‚transportschuppe' im SMILE-Prototyp zu finden
    - Bilder können mittels Modul ‚aspose' durch ‚add.image' hinzugefügt werden (für das Logo, siehe [4])
    - Achtung: pip install aspose-pdf vorher durchführen!
    - zugehörige Daten sind in oben präsentierter Datenstruktur zu finden ergänzt um ‚kunden.csv' für Kundendaten sowie ‚slkopf.csv' und ‚slpos.csv' für die Daten zur Auslieferung sowie ‚retkopf' und ‚retpos' für Daten zur Kundenretoure

Berechnungsroutine für die Preisfelder
> selektiere Material und Menge in BME aus ‚retpos.csv'
> zum Material ist der Preis pro BME = Einzelpreis mit Preiseinheit ‚EURO'
> und seine Bezeichnung in ‚matstamm.csv' abgelegt
> Betrag je Material in EURO ist das Produkt aus Menge (aus ‚retpos') in
> BME und Preis in BME
> Nettobetrag ist die Summe alle Beträge pro Materialposition (Schleife über
> die retpos-Einträge, es gibt nur einen)
> %-Pauschale zum Transport und Verpackung bezogen auf Nettobetrag ist in
> ‚smile.csv' abgelegt
> Mehrwertsteuer ist in ‚smile.csv' abgelegt
> Gutschriftsbetrag ergibt sich aus der Formel

$$(1 + \text{Mehrwertsteuersatz})$$
$$\times$$
$$(\text{Nettobetrag} + \text{Pauschale Transport} + \text{Pauschale Verpackung})$$

- PDF-Datei speichern (siehe Unterroutine ‚transportschuppe')
- Bewegung schreiben zur neuen Bewegungsart mit Referenz = Gutschriftsnummer und Vorgängerreferenz = Kundenretoure
- Abfrage, ob Gutschrift angezeigt werden soll
- PDF-Datei ggfs. anzeigen (siehe Unterroutine ‚transportschuppe')
- Datenbank sichern und Routine beenden

Ablaufdiagramm technisch (Unterprogramm gudr in lvs_ueb.py)

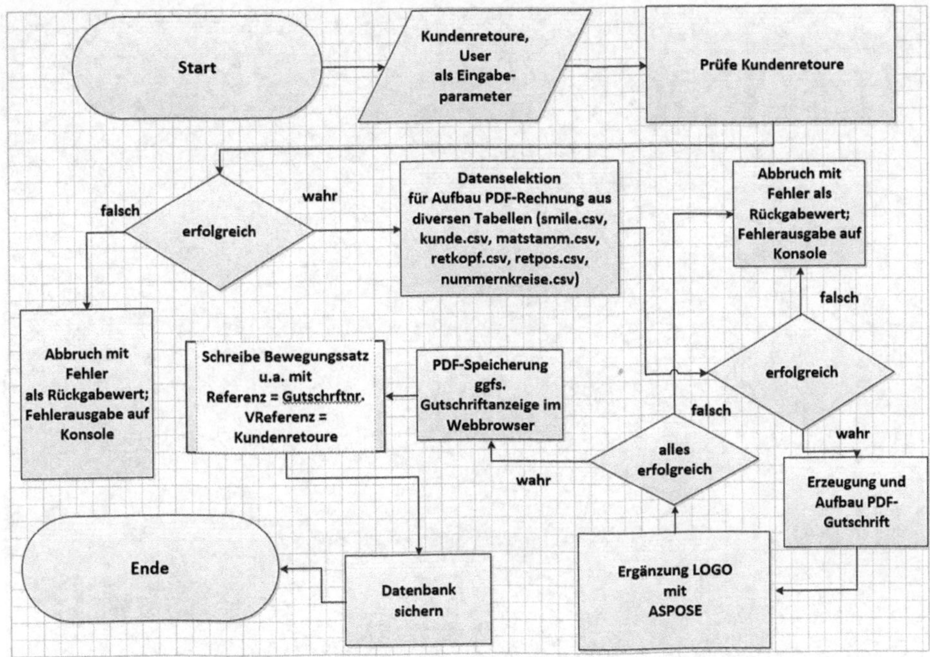

Abbildung 96: Kundenretoure - Gutschrift - Ablaufdiagramm ‚gudr'

Python-Implementierung in SMILE
Menü in lvs_V2.py:

```
1493
1494    #       Gutschrift zur Kundenretoure drucken
1495        elif answer=='GUDR':
1496            db.sichern()
1497            print()
1498            kret = input('Bitte Kundenretoure eingeben: ')
1499            print()
1500            lvs_ueb.gudr(kret,user)
1501            init()
1502            input('Bitte eine Taste drücken: ')
1503            print()
1504
```

Abbildung 97: Kundenretoure - Gutschrift - Code - Menü

Unterprogramm ‚gudr' in lvs_ueb.py:

```python
520
521     #-------------------------------------------------------------------
522     #Unterprogramm Gutschriftendruck zur Kundenretoure
523     #-------------------------------------------------------------------
524     def gudr(kret,user):
525         lvs.init()
526         print('Gutschriftdruck zur Kundenretoure')
527         print()
528
529     #   Prüfung der Kundenretoure mit retkopf.csv = Kundenretoure
530         toSelecta = lvs.db.retkopf.select({'Lieferung':str(kret)})
531         for rowa in toSelecta:
532             if len(rowa['Lieferung']) == 0:
533                 print()
534                 print('Abbruch: Kundenretoure ist unbekannt.')
535                 return 'NOKAY'
536
537     #   Inhalt aus retpos.csv hinzuselektieren
538     #   später wird Position   Material    Menge    Einheit benötigt
539     #   später über Material auch PreisBME  Preiseinheit    Bezeichnung aus matstamm.csv
540         toSelectb = lvs.db.retpos.select({'Lieferung':str(kret)})
541         for rowb in toSelectb:
542             ausl = str(rowb['VLieferung'])
543     #   Kunde über die Auslieferung ermitteln
544         toSelectku = lvs.db.slkopf.select({'Lieferung':str(ausl)})
545         for rowku in toSelectku:
546             kunde = str(rowku['Kunde'])
547     #   Kundenfelder aus kunde.scv
548         toSelectk = lvs.db.kunde.select({'Kunde':str(kunde)})
549         for rowk in toSelectk:
550             kland = rowk['Land']
551             kstadt = rowk['Stadt']
552             kstrasse = rowk['StrNr']
553             kanrede = rowk['Geschlecht']
554             knummer = rowk['Nummer']
555             kplz = rowk['Postleitzahl']
556             knachname = rowk['Nachname']
557
```

Abbildung 98: Kundenretoure - Gutschrift - Code - Unterprogramm ‚gudr'

```python
558    #     Lagerdaten aus smile.csv
559          toSelects = lvs.db.smile.select({})
560          for rows in toSelects:
561              smileln = rows['Lagernummer']
562              smilell = rows['Lagerleiter']
563              smilestr = rows['Strasse']
564              smilestd = rows['Stadt']
565              smilelnd = rows['Land']
566              smilemail = rows['Mail']
567              smilewww = rows['Internet']
568              smilemobil =  rows['Mobil']
569              smileunr = rows['UmstIdnNr']
570              smilesnr = rows['SteuerNr']
571              smileptra = int(rows['ProzPauTra'])
572              smilepverp = int(rows['ProzPauVerp'])
573              smilemwst = float(rows['MWST'])
574              smilebank = rows['Bank']
575              smilebic = rows['BIC']
576              smileiban = rows['IBAN']
577              smileze = rows['ZahlEmp']
578
579    #     Nummernkreis zum Gutschriftdruck nummernkreise.csv mit Objekt ,GUDR'
580          toSelectn = lvs.db.nummernkreise.select({'Objekt':'GUDR'})
581          initial=len(toSelectn)
582          if initial == 0:
583              print()
584              print('Abbruch: Nummernkreis für Gutschriftdruck unbekannt')
585              return 'NOKAY'
586          for rown in toSelectn:
587              nummer = int(rown['Stand'])
588              #nächste Nummer ziehen
589              nummer = nummer + 1
590              rown['Stand'] = nummer
591              #neuen Stand speichern
592              lvs.db.nummernkreise.modify(rown)
593          #Gutschriftsnummer
594          gudr = str(nummer)
595
```

Abbildung 99: Kundenretoure - Gutschrift - Code - Unterprogramm ,gudr' II

90


```python
595
596    #   Datum und Uhrzeit
597        datetime = time.strftime("%d.%m.%Y %H:%M:%S")
598
599    #   PDF-Dokument erzeugen und aufbauen
600        pdf = FPDF()
601        pdf.add_page()
602        pdf.set_font("Arial", size=12)
603        pdf.cell(200, 5, txt="SMILE-CLI-Prototyp zur Lagerverwaltung", ln=1, align="C")
604        pdf.cell(200, 5, txt="Gutschriftdruck zur Kundenretoure", ln=1, align="C")
605        pdf.set_font("Arial", size=6)
606        pdf.cell(200, 5, txt=str(smilell)+'-'+str(smilestr)+'-'+str(smilestd)+'-'+str(smilelnd), ln=1)
607        pdf.cell(100, 5, txt='____________________________________________',
608        pdf.set_font("Arial", size=10)
609        pdf.cell(100, 5, txt=str(kanrede), ln=1)
610        pdf.cell(100, 5, txt=str(kunde)+'  '+str(knachname), ln=1)
611        pdf.cell(100, 5, txt=str(kstrasse), ln=1)
612        pdf.cell(100, 5, txt=str(kplz)+'  '+str(kstadt), ln=1)
613        pdf.cell(100, 5, txt=str(kland), ln=1)
614        pdf.set_font("Arial", size=6)
615        pdf.cell(175, 5, txt='Internet: '+str(smilewww), ln=1, align="R")
616        pdf.cell(175, 5, txt='E-Mail: '+str(smilemail), ln=1, align="R")
617        pdf.cell(175, 5, txt='Mobil: '+str(smilemobil), ln=1, align="R")
618        pdf.cell(175, 5, txt='SteuerNr: '+str(smilesnr), ln=1, align="R")
619        pdf.cell(175, 5, txt='UmstIdnNr: '+str(smileunr), ln=1, align="R")
620        pdf.cell(175, 5, txt='Datum/Uhrzeit: '+str(datetime), ln=1, align="R")
621        pdf.cell(175, 5, txt='Kundennummer: '+str(knummer), ln=1, align="R")
622        pdf.cell(175, 5, txt='Rechnungsnummer: '+str(redr), ln=1, align="R")
623        pdf.set_font("Arial", size=10)
624        pdf.cell(100, 5, txt='Hallo '+str(kanrede)+' '+str(kunde)+' '+str(knachname)+',', ln=1)
625        pdf.cell(100, 5, txt='', ln=1)
626        pdf.cell(100, 5, txt='nachfolgend die Gutschrift zu Ihrer Kundenretoure im SMILE-Shop:', ln=1)
627        pdf.cell(100, 5, txt='Gutschriftnummer '+str(gudr)+' zur Kundenretoure '+str(kret), ln=1)
628        pdf.cell(100, 5, txt='', ln=1)
629
630    #   Schleife für Ausgabe Position, Material, Menge und Preisberechnung über slpos
631    #   Preisberechnung mit matstamm.csv und smile.csv
632    #   Inhalt aus slpos.csv hinzuselektieren
633    #   später wird Position    Material    Menge    Einheit benötigt
634    #   später über Material auch PreisBME   Preiseinheit     Bezeichnung aus matstamm.csv
```

Abbildung 100: Kundenretoure - Gutschrift - Code - Unterprogramm ‚gudr' III

```python
635        netto = 0
636        betrag = 0
637        for rowb in toSelectb:
638            toSelectm = lvs.db.matstamm.select({'Material':str(rowb['Material'])})
639            for rowm in toSelectm:
640                einzelpreis = str(rowm['PreisBME'])
641                preiseinheit = str(rowm['Preiseinheit'])
642                bezeichnung = str(rowm['Bezeichnung'])
643            betrag = float(rowb['Menge']) * float(einzelpreis)
644            netto = float(netto) + float(betrag)
645            pdf.cell(100, 5, txt='Pos. '+str(rowb['Position'])+' Bez. '+str(bezeichnung)+' Menge '+str(rowb['
646
647        pdf.cell(100, 5, txt='', ln=1)
648    #   betrag
649        pdf.cell(100, 5, txt='Nettobetrag = '+str(netto)+' Eur', ln=1)
650    #   pauschaletra
651        ptra =  float(netto)*float(smileptra)/100
652        pdf.cell(100, 5, txt='Pauschale Transport = '+str(ptra)+' Eur', ln=1)
653    #   pauschaleverp
654        pverp =  float(netto)*float(smilepverp)/100
655        pdf.cell(100, 5, txt='Pauschale Verpackung = '+str(pverp)+' Eur', ln=1)
656    #   mwst
657        mwst = float(smilemwst)/100*(float(netto)+float(ptra)+float(pverp))
658        pdf.cell(100, 5, txt='Mehrwertsteuer = '+str(mwst)+' Eur', ln=1)
659    #   rbetrag
660        rbetrag = float(netto)+float(ptra)+float(pverp)+float(mwst)
661        pdf.cell(100, 5, txt='Gutschriftbetrag = '+str(rbetrag)+' Eur', ln=1)
662    #   Abschlusstext
663        pdf.cell(100, 5, txt='', ln=1)
664        pdf.cell(100, 5, txt='Danke für Ihre Retoure!', ln=1)
665        pdf.cell(100, 5, txt='Sie haben den Betrag im Shop in bar erhalten.', ln=1)
666        pdf.cell(100, 5, txt='', ln=1)
667        pdf.cell(100, 5, txt='Viele Gruesse', ln=1)
668        pdf.cell(100, 5, txt='Ihr Lagerleiter des SMILE-Shops', ln=1)
669        pdf.cell(100, 5, txt='', ln=1)
```

Abbildung 100: Kundenretoure - Gutschrift - Code - Unterprogramm ‚gudr' III

```python
 670
 671  #   PDF-Dokument benennen und speichern: Kundenretoure_Gutschrift.pdf
 672      save = str(kret)+'_'+str(gudr)
 673      save_ohne_logo = save + '.pdf'
 674      pdf.output(save_ohne_logo)
 675
 676  #   Logo mit aspose-Modul
 677      input_file = save_ohne_logo
 678      output_pdf = save + '_Logo.pdf'
 679      image_file = "Spirale.gif"
 680      # Open document
 681      document = ap.Document(input_file)
 682      document.pages[1].add_image(image_file, ap.Rectangle(450, 700, 600, 850, True))
 683      document.save(output_pdf)
 684
 685  #   Bewegung schreiben zum Rechnungsdruck
 686      lvs.bewegungen_schreiben('GUDR',' ',' ',str(user),' ',' ',' ',' ',' ',' ',' ',' ',' ',' ',' ',' ',"",str(gudr
 687
 688  #   DB sichern wegen Nummernkreis und Bewegung
 689      print()
 690      print('Gutschrift gespeichert')
 691      lvs.db.sichern()
 692
 693  #   Rechnung anzeigen? import webbrowser notwendig!
 694      frage = input('Gutschrift anzeigen (ja/nein) ')
 695      if frage =='ja':
 696       webbrowser.open(output_pdf,new=2)
 697
 698  #   zurück zum Hauptprogramm
 699      return 'OKAY'
 700  #
```

Abbildung 102: Kundenretoure - Gutschrift - Code - Unterprogramm ‚gudr' V

Beispieldatei

SMILE-CLI-Prototyp zur Lagerverwaltung
Gutschriftdruck zur Kundenretoure

Sven Wirsing-Mathematicum 1a-34125 Python-Deutschland

Herr
Sven Wirsing
Bahnhofstr. 3
12345 Eberbach
Deutschland

Internet: www.smile.de
E-Mail: smile@smile.de
Mobil: 01234/987654-2
SteuerNr: 22/3333/4444
UmstIdnNr: DE987654321
Datum/Uhrzeit: 26.09.2024 17:25:05
Kundennummer: K000001
Rechnungsnummer: <function redr at 0x000002BFF1440A60>

Hallo Herr Sven Wirsing,

nachfolgend die Gutschrift zu Ihrer Kundenretoure im SMILE-Shop:
Gutschriftnummer 1 zur Kundenretoure 1

Pos. 1 Bez. SMILE TT-Bande Paar Menge 1 EP/Eur 33 Betrag/Eur 33.0

Nettobetrag = 33.0 Eur
Pauschale Transport = 3.3 Eur
Pauschale Verpackung = 1,65 Eur
Mehrwertsteuer = 7.2105 Eur
Gutschriftbetrag = 45.1605 Eur

Danke für Ihre Retoure!
Sie haben den Betrag im Shop in bar erhalten.

Viele Gruesse
Ihr Lagerleiter des SMILE-Shops

Abbildung 103: Kundenretoure - Gutschrift - Formular

5.3   Interne Prozesse

5.3.1 Nachschub

Aufgabenstellung

Ein Mitarbeiter soll die Möglichkeit besitzen, zu einem Lagerplatz und Material einen Nachschub zu initiieren. Zu diesem Zweck muss der Lagertyp, aus dem nachgeschoben werden soll, zum Lagerplatz und Material ablegbar sein. Nachgeschoben wird immer ein ganze HU aus dem Nachschub-Lagertyp. Dabei sollen HUs mit kleinsten Mengen zuerst nachgeschoben werden. Bereits gesperrte Bestände dürfen je nach Einstellung in zugehörigen Stammdaten-Parametern nachgeschoben werden.

Stammdatenkonzept

Folgende Änderungen sind durchzuführen:

- Code ‚KABA' in codes.csv aufnehmen

	A	B	C	D	E
	WAKOST	Storno Kostenstellenausbuchung			
	REDR	Rechnungsdruck zur Auslieferung			
	KRET	Kundenretoure zur Auslieferungsposition			
	KUMB	Bestand zur Kundenretoure entsperren			
	GUDR	Gutschriftdruck zur Kundenretoure			
	BRAA	Brandabschnitte anlegen			
	BRAS	Brandabschnitte anzeigen			
	KABA	Nachschub			

Abbildung 104: Nachschub - Menücode

- Bewegungsart ‚KABA' in bewegungsarten.csv aufnehmen

	A	B	C	D	E
1	Bewegungsart	Bedeutung			
2	CH_01	Charge anlegen			
3	HU_WE	Wareneingang zu Gebinde buchen			
4	HU_AVIS	AVIS zu Gebinde erstellen			
5	HU_LRET	Lieferantenretoure zu Gebinde			
6	HU_SCHR	Verschrotten zu Gebinde			
7	HU_TA	Umlagerung zu Gebinde			
8	HU_FLAG	Fehlerflag zu Gebinde setzen			
9	HU_CODE	Fehlercode zu Gebinde automatisch setzen			
10	SL_01	Auslieferung anlegen			
11	TU_01	Tour anlegen			
12	HU_WAKOSTL	Kostenstllenausbuchung			
13	HU_WAKOSTL	Storno Kostenstllenausbuchung			
14	REDR	Rechnungsdruck zur Auslieferung			
15	KRET	Kundenretoure zur Auslieferungsposition			
16	KUMB	Bestand zur Kundenretoure entsperren			
17	GUDR	Gutschriftdruck zur Kundenretoure			
18	BRAA	Brandabschnitte anlegen			
19	KABA	Nachschub			
20					

Abbildung 105: Nachschub - Bewegungsart

- Lagertyp im Gebinde aufnehmen und nachträgliche manuelle Pflege aller Werte

A Nummer	B Lieferant	C Platz	D Fehlerflag	E Fehlercode	F Status	G Material	H Charge	I Split	J Menge	K Einheit	L RetKz	M RetKopf	N RetPos	O Lagertyp
4712	123-TOP	RETOURE	D	0	L	M001	CH001	10	42	ST				WE
4713	123-TOP	SCHROTT		98428	L	M000	CH000	0	120	ST				WA
4715	ABC-TOP	TRANSPORT_I	K	180500	L	M002	CH002	0	42	ST				WE
4716	ABC-TOP	WE_STICH	P	259	A	M003	CH003	0	42	M				WE
4718	ABC-TOP	WE_STICH		0	A	M002	CH002	0	42	ST				WE
4719	TIP-TOP	WE_STICH	D	23	L	M002	CH0010	10	42	ST				WE
4721	TIP-TOP	NIO		606248	L	M002	CH002	0	42	ST				WE
4723	TIP-TOP	TRANSPORT_K_PUNKT		591104	L	M002	CH002	0	42	ST				WE
4724	TIP-TOP	TRANSPORT_K_PUNKT		13316	L	M002	CH002	0	42	ST				WE
4726	TIP-TOP	NIO			L	M002	CH002	0	42	ST				WE
4728	TIP-TOP	SCHROTT			A	M002	CH002	0	42	ST				WA
4729	TIP-TOP	RETOURE			A	M002	CH002	0	42	ST				WA
4730	TIP-TOP	RETOURE			A	M002	CH002	0	42	ST				WA
4731	TIP-TOP	RETOURE			A	M002	CH002	0	42	ST				WA
4732	TIP-TOP	RETOURE			A	M002	CH002	0	42	ST				WA
4733	TIP-TOP	RETOURE			A	M002	CH002	0	42	ST				WA
4734	TIP-TOP	RETOURE			A	M002	CH002	0	42	ST				WA
4735	TIP-TOP	RETOURE			A	M002	CH002	0	42	ST				WA

Abbildung 106: Nachschub - Lagertyp im Gebindestamm

- neue Tabelle nachschub.csv mit den Spalten
  - Lagernummer
  - Material
  - Platz
  - NLagertyp = Nachschublagertyp
  - NStrategie = Nachschubstrategie mit Wert ‚KLEINMENGE'
  - NGesperrt = ‚NEIN' für nicht-gesperrte Bestände nachschieben

	A	B	C	D	E	F
1	Lagernummer	Material	Platz	NLagertyp	NStrategie	NGesperrt
2	SMILE01	M005	BLOCK	HRL	KLEINMENGE	NEIN
3						

Abbildung 107: Nachschub - Nachschubdaten

Ablauf und Konzept

- mainloop in lvs_V2.py für die Nachschub-Funktion
  - Datenbank-Sicherung
  - Eingabe Platz und Material
  - Aufruf ‚kaba'-Unterprogramm
  - Datenbank-Initialisierung
  - zurück ins Menü
- neue Unterroutine ‚kaba' in lvs_ueb.py
  - Überschrift und Datenbank-Initialisierung
  - Material und Platz übernehmen
  - Nachschub-Daten aus ‚nachschub.csv' selektieren
  - Abbruch, falls keine Daten vorliegen
  - Daten übernehmen und ‚gesperrt' umsetzen von ‚JA' in ‚X' und ‚NEIN' in ‚blank'
  - Bestand zum Material, Nachschublagertyp, Status = ‚L' und Sperrkennzeichen aus ‚gebinde.csv' ermitteln → Abbruch, falls keine Daten vorhanden sind
  - HU, Platz und Menge in Liste speichern
  - Liste nach Menge mittels Nachschubstrategie sortieren
  - ersten Lagerplatz der sortierten Liste übernehmen
  - Unterroutine ‚platzaendern' mit Platz, HU und User aufrufen
  - Falls Umlagerung erfolgreich durchgeführt werden konnte, Bewegung schreiben
  - Datenbank sichern und zurück zum Mainloop
- Anpassung Gebinde-Anlage und modify bzgl. Lagertyp
  - bei **allen** Stellen mit modify und insert zu gebinde.csv muss der Lagertyp geändert bzw. mitgegeben werden
  - suche zu gebinde.modify und zu gebinde.insert im Coding zu lvs_V2.py und lvs_ueb → siehe Implementierung für **alle Aufrufstellen**

Ablaufdiagramm technisch zur kaba-Unterroutine in lvs_ueb.py

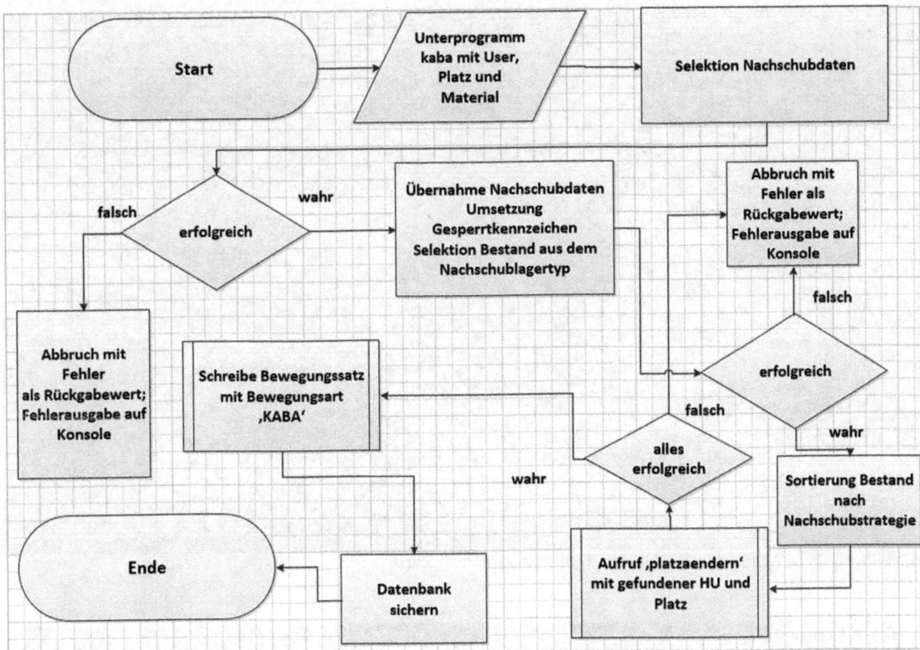

Python-Implementierung in SMILE

- mainloop in lvs_V2.py

```
1578            print()
1579
1580    #       Nachschub auslösen
1581    elif answer=='KABA':
1582            db.sichern()
1583            print()
1584            print('Nachschub auslösen')
1585    #       Eingabe Lagerplatz und Material
1586            platz = input('Bitte Lagerplatz eingeben: ')
1587            material = input('Bitte Material eingeben: ')
1588    #       Unterroutine aufrufen
1589            lvs_ueb.kaba(platz,material,user)
1590    #       DB initialisieren
1591            init()
1592            input('Bitte eine Taste drücken: ')
1593            print()
1594
```

Abbildung 109: Nachschub - Code - Menü

- neue Unterroutine ‚kaba' in lvs_ueb.py

```
804  #---------------------------------------------------------------
805  #Unterprogramm Nachschub auslösen
806  #---------------------------------------------------------------
807  def kaba(platz,material,user):
808  #    Überschrift und DB initialisieren
809      print('Nachschub auslösen')
810      print()
811      lvs.init()
812  #    Daten übernehmen
813      material = str(material)
814      platz = str(platz)
815  #    Nachschub-Daten lesen und prüfen
816      toSelectn = lvs.db.nachschub.select({'Material':material,'Platz':platz})
817      if toSelectn == []:
818          print()
819          print('Abbruch: keine Nachschubdaten zum Material und Lagerplatz vorhanden!')
820          return 'NOKAY'
821      for rown in toSelectn:
822          ltyp = rown['NLagertyp']
823          strat = rown['NStrategie']
824          if rown['NGesperrt'] == 'NEIN':
825              gesp = ''
826          else:
827              gesp = 'X'
828  #    Bestand zum Material im Nachschub-Lagertyp suchen und Sperrkennzeichen sowie Status im Lager beachten
829      toSelectg = lvs.db.gebinde.select({'Lagertyp':ltyp,'Material':material,'Status':'L','RetKz':gesp})
830      liste = []
831      sliste = []
832      for rowg in toSelectg:
833          liste.append((rowg['Nummer'],rowg['Platz'],int(rowg['Menge'])))
```

Abbildung 110: Nachschub - Code - Unterprogramm ‚kaba'

```
828  #    Bestand zum Material im Nachschub-Lagertyp suchen und Sperrkennzeichen sowie Status im Lager beachten
829      toSelectg = lvs.db.gebinde.select({'Lagertyp':ltyp,'Material':material,'Status':'L','RetKz':gesp})
830      liste = []
831      sliste = []
832      for rowg in toSelectg:
833          liste.append((rowg['Nummer'],rowg['Platz'],int(rowg['Menge'])))
834  #    Bestand nach Menge sortieren nach Strategie = KLEINMENGE
835      if strat == 'KLEINMENGE':
836          sliste = sorted(liste, key=itemgetter(2), reverse=False)
837  #    Falls möglich, eine zum Zielplatz HU bewegen mittels platzaendern
838      print(sliste)
839      input('Bitte eine Taste drücken: ')
840      hu = sliste[0][0]
841  #    Platzänderung
842      fehler = lvs.platzaendern(hu,user,platz)
843      if fehler == 'Fehler':
844          print()
845          print('kein Nachschub durchgeführt')
846      else:
847          print()
848          print('kein Nachschub durchgeführt')
849  #        Bewegung zum Nachschub schreiben
850          lvs.bewegungen_schreiben('KABA',hu,' ',str(user),' ',' ',sliste[0][1],platz,material,' ',' ',' ',
851  #    DB sichern
852      input('Bitte eine Taste drücken: ')
853      lvs.db.sichern()
854  #    zurück zum Hauptprogramm
855      return 'OKAY'
```

Abbildung 111: Nachschub - Code - Unterprogramm ‚kaba' II

- Anpassung Gebinde-Anlage und Modify bzgl. Lagertyp
  - alle Stellen zu gebinde.modify und gebinde.insert
  - Code in lvs_V2.py und lvs_ueb.py angepasst
  - lvs_ueb.py

```python
#-------------------------------------------------------------
#Unterprogramm Bestand zur Kundenretoure entsperren
#-------------------------------------------------------------
def kumb(kret,user):
    lvs.init()
    print('Bestand zur Kundenretoure entsperren')
    print()
#   selektiere Bestand zur Kundenretoure (sie haben im Prototyp immer
#   genau eine Position)
    toSelectr = lvs.db.gebinde.select({'RetKopf':str(kret),'RetKz':'X'})
    for rowr in toSelectr:
        if rowr['Platz'] == '':
            print()
            print('Abbruch: Kundenretoure ist unbekannt.')
            return 'NOKAY'
#   prüfe zur Sicherheit Platz ‚WE_KRET'
        if rowr['Platz'] != 'WE_KRET':
            print()
            print('Abbruch: Kundenretoure auf falschen Lagerplatz.')
            return 'NOKAY'
#   entferne Sperrkennzeichen und modify
        rowr['RetKz'] = ''
        #Lagertyp bleibt gleich
        lvs.db.gebinde.modify(rowr)
```

Abbildung 112: Nachschub - Code - Unterprogramm ‚kumb'

```python
    #-------------------------------------------------------------
    #Unterprogramm Bestand auf Kostenstelle ausbuchen
    #-------------------------------------------------------------
    def wakostl(user):
```

Abbildung 113: Nachschub - Code - Unterprogramm ‚wakostl'

```python
                return 'Fehler'
            if int(menge) == int(row['Menge']):
                lvs.db.gebinde.delete(row)
            else:
                quan = int(row['Menge']) - int(menge)
                row['Menge'] = str(quan)
                #Lagerplatz bleibt erhalten
                lvs.db.gebinde.modify(row)
            lvs.bewegungen_schreiben('HU_WAKOSTL',hunr6,row['Lieferant'
                          row['Fehlercode'],'WAKOSTL','',row
```

Abbildung 114: Nachschub - Code - Unterprogramm ‚wakostl' II

```python
    #-------------------------------------------------------------
    #Unterprogramm Bestand auf Kostenstelle ausbuchen - Storno
    #-------------------------------------------------------------
    def wakostlst(user):
    #   DB initialisieren und Überschrift
```

Abbildung 115: Nachschub - Code - Unterprogramm ‚wakostlst'

```
54        h['Fehlerflag']=''
55        h['Fehlercode']=0
56        h['Platz']='WAKOSTL_ST'
57        h['Lagertyp']='WA'
58        h['Status']='L'
59        h['Material']=row['Material']
60        h['Menge']=row['Menge']
61        h['Einheit']=row['Einheit']
62        h['Charge']=row['Charge']
63        h['Split']=row['Split']
64        lvs.db.gebinde.insert(h)
```

Abbildung 116: Nachschub - Code - Unterprogramm ‚wakostlst' II

```
#-------------------------------------------------------
#Unterprogramm Kundenretoure zur Auslieferung
#-------------------------------------------------------
def kret(ausl,auslpos,menge,user,grund):
```

Abbildung 117: Nachschub - Code - Unterprogramm ‚kret'

```
463           lvs.db.nummernkreise.modify(row2)
464     #     Speicherung
465           geb = lvs.db.gebinde.get_empty()
466           geb['Nummer'] = str(nummer2)
467           geb['Lieferant'] = ''
468           geb['Platz'] = 'WE_KRET'
469           geb['Lagertyp'] = 'WE'
470           geb['Fehlerflag'] = ''
471           geb['Fehlercode'] = ''
472           geb['Status'] = 'L'
473           geb['Material'] = material
474           geb['Charge'] = charge
475           geb['Split'] = split
476           geb['Menge'] = str(menge)
477           geb['Einheit'] = einheit
478           geb['RetKz'] = 'X'
479           geb['RetKopf'] = str(nummer)
480           geb['RetPos'] = 1
481           lvs.db.gebinde.insert(geb)
482
```

Abbildung 118: Nachschub - Code - Unterprogramm ‚kret' II

– lvs_V2.py

```python
795    #------------------------------------------------
796    #Unterprogramm HU automatisch WE buchen
797    #------------------------------------------------
798    def huweauto(hunr7,user):
799        toSelect7 = db.gebinde.select({'Nummer':hunr7})
800        initial=len(toSelect7)
801        if initial == 0:
802            print()
803            print('Fehler: Gebinde unbekannt')
804            return 'FEHLER'
805        for row in toSelect7:
806          if row['Status']!= 'A':
807            print()
808            print('Gebinde nicht avisert: keine automatische WE-Buchung durchge]
809            return 'OKAY'
810        print()
811        print('HU automatisch WE-gebucht')
812        print()
813        for row in toSelect7:
814            bewegungen_schreiben('HU_WE',hunr7,row['Lieferant'],user,row['Fehlerfla]
815            row['Status']='L'
816    #      Lagertyp bleibt unverändert
817        db.gebinde.modify(row)
818        return 'OKAY'
```

Abbildung 119: Nachschub - Code - Unterprogramm ‚huweauto'

```python
857    #------------------------------------------------
858    #Unterprogramm Platz ändern von HU
859    # z.B. für Einlagerung Beispiel 3
860    # Temperatur und Kapazitätsprüfung Beispiel 3
861    # Belegtkennzeichen und Anzahl Gebinde Beispiel 3
862    # erweitern mit Platzvorgabe für Einlagerung Beispiel 3
863    #Erweiterung: Retourenestände dürfen nicht umgelagert werden
864    #------------------------------------------------
865    def platzaendern(hunr4,user,platz):
866        toSelect4 = db.gebinde.select({'Nummer':hunr4})
```

Abbildung 120: Nachschub - Code - Unterprogramm ‚platzaendern'

```python
52              row3['aktAnzahl'] = str(stand3)
53          if row3['belegt'] == 'JA':
54              row3['belegt'] = 'NEIN'
55        db.plaetze.modify(row3)
56        #Beispiel 3 eingebaut-Ende
57        #Gebindestamm
58        row['Platz']=platz
59        row['Lagertyp'] = lgtyp
60        db.gebinde.modify(row)
61        print('Platz für das Gebinde geändert.')
62        print()
```

Abbildung 121: Nachschub - Code - Unterprogramm ‚platzaendern' II

```python
#-------------------------------------------------------
#Unterprogramm WE-Stich
#-------------------------------------------------------
def stichdialog(hunr,user):
    toSelect = db.gebinde.select({'Nummer':hunr})
    print()
    print(toSelect)
    print()
    initial=len(toSelect)
    if initial == 0:
        print()
        print('Fehler: Gebinde unbekannt')
        return 'FEHLER'
    for row in toSelect:
     if row['Platz'] != 'WE_STICH':
        print('Fehler: Gebinde ist nicht am WE-Stich')
        print()
        return 'Fehler'
    fehlerflag=input('Fehlerflag eingeben: ')
    print()
    row['Fehlerflag']=fehlerflag
    row['Platz']='TRANSPORT_I_PUNKT'
    row['Lagertyp'] = 'WE'
    db.gebinde.modify(row)
```

Abbildung 122: Nachschub - Code - Unterprogramm ‚stichdialog'

```python
4    #-------------------------------------------------------
5    #Unterprogramm I-Punkt-Dialog
6    #-------------------------------------------------------
7    def ipunktdialog(hunr3,user):
8        toSelect3 = db.gebinde.select({'Nummer':hunr3})
```

Abbildung 123: Nachschub - Code - Unterprogramm ‚ipunktdialog'

```python
1161         if aplatz != 'I_PUNKT':
1162             bewegungen_schreiben('HU_TA',hunr3,row['Lie
1163             return 'FEHLER'
1164         huweauto(str(hunr3),user)
1165         row['Platz']='TRANSPORT_HRL'
1166         row['Lagertyp'] = 'WE'
1167         db.gebinde.modify(row)
```

Abbildung 124: Nachschub - Code - Unterprogramm ‚ipunktdialog' II

```python
1174
1175    #-------------------------------------------------------
1176    #Unterprogramm K-Punkt-Dialog
1177    #-------------------------------------------------------
1178    def kpunktdialog(hunr4,user):
```

Abbildung 125: Nachschub - Code - Unterprogramm ‚kpunktdialog'

```python
    if aplatz != 'K_PUNKT':
        bewegungen_schreiben('HU_TA',hun
    return 'EINLAG'
row['Platz']='RETOURE'
row['Lagertyp'] = 'WA'
db.gebinde.modify(row)
print()
print('Gebindetransport zur Lieferant
if aplatz != 'K_PUNKT':
```

Abbildung 126: Nachschub - Code - Unterprogramm ‚kpunktdialog' II

```python
258  #------------------------------------------------------
259  #Unterprogramm manueller Wareneingang
260  #fuer Beispiel 2
261  #Charge muss nicht existieren
262  # wird geprueft und ggfs. angelegt
263  #------------------------------------------------------
264  def gebindewe(hunr11,user):
265      toSelect5 = db.gebinde.select({'Nummer':hunr11})
266      print()
267      print(toSelect5)
```

Abbildung 127: Nachschub - Code - Unterprogramm ‚gebindewe'

```python
308          for row in toSelect4:
309              einheit=row['BME']
310          h = db.gebinde.get_empty()
311          h['Nummer']=hunr11
312          h['Lieferant']=lieferant
313          h['Fehlerflag']=''
314          h['Fehlercode']=0
315          h['Platz']='WE_LIEF'
316          h['Lagertyp'] = 'WE'
317          h['Status']='L'
318          h['Material']=material
319          h['Menge']=menge
320          h['Einheit']=einheit
321          if charge != '':
322            h['Charge']=charge
323            h['Split']=split
324          db.gebinde.insert(h)
325          print('HU Wareneingang gebucht')
326          bewegungen_schreiben('HU_WE',hunr11,lieferant,user,'',0,'',
```

Abbildung 128: Nachschub - Code - Unterprogramm ‚gebindewe' II

```
0
1    #----------------------------------------------------------
2    #Unterprogramm HU-AVIS
3    #----------------------------------------------------------
4    #fuer Beispiel 2 mit Bestands- und Chargendaten angepasst
5    #Charge muss existieren
6    #Anpassung kein Kühlgut
7    #Anpassung kein Gefahrstoff
8    #----------------------------------------------------------
9    def gebindeavis(hunr5,user):
0        toSelect5 = db.gebinde.select({'Nummer':hunr5})
```

Abbildung 129: Nachschub - Code - Unterprogramm ‚gebindeavis'

```
432        menge=input('Bitte Menge eingeben: ')
433        for row in toSelect4:
434            einheit=row['BME']
435        h = db.gebinde.get_empty()
436        h['Nummer']=hunr5
437        h['Lieferant']=lieferant
438        h['Fehlerflag']=''
439        h['Fehlercode']=0
440        h['Platz']='WE_STICH'
441        h['Lagertyp'] = 'WE'
442        h['Status']='A'
443        h['Material']=material
444        h['Menge']=menge
445        h['Einheit']=einheit
446        h['Charge']=charge
447        h['Split']=split
448        db.gebinde.insert(h)
449        print('HU avisiert angelegt')
450        bewegungen_schreiben('HU_AVIS',hunr5,lieferant,user,'',0,'','WE_STICH',material,charge,spli
451        #für Beispiel 3 eingebaut
```

Abbildung 130: Nachschub - Code - Unterprogramm ‚gebindeavis' II

5.3.2 Mehrstufige Umlagerungen

Aufgabenstellung

Bei einem Transport von Quelle zu Ziel soll es möglich sein, über einen Transfer-Lagertyp zu transportieren. Die ursprüngliche Umlagerung wird auf diese Weise in zwei Teiltransporte aufgeteilt. Aus diesem Grund nennt man dieses Konzept ‚mehrstufige Umlagerung'. Jeder der Teiltransporte kann ggfs. wieder mehrstufig erfolgen.

Bei Druck der Transportschuppe sollen alle Teiltransporte angedruckt werden.

Zusätzlich soll eine Funktion implementiert werden, mit der nach Eingabe zweier Plätze der Transportweg laut mehrstufiger Umlagerung ersichtlich ist.

Stammdatenkonzept

- **Menü-Code**

  Der Menü-Code ‚TRAN' für die Transportmatrix-Anzeige zweier Plätze ist in ‚codes. csv' zu pflegen.

	A	B	C	D	E
26	WAKOST	Storno Kostenstellenausbuchung			
27	REDR	Rechnungsdruck zur Auslieferung			
28	KRET	Kundenretoure zur Auslieferungsposition			
29	KUMB	Bestand zur Kundenretoure entsperren			
30	GUDR	Gutschriftdruck zur Kundenretoure			
31	BRAA	Brandabschnitte anlegen			
32	BRAS	Brandabschnitte anzeigen			
33	KABA	Nachschub			
34	TRAN	Transportmatrix zweier Lagerplätze			
35					
36					

Abbildung 131: mehrstufige Umlagerungen - Menücode

- **Transportmatrix**

  Die neue Tabelle ‚transportmatrix.csv' hat folgende Spalten:

  – Lagernummer – Lagernummer von SMILE

  – VonLagertyp – von-Lagertyp des Transportes

  – AnLagertyp – an-Lagertyp des Transportes

  – TranLagertyp – Zwischen-Lagertyp des Transportes

  – TranLagerplatz – Zwischen-Lagerplatz für den Transport von-Lagertyp->Zwischen-Lagertyp->an-Lagertyp

  – Aktiv – Kennzeichen, ob die Mehrstufigkeit aktiv genutzt werden soll

	A	B	C	D	E	F
	Lagernummer	VonLagertyp	AnLagertyp	TranLagertyp	TranLagerplat	Aktiv
	SMILE001	WE	BLOCK	TRAN	TRAN_BLOCK	X
	SMILE001	TRAN	BLOCK	SAMM	SAMM_BLOCK	X
	SMILE001	WE	TRAN	KONS	KONS_BLOCK	X

Abbildung 132: mehrstufige Umlagerungen - Transportmatrix

- **Lagertypen**

  Beispieldaten für eine mehrstufige Umlagerung: Lagertypen TRAN, SAMM und KONS.

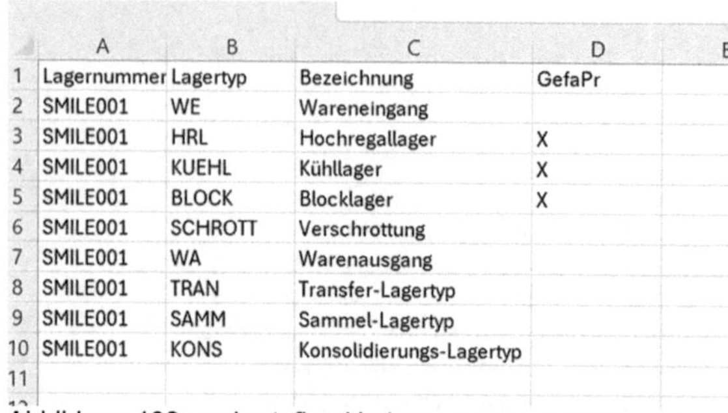

	A	B	C	D	E
1	Lagernummer	Lagertyp	Bezeichnung	GefaPr	
2	SMILE001	WE	Wareneingang		
3	SMILE001	HRL	Hochregallager	X	
4	SMILE001	KUEHL	Kühllager	X	
5	SMILE001	BLOCK	Blocklager	X	
6	SMILE001	SCHROTT	Verschrottung		
7	SMILE001	WA	Warenausgang		
8	SMILE001	TRAN	Transfer-Lagertyp		
9	SMILE001	SAMM	Sammel-Lagertyp		
10	SMILE001	KONS	Konsolidierungs-Lagertyp		
11					

Abbildung 133: mehrstufige Umlagerungen - Lagertypen

- **Lagerplätze**

  Beispieldaten für eine mehrstufige Umlagerung: Lagertypen TRAN_BLOCK, SAMM_BLOCK und KONS_BLOCK.

33	WL_KRET	Kundenretoure zur Aussteierungsposition	WL	NEIN	ungeprüft	unbegrenzt	0
34	TRAN_BLOCK	Transfer zum Blocklagertyp	TRAN	NEIN	ungeprüft	unbegrenzt	0
35	SAMM_BLOCK	Sammeln zum Blocklagertyp	SAMM	NEIN	ungeprüft	unbegrenzt	0
36	KONS_BLOCK	Konsolidieren zum Blocklagertyp	BLOCK	NEIN	ungeprüft	unbegrenzt	0

Abbildung 134: mehrstufige Umlagerungen - Lagerplätze

Ablauf und Implementierungs-Konzept

- **Mainloop**
  - Auswertung des Codes ‚TRAN' zur Anzeige einer Transportmatrix
  - Eingabe von- und an-Lagerplatz
  - Aufruf Funktion ‚tmatrix'
- **Transportschuppe**
  - vor dem Aufbau des PDF-Dokumentes die Unterroutine ‚tmatrix' mit Quelle und Ziel aufrufen
  - im PDF-Aufbau das Ergebnis von ‚tmatrix' anzeigen (zwischen von- und an-Platz)
- **Unterroutine ‚tmatrix'**
  - Parameter x mit 2 und y mit len(tmatrix2(vonPlatz ‚anPlatz)) vorbelegen
  - liste als tmatrix2(vonPlatz ‚anPlatz) und nliste als leer initialisieren
  - solange x < y gilt, wird folgendes ausgeführt
    For-Schleife von 0 bis y-2 (einschliesslich)
      innerhalb der for-Schleife den Laufparameter i nutzen um tmatrix2(liste[i],liste[i+1]) zu ermitteln
      Ist der Parameter noch nicht y-2, dann bei gefundenem Transfer-Platz tliste[0] und tliste[1] an nliste appenden, im anderen Fall nur tliste[0]

hat der Parameter y-2 erreicht, muss das ganze Ergebnis der tmatrix2-Routine an nliste appended werden

für die solange-Schleife nun x = len(liste), y = len(nliste), liste = nliste und nliste = leer setzen

- Liste nach Abschluss der solange (while) – Schleife retournieren
- *Hinweis:* Man kann diese Funktion auch rekursiv implementieren, was in dieser Lösung nicht durchgeführt worden ist.

- **Unterroutine tmatrix2**
  - zu von- und an-Platz den Lagertyp in ‚plaetze.csv' selektieren
  - zu den beiden selektierten Lagertypen einen Transfer-Platz in ‚transportmatrix.csv' selektieren
  - wird kein Transfer-Platz gefunden, wird die Liste [vonPlatz ,anPlatz] retourniert
  - wird ein Transfer-Platz gefunden, wird die Liste [vonPlatz ,Transfer-Platz ,an-Platz] retourniert.

Ablaufdiagramm technisch zu den beiden Unterroutinen
- **‚TRAN' im Mainloop**

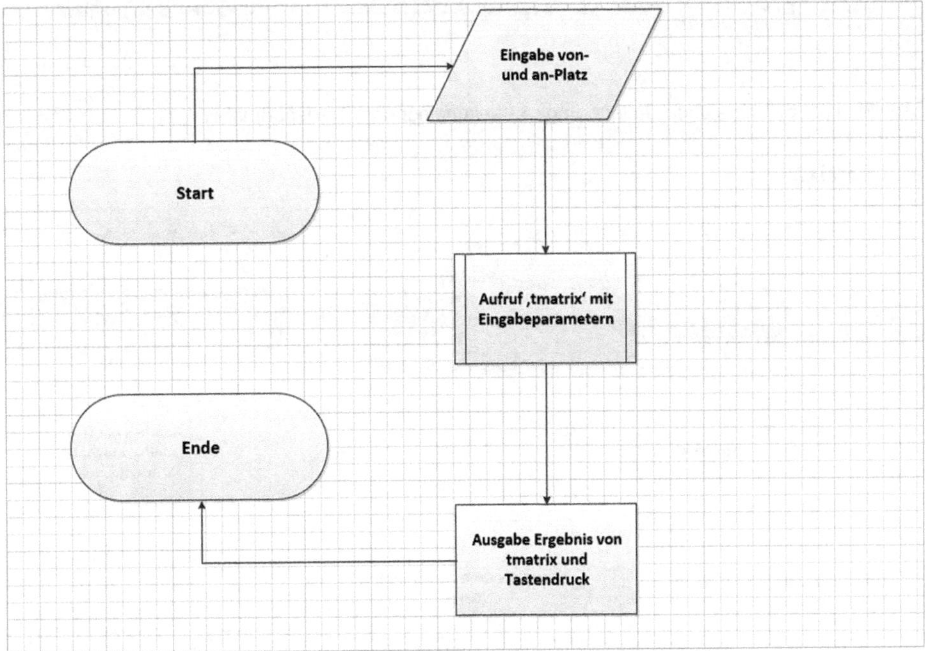

Abbildung 135: mehrstufige Umlagerungen - Ablaufdiagramm Transportmatrix

- **tmatrix**

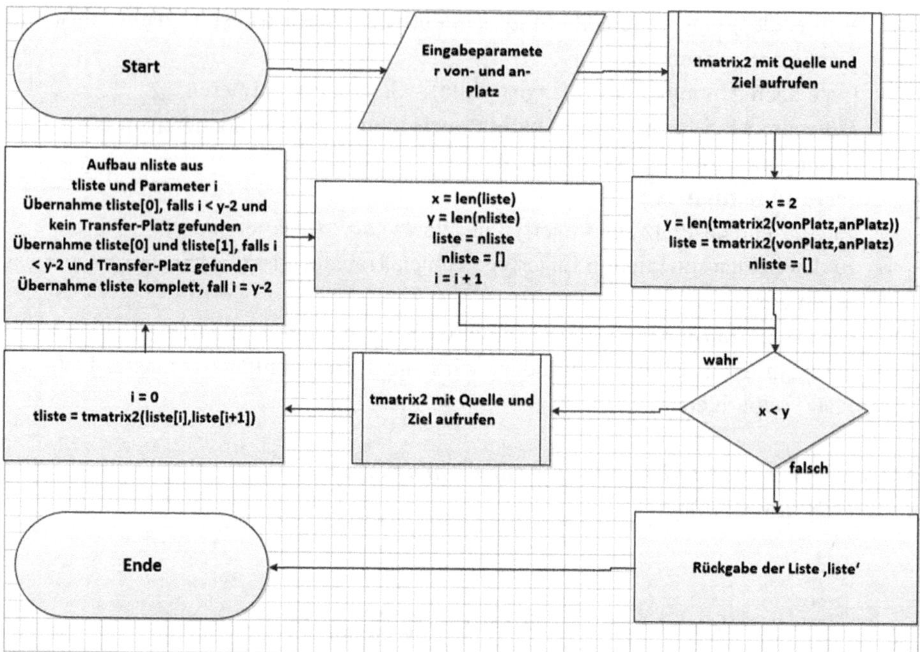

Abbildung 136: mehrstufige Umlagerungen - Ablaufdiagramm Transportmatrix II

- **tmatrix2**

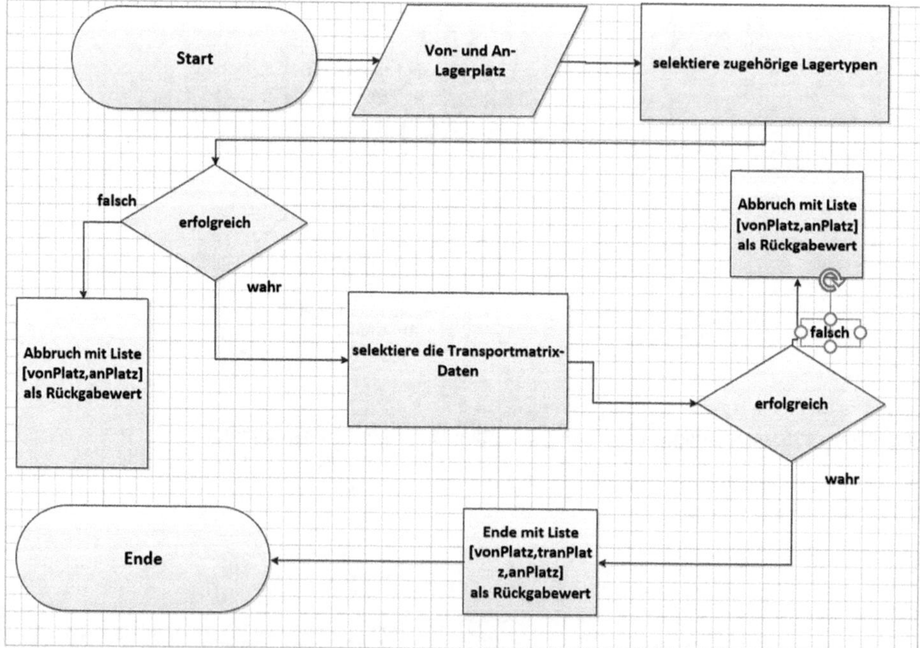

Abbildung 137: mehrstufige Umlagerungen - Ablaufdiagramm Transportmatrix III

Python-Implementierung in SMILE

- **Mainloop**

```
1597
1598    #       Transportmatrix
1599        elif answer =='TRAN':
1600            von = input('Von-Platz: ')
1601            an = input('An-Platz: ')
1602            print(tmatrix(von,an))
1603            input('Bitte eine Taste drücken: ')
1604            print()
1605
```

Abbildung 138: mehrstufige Umlagerungen - Code - Menü

- **neue Unterroutinen in lvs_V2.py**

```
1645    #--------------------------------------------
1646    #Transportmatrix
1647    #--------------------------------------------
1648    def tmatrix(vonPlatz,anPlatz):
1649        x = 2
1650        y = len(tmatrix2(vonPlatz,anPlatz))
1651        liste = tmatrix2(vonPlatz,anPlatz)
1652        nliste = []
1653        while x < y:
1654            for i in range(0, y-1):
1655                tliste = tmatrix2(liste[i],liste[i+1])
1656                if i < y-2:
1657                    if len(tliste) > 2:
1658                        nliste.append(tliste[0])
1659                        nliste.append(tliste[1])
1660                    else:
1661                        nliste.append(tliste[0])
1662                else:
1663                    for c in tliste:
1664                        nliste.append(c)
1665            x = len(liste)
1666            y = len(nliste)
1667            liste = nliste
1668            nliste = []
1669        return liste
1670
```

Abbildung 139: mehrstufige Umlagerungen - Code - Transportmatrix

```
1670
1671   def tmatrix2(vonPlatz,anPlatz):
1672   #    von-Lagertyp
1673       toSelectv = db.plaetze.select({'Platz':vonPlatz})
1674       if toSelectv == []:
1675           return [vonPlatz,anPlatz]
1676       for rowv in toSelectv:
1677           vonTyp = rowv['Lagertyp']
1678   #    an-Lagertyp
1679       toSelecta = db.plaetze.select({'Platz':anPlatz})
1680       if toSelecta == []:
1681           return [vonPlatz,anPlatz]
1682       for rowa in toSelecta:
1683           anTyp = rowa['Lagertyp']
1684   #    Transportmatrix
1685       toSelectt = db.transportmatrix.select({'VonLagertyp':vonTyp,'AnLagertyp':anTyp,'Aktiv':'X'})
1686       if toSelectt == []:
1687           return [vonPlatz,anPlatz]
1688       for rowt in toSelectt:
1689           if len(rowt['TranLagerplatz']) == 0:
1690               return [vonPlatz,anPlatz]
1691           else:
1692               return [vonPlatz,rowt['TranLagerplatz'],anPlatz]
1693   #-------------------------------------------------
```

Abbildung 140: mehrstufige Umlagerungen - Code - Transportmatrix II

- **Anpassung in ‚transportschuppe' in lvs_V2.py**

```
570       db.nummernkreise.modify(row)
571       #Transportmatrix berücksichtigen
572       tliste = tmatrix(vonplatz,anplatz)
573       #pdf erzeugen und speichern
574       for row in toSelect6:
575           pdf = FPDF()
576           pdf.add_page()
577           pdf.set_font("Arial", size=12)
578           pdf.cell(200, 10, txt="SMILE LVS-Prototyp", ln=1, align="C")
579           pdf.cell(100, 10, txt="Transport: "+str(nummer), ln=1)
580           pdf.cell(100, 10, txt="Gebinde: "+hu, ln=1)
581           #Hinweise: Kühlgut, Sonstiges, später ggfs. Gefahrstoff etc.
582           toSelect = db.matstamm.select({'Material':row['Material']})
583           for row2 in toSelect:
584               text = row2['Kuehlpflicht']
585               if text == 'JA':
586                   text = 'Kühlpflicht'
587               elif text != 'JA':
588                   text = 'keine Kühlpflicht'
589           pdf.cell(100, 10, txt="Hinweise: " + text, ln=1)
590           pdf.cell(100, 10, txt="von-Platz: "+ vonplatz, ln=1)
591           pdf.cell(100, 10, txt="Transportmatrix: "+ str(tliste), ln=1)
592           pdf.cell(100, 10, txt="an-Platz: "+ anplatz, ln=1)
593           pdf.cell(100, 10, txt="Ersteller: "+ user, ln=1)
```

Abbildung 141: mehrstufige Umlagerungen - Code - Transportschuppe

Beispieldruck einer Transportschuppe

Beispielszenario ist ein Transport von WE zum Lagertyp BLOCK, der über TRAN ausgeführt wird. Von WE nach TRAN wird über KONS und von TRAN nach BLOCK über SAMM transportiert. Nachfolgend eine Transportschuppe für eine Einlagerung einer HU von WE nach BLOCK. Das Material M005 besitzt den Einlagertyp ‚BLOCK' und kann für dieses Beispiel verwendet werden.

SMILE LVS-Prototyp

Transport: 36

Gebinde: HU1000

Hinweise: keine Kühlpflicht

von-Platz: WE_LIEF

Transportmatrix: ['WE_LIEF', 'KONS_BLOCK', 'TRAN_BLOCK', 'SAMM_BLOCK', 'BLOCK']

an-Platz: BLOCK

Ersteller: sven

Ausführender: ...

Anmerkungen: ...

Datum, Uhrzeit, Unterschrift: ...

Abbildung 142: mehrstufige Umlagerungen - Formularbeispiel

5.3.3 Bestandssperren & Folgeaktionen

Aufgabenstellung

Innerhalb der Chargenanzeige soll die Möglichkeit gegeben sein, eine Charge als ‚gesperrt' zu kennzeichnen.

Innerhalb der Gebindeanzeige soll es möglich sein, ein Gebinde zu sperren. Dabei kann das Retouren-Sperrkennzeichen intern verwendet werden. In der Referenz wird der Text ‚manuell' automatisch im Gebindestamm erfasst. Zur Unterscheidung zu Kundenretouren wird nur die Kopf-, nicht aber die Positionsreferenz im Gebindestamm fortgeschrieben.

Falls Charge und Split, die mit der HU verbunden sind, als gesperrt gekennzeichnet sind, wird die HU automatisch mit dem Sperrkennzeichen versehen und diese Aktion mitgeteilt. Ein manuelles Sperren ist dann nicht mehr notwendig. Die Referenz ist ‚gesperrte Charge'.

Aus Vorsichtsgründen wird das Gebinde nach einer Sperrung auf den Platz ‚SPERR' im Lagertyp ‚SPERR' automatisch umgelagert. Dort wird entschieden, ob das gesperrte Gebinde auf den Schrottplatz umgelagert oder anderweitig verwendet wird.

Sollte das Gebinde gesperrt sein und noch nicht auf ‚SPERR' liegen, wird eine Umlagerung auf diesen Platz innerhalb der Gebindeanzeige initiiert.

Avisierte Gebinde dürfen bei diesen Funktionen nicht ausgeschlossen werden.

Stammdatenkonzept

- **neues Feld ‚SperKz' im Chargenstamm (chargstamm.csv)**

	A	B	C	D	E	F
1	Material	Charge	Split	Verfall	ERP_Charge	SperKz
2	M000	CH000	00	01.02.2020	CH00000	X
3	M001	CH001	01	01.01.2021	CH00101	X
4	M002	CH002	00	01.01.2022	CH00100	X
5	M002	CH010	10	01.01.2023	CH01010	X
6	M003	CH003	00	01.01.2019	CH003	X

Abbildung 143: Bestandssperren - Charge

- **neuer Felder in den Lagerdaten (smile.csv)**
  - SCGrund = Sperrgrund für gesperrte Charge in Info-Dialog
  - SMGrund = Sperrgrund für manuelle Sperre in Info-Dialog
  - SPPlatz = Sperrplatz für Umlagerung in Info-Dialog
- **neuer Lagertyp ‚SPERR' in den Lagertyp-Daten (lagertyp.csv)**

	A	B	C	D	E
1	Lagernummer	Lagertyp	Bezeichnung	GefaPr	
2	SMILE001	WE	Wareneingang		
3	SMILE001	HRL	Hochregallage	X	
4	SMILE001	KUEHL	Kühllager	X	
5	SMILE001	BLOCK	Blocklager	X	
6	SMILE001	SCHROTT	Verschrottung		
7	SMILE001	WA	Warenausgang		
8	SMILE001	TRAN	Transfer-Lagertyp		
9	SMILE001	SAMM	Sammel-Lagertyp		
10	SMILE001	KONS	Konsolidierungs-Lagertyp		
11	SMILE001	SPERR	Sperr-Lagertyp		
12					

Abbildung 144: Bestandssperren - Lagertyp

- **neuer Lagerplatz ‚SPERR' in den Lagerplatz-Daten (plaetze.csv)**

	A	B	C	D	E	F	G	H
6	HRL_01_02_0:	HRL, Gang 1, Säule 2, Platz 2	HRL	NEIN	20	0	0	BR01
7	HRL_01_02_0:	HRL, Gang 1, Säule 2, Platz 3	HRL	NEIN	20	0	0	BR01
8	HRL_01_02_0<	HRL, Gang 1, Säule 2, Platz 4	HRL	NEIN	20	0	0	BR01
9	HRL_01_02_0!	HRL, Gang 1, Säule 2, Platz 5	HRL	NEIN	20	0	0	BR01
0	HRL_01_02_0(	HRL, Gang 1, Säule 2, Platz 6	HRL	NEIN	20	0	0	BR01
1	WAKOSTL	Ausbuchung Kostenstelle	WA	NEIN	ungeprüft	unbegrenzt	0	
2	WAKOSTL_ST	Storno Ausbuchung Kostenstelle	WA	NEIN	ungeprüft	unbegrenzt	0	
3	WE_KRET	Kundenretoure zur Auslieferungsposition	WE	NEIN	ungeprüft	unbegrenzt	0	
4	TRAN_BLOCK	Transfer zum Blocklagertyp	TRAN	NEIN	ungeprüft	unbegrenzt	0	
5	SAMM_BLOCK	Sammeln zum Blocklagertyp	SAMM	NEIN	ungeprüft	unbegrenzt	0	
6	KONS_BLOCK	Konsolidieren zum Blocklagertyp	KONS	NEIN	ungeprüft	unbegrenzt	0	
7	SPERR	gesperrt Bestände	SPERR	NEIN	ungeprüft	unbegrenzt	0	
8								
9								
0								

Abbildung 145: Bestandssperren - Lagerplatz

- **neue Bewegungsarten ‚SPEC' und ‚SPEB' (bewegungsarten.csv)**

	A	B	C	D	E
	Bewegungsart	Bedeutung			
	CH_01	Charge anlegen			
	HU_WE	Wareneingang zu Gebinde buchen			
	HU_AVIS	AVIS zu Gebinde erstellen			
	HU_LRET	Lieferantenretoure zu Gebinde			
	HU_SCHR	Verschrotten zu Gebinde			
	HU_TA	Umlagerung zu Gebinde			
	HU_FLAG	Fehlerflag zu Gebinde setzen			
	HU_CODE	Fehlercode zu Gebinde automatisch setzen			
)	SL_01	Auslieferung anlegen			
I	TU_01	Tour anlegen			
!	HU_WAKOSTL	Kostenstllenausbuchung			
!	HU_WAKOSTL	Storno Kostenstllenausbuchung			
!	REDR	Rechnungsdruck zur Auslieferung			
!	KRET	Kundenretoure zur Auslieferungsposition			
!	KUMB	Bestand zur Kundenretoure entsperren			
!	GUDR	Gutschriftdruck zur Kundenretoure			
!	BRAA	Brandabschnitte anlegen			
)	KABA	Nachschub			
)	SPEC	Charge sperren			
I	SPEB	Bestand sperren			
!					
!					

Abbildung 146: Bestandssperren - Bewegungsart

Ablauf und Implementierungs-Konzept

- **Chargenanzeige**
  - zusätzlicher Parameter ‚user'
  - hinter bisheriger Abwicklung weiter implementieren
  - Sperrkennzeichen auswerten
  - Wenn es gesetzt ist, mitteilen und Ende
  - Wenn es nicht gesetzt, User-Abfrage zur Sperrung

    Wenn Antwort=ja, Sperrkennzeichen setzen, Grund für Sperre abfragen, Bewegung SPEC mit eingegebenem Grund schreiben und mitteilen
- **HU-Anzeige**
  - Übergabe des Users hinzunehmen
  - hinter bisheriger Implementierung weitermachen
  - smile.csv hinzulesen für Gründe und Sperrplatz
  - Fall – Sperrkennzeichen ist bereits in HU gesetzt

    Falls Lagerplatz des Gebindes nicht der Sperrplatz aus smile.csv ist, dann automatisch umlagern, sonst nichts weiter machen, nur Textausgabe
  - Fall – Sperrkennzeichen ist nicht in HU gesetzt

    Sperrkennzeichen des Chargenstamms auswerten

    falls gesetzt, dann HU sperren inkl. Grund aus smile.csv als RetKopf (Retpos bleibt initial!) und umlagern, falls HU nicht bereits auf Sperrplatz, Bewegung SPEB schreiben

    User-Abfrage auf manuelle Umlagerung

    Falls Antwort=ja, dann HU sperren mit Grund aus smile.csv als RetKopf (Retpos bleibt initial) und umlagern, falls HU nicht bereits auf Sperrplatz, Bewegung SPEB schreiben
- **platzaendern**
  - Prüfung Umlagerung bei Retourenbestand etwas entschärfen, weil sonst eine Umlagerung nach Sperre der HU nicht mehr möglich ist
  - Umlagerung verboten, wenn Sperrkennzeichen vorhanden und Position gefüllt ist
  - bei Gebindeinfo wird nur Sperrkennzeichen und Kopf-Text gefüllt, nicht aber die Position
  - am gefüllten Feld ‚Position' erkennt man die Kundenretoure!
- **Mainloop**
  - User bei Chargenanzeige und Gebindeinfo mit übergeben

Ablaufdiagramm technisch
- **Chargenanzeige**

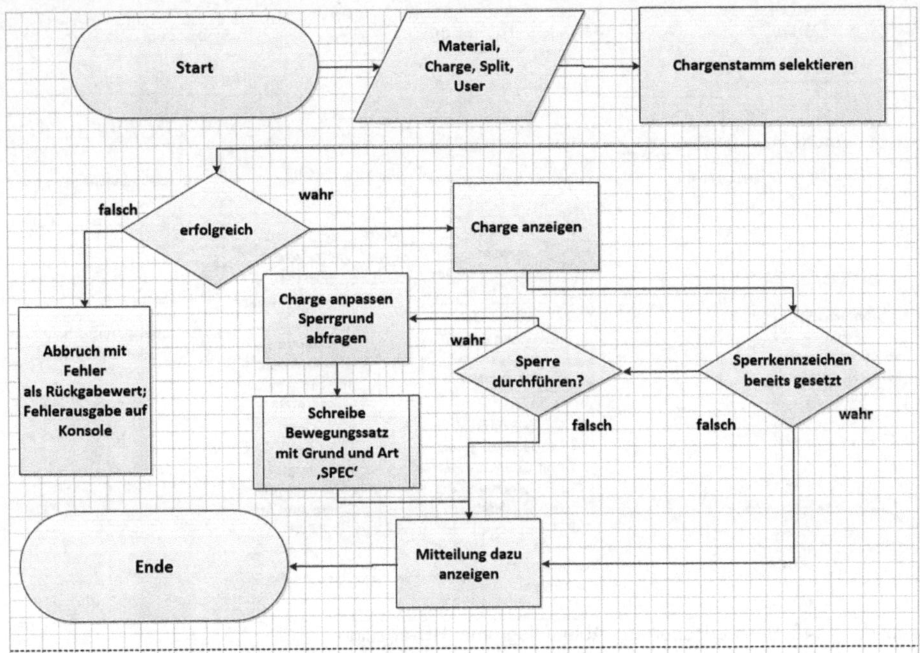

Abbildung 147: Bestandssperren - Ablaufdiagramm Chargenanzeige

- **HU-Anzeige**

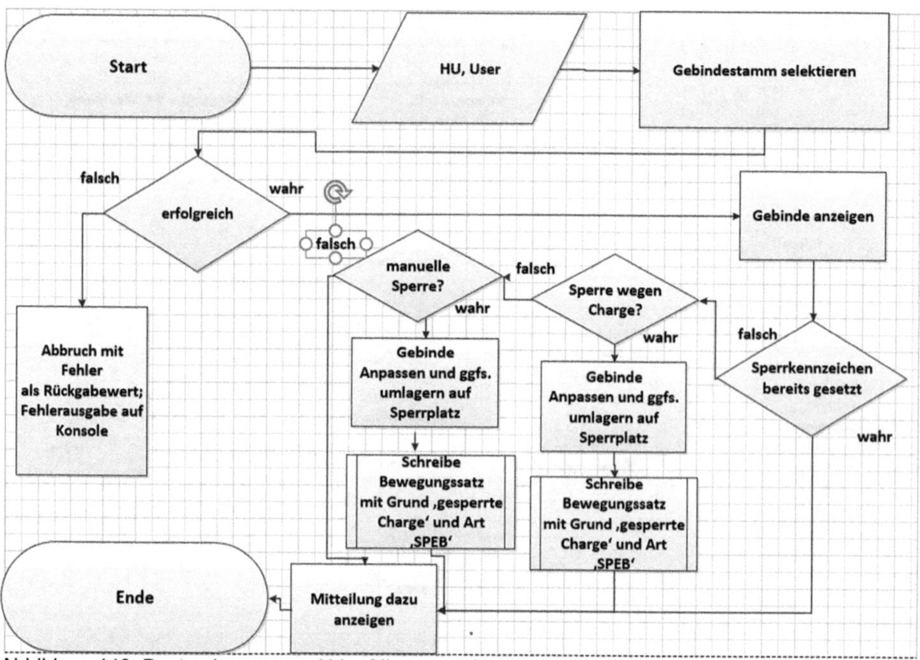

Abbildung 148: Bestandssperren - Ablaufdiagramm HU-anzeige

Python-Implementierung in SMILE

- **Chargenanzeige – Unterprogramm ‚chargstamminfo' in lvs_V2.py erweitern**

```python
#-----------------------------------------------------
#Unterprogramm Chargenstamminfo
#eingefuegt fuer Beispiel 2 im Kompaktband
#Chargensperre eingefügt (CLI-Übungsbuch)
#-----------------------------------------------------
def chargstamminfo(material,charge,split,user):
    toSelect2 = db.chargstamm.select({'Material':material,'Charge':charge,'Split':split})
    print()
    initial=len(toSelect2)
    if initial == 0:
        print()
        print('Fehler: Charge unbekannt')
        return 'FEHLER'
    print(toSelect2)
    print()
    for row in toSelect2:
        if row['SperKz'] == 'X':
            print('Charge bereits gesperrt.')
            print()
        else:
            spkz = input('Charge nicht gesperrt. Soll sie gesperrt werden? (JA/NEIN)')
            if spkz == 'JA':
                row['SperKz'] = 'X'
                grund = input('Grund der Sperre: ')
                db.chargstamm.modify(row)
                bewegungen_schreiben('SPEC','','',user,'','','','',material,charge,split,'','',grund)
                print()
#-----------------------------------------------------
```

Abbildung 149: Bestandssperren - Code - Chargenanzeige

- **HU-Anzeige – Erweiterung Unterprogramm ‚gebindeinfo' in lvs_V2.py**

```
                    return 'OKAY'
        else:
            print()
            print('Gebinde ist nicht geperrt.')
            toSelectc =  db.chargstamm.select({'Material':row['Material'],'Charge':row['Charge'],'Split'
            for rowc in toSelectc:
                if rowc['SperKz'] == 'X':
                    print()
                    print('zugehörige Charge gesperrt, HU wird automatisch gesperrt')
                    row['RetKz'] = 'X'
                    row['RetKopf'] = scgrund
                    db.gebinde.modify(row)
                    #Bewegung zur Sperre mit SCGrund
                    bewegungen_schreiben('SPEB',hunr2,'',user,'','','','','','','','','',scgrund)
                    if row['Platz'] != platz:
                        print()
                        print('Gebinde nicht im Sperrlager. Automatische Umlagerung wird initiiert.')
                        platzaendern(hunr2,user,platz)
                        return 'OKAY'
                    else:
                        print()
                        print('Gebinde bereits auf Sperrplatz.')
                        return 'OKAY'
            print()
            print('HU ist nicht gesperrt und beitzt keine gesperrte Charge.')
            frage = input('Soll HU manuell gesperrt werden? (JA(NEIN)')
            if frage == 'JA':
                    row['RetKz'] = 'X'
                    row['RetKopf'] = smgrund
                    db.gebinde.modify(row)
                    #Bewegung zur Sperre mit SMGrund
                    bewegungen_schreiben('SPEB',hunr2,'',user,'','','','','','','','','',smgrund)
```

Abbildung 150: Bestandssperren - Code - HU-Anzeige

```
            frage = input('Soll HU manuell gesperrt werden? (JA(NEIN)')
            if frage == 'JA':
                    row['RetKz'] = 'X'
                    row['RetKopf'] = smgrund
                    db.gebinde.modify(row)
                    #Bewegung zur Sperre mit SMGrund
                    bewegungen_schreiben('SPEB',hunr2,'',user,'','','','','','','','','',smgrund)
                    if row['Platz'] != platz:
                        print()
                        print('Gebinde nicht im Sperrlager. Automatische Umlagerung wird initiiert.')
                        platzaendern(hunr2,user,platz)
                        return 'OKAY'
                    else:
                        print()
                        print('Gebinde bereits auf Sperrplatz.')
                        return 'OKAY'
            else:
                    print()
                    return 'OKAY'
    #------------------------------------------------
```

Abbildung 151: Bestandssperren - Code - HU-Anzeige II

- **platzaendern – Anpassung in lvs_V2.py**

```
886        return 'Fehler'
887    if row['RetKz'] == 'X' and len(row['RetPos']) != 0:
888        print()
889        print('Fehler: Gebinde ist wegen Retoure gesperrt')
890        print()
891        return 'Fehler'
892    #Beispiel 3 eingebaut-Anfang
893    if platz == '':
```

Abbildung 152: Bestandssperren - Code - Unterroutine ‚platzaendern'

- **mainloop – Anpassung in lvs_V2.py**

```
68
69        elif answer=='INFO':
70            print()
71            print('Gebinde-Information')
72            print()
73            hu2=input('Bitte Gebinde eingeben: ')
74            gebindeinfo(hu2,user)
75            print()
76            input('Bitte eine Taste drücken: ')
77            print()
78
```

Abbildung 153: Bestandssperren - Code - Unterroutine ‚mainloop'

```
517
518        #Chargenstamm fuer Beispiel 2 eingefügt im Buch
519        elif answer=='CHAR':
520            print()
521            print('Chargenstamm anzeigen:')
522            print()
523            material=input('Bitte Material eingeben: ')
524            charge=input('Bitte Charge eingeben: ')
525            split=input('Bitte Split eingeben: ')
526            chargstamminfo(material,charge,split,user)
527            print()
528            input('Bitte eine Taste drücken: ')
529            print()
530
```

Abbildung 154: Bestandssperren - Code - Unterroutine ‚mainloop' II

5.4 Menüstruktur

5.4.1 Umgestaltung Menü

Aufgabenstellung

Die Darstellung der Menüfunktionen soll übersichtlicher gestaltet sein. Zu diesem Zweck werden Menübereiche eingeführt und Funktionen diesen Bereichen zugeordnet. In der Menüanzeige werden die Funktionen je Menübereich aufgelistet.

Konzept in Datenkonstrukt

- neue Tabelle ‚codebereiche.csv' erstellen

	A	B	C	D
1	Lagernummer	Bereich	Text	
2	SMILE001	MFS	Materialfluss-System	
3	SMILE001	WE	Wareneingang	
4	SMILE001	INT	interne Prozesse	
5	SMILE001	WA	Warenausgang	
6	SMILE001	REPO	Auswertungen	
7	SMILE001	STAMM	Stammdaten	
8	SMILE001	BEST	Bestand	
9	SMILE001	ALLG	Allgemein	
10				

Abbildung 155: Menüstruktur - Menübereiche

- Anpassung Tabelle ‚codes.csv'

	A	B	C	D
1	Funktion	Bedeutung	Bereich	
2	AVIS	Gebinde anleg	MFS	
3	STICH	Fehlerflag am	MFS	
4	IPUNKT	MFS am I-Pun	MFS	
5	KPUNKT	Bearbeitung a	MFS	
6	WEMA	Wareneingang	WE	
7	EINLAG	Einlagern	WE	
8	KRET	Kundenretour	WE	
9	KUMB	Bestand zur Ku	WE	
10	GUDR	Gutschriftdruc	WE	
11	PLATZ	Platz von Gebi	INT	
12	LABL	Labeldruck	INT	
13	KABA	Nachschub	INT	
14	TRAN	Transportmat	INT	
15	SCHR	Verschrotten	WA	
16	RET	Lieferantenre	WA	
17	WAKO	Kostenstellen	WA	
18	WAKOST	Storno Kosten	WA	
19	REDR	Rechnungsdru	WA	
20	BEWE	alle Bewegung	REPO	
21	KUHL	Kühlgut im Lag	REPO	
22	BRAA	Brandabschni	STAMM	
23	BRAS	Brandabschni	STAMM	
24	FLAGS	Anzeige mögli	STAMM	
25	FEHLER	Anzeige mögli	STAMM	
26	CHAR	Chargenstam	STAMM	

Abbildung 156: Menüstruktur - Menücodes

- **Idee**
  - Bereiche in codebereiche.csv definieren und innerhalb der Tabelle sortieren
  - Menü-Codes je Bereich in codes.csv sortieren und mit Bereich verknüpfen
  - In mainloop über codebereiche.csv in abgelegter Reihenfolge loopen, anzeigen und Menücodes je Bereich hinzuselektieren und anzeigen

Umsetzung in Mainloop

```
1315
1316    def mainloop():
1317        #----------------------------------------------
1318
1319        #----------------------------------------------
1320        #Hauptroutine der Menücodes
1321        #----------------------------------------------
1322        print()
1323        print('LVS-Simulation SMILE - Version 2.0')
1324        print(' (inkl.Übungen zur technischen Dokumentation)')
1325        print()
1326        user=input('Willkommen! Wie heissen Sie? ')
1327        print()
1328        answer=''
1329        while answer!='ENDE':
1330            print('Übersicht möglicher Aktionen')
1331            print()
1332            toSelectber = db.codebereiche.select({'Lagernummer':'SMILE001'})
1333            for rowber in toSelectber:
1334                print('--- '+rowber['Text']+' ---')
1335                toSelectco = db.codes.select({'Bereich':rowber['Bereich']})
1336                for rowco in toSelectco:
1337                    print(rowco['Funktion']+' '+rowco['Bedeutung'])
1338            print()
1339            answer=input('Bitte Ihre Aktion eingeben: ')
1340
```

Abbildung 157: Menüstruktur - Code - Mainloop

Darstellung

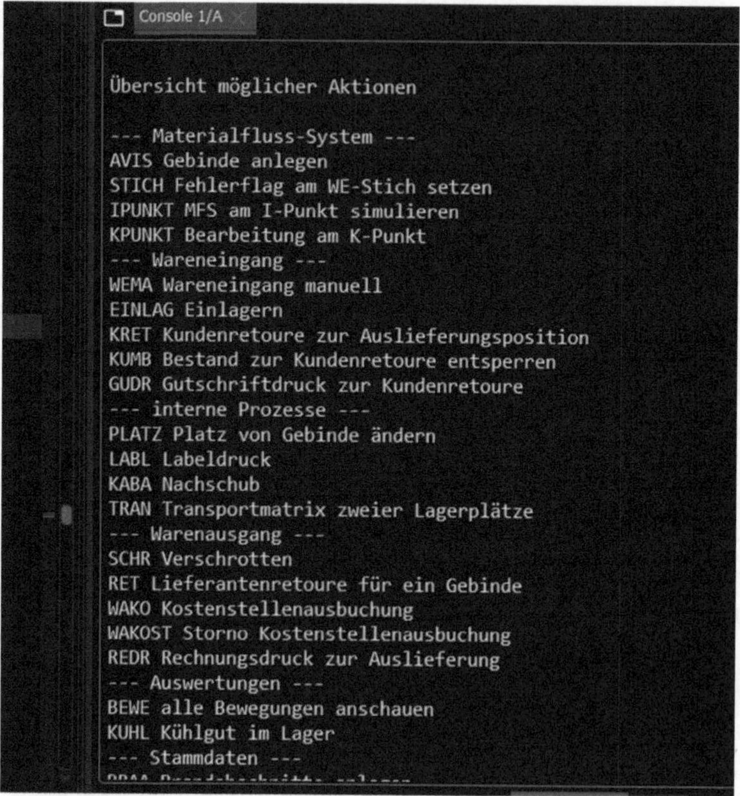

Abbildung 158: Menüstruktur - Beispielanzeige

5.5   SMILE-Shop

Einleitung zum Shop-Szenario

Im SMILE-Lager gibt es einen Shop-Bereich, in dem Artikel von Kunden vor Ort gekauft und retourniert werden können.

Im Shop-Bereich ist dem Kunden eine Verkaufsfläche = Showroom sowie ein Kleinteilebereich mit Waage zugänglich. Ware steht zusätzlich in einem Regal hinter dem Verkaufstresen bereit, da nicht sämtliche Produkte im Kleinteilebereich und in der Verkaufsfläche des Shops liegen können. Dieser Shop-Bereich dient ebenfalls als Nachschub für
die Verkaufsfläche und den Kleinteilebereich. In diesem Kontext müssen Teilmengen
von HUs nachschiebbar sein. Ein Gefahrstoff-Schrank hinter dem Verkaufstresen ist vorhanden, aus dem Ware für Verkauf nur von den Mitarbeitern entnommen werden kann.
Gefahrstoffe lagern im Shop-Bereich nur in diesem Gefahrstoff-Schrank.

Material kann zusätzlich aus dem Lager mehrstufig über einen Transfer-Platz per Nachschub angefordert werden, falls es sich nicht im Shop-Bereich befindet und vom Kunden gekauft werden möchte. Mitarbeiter können den Nachschub auch adhoc außerhalb der Verkaufsprozesse auslösen, um Material aus dem Lager in den Shop-Bereich nachzuschieben.

Der Shop ist ein eigener Brandabschnitt. Eine Auswertung zu Brandabschnitten soll anzeigen, welche Artikel in welchen Mengen in einem Brandabschnitt liegen und welche davon Gefahrstoffe sind. Die Anzahl an Gefahrstoff-HUs ist im Rahmen dieser Auswertung je Brandabschnitt zu ermitteln und in der Brandabschnitts-Datentabelle abzulegen.

Die Lagerplätze im Shop-Bereich, deren Benennung auf Strings der Länge 10 und Nutzung von Großbuchstaben A bis Z und Zahlen von 0 bis 9 beschränkt ist, können mit QR-Barcodes ausgestattet werden. Der Aufbau eines QR-Lagerplatz-Barcodes ist

‚Lagernummer/Lagertyp/Lagerplatz/Kapazität/Brandabschnitt'.

Es soll möglich sein, Barcodes zu erzeugen und diese durch Anscannen zu testen.

Um den adhoc-Nachschub zu optimieren, soll es Barcodes geben, die

‚Lagerplatz/Materialnummer'

beinhalten. Diese sollen ebenfalls erzeugt und getestet werden können.

Bei Shop-Kundenretouren wird eine Kundenretoure erfasst. In diesem Zusammenhang wird dem Kunden eine Gutschrift ausgehändigt und das Geld direkt ausbezahlt. Für die Einlagerung von Kundenretouren wird – falls der Artikel im Shop verkauft wird – erst im Shop (Regal und Gefahrstoff-Schrank hinter dem Tresen, nicht in der Verkaufsfläche) ermittelt, ob Platz vorhanden ist. Ansonsten erfolgt eine Einlagerung über den Transfer-Platz ins Lager.

Über eine Kasse werden Shop-Artikel verkauft bzw. Kundenretouren erfasst.

Im Kleinteilebereich soll die Waage beim Verkaufsprozess verwendet werden. Sie wird im Rahmen der Kommissionierung verwendet, um ein sinnvoll und zufällig ermitteltes Gewicht zum Verkaufstresen zu transportieren.

Der Verkaufsprozess soll folgendermaßen ablaufen:

- Der Kassenbereich wird durch den Lagertyp SHOP_PACK abgebildet.
- Zu jedem Kunden ist ein Lagerplatz SHOP_<Kundenname> vorhanden.
- Kommissionierung
  - Umlagerung von ganzen HUs oder Teilbeständen zum Kundenplatz
  - Erstellung neuer Gebinde von Voll- oder Teilabgriff
  - Erniedrigung des Bestandes der Quell-HU
- Verkaufsprozess an der Kasse
  - Eingabe des Kunden
  - Selektion aller Bestände auf dem Kundenplatz in SHOP_PACK

– Erstellung einer Auslieferung auf Basis dieses Bestandes
– Verwendung der Rechnungserstellung aus obiger Übungsaufgabe
– Erhöhung Kassenbestandes lt. Rechnungsbetrag
– Ausbuchung aller Gebinde vom Kundenplatz

Die Kasse hat folgende Funktionen:

- Anmelden
- Abmelden
- Verkaufsprozess
- Kundenretoure
- Inventur.

Die Kasse lädt alle Artikel (inkl. Preise), die mit dem Shop-Kennzeichen versehen sind. Der aktuelle Geldbestand ist dauerhaft zu speichern.

Es gibt einen Schrottbereich im Shop zum Sammeln von zu verschrottender Waren. Diese werden dort direkt verschrottet.

Der SHOP-Bereich und die angesprochenen Prozesse sind durch eine Skizze zu visualisieren.

Ein Ablaufdiagramm ist nur im letzten Aufgabenteil gefordert.

Die Implementierungen sind durch geeignete Beispiele zu testen und zu dokumentieren.

5.5.1 Shop-Skizze

Aufgabenstellung
Man fertige eine Skizze der Shop-Struktur und der Prozesse an.

Skizze

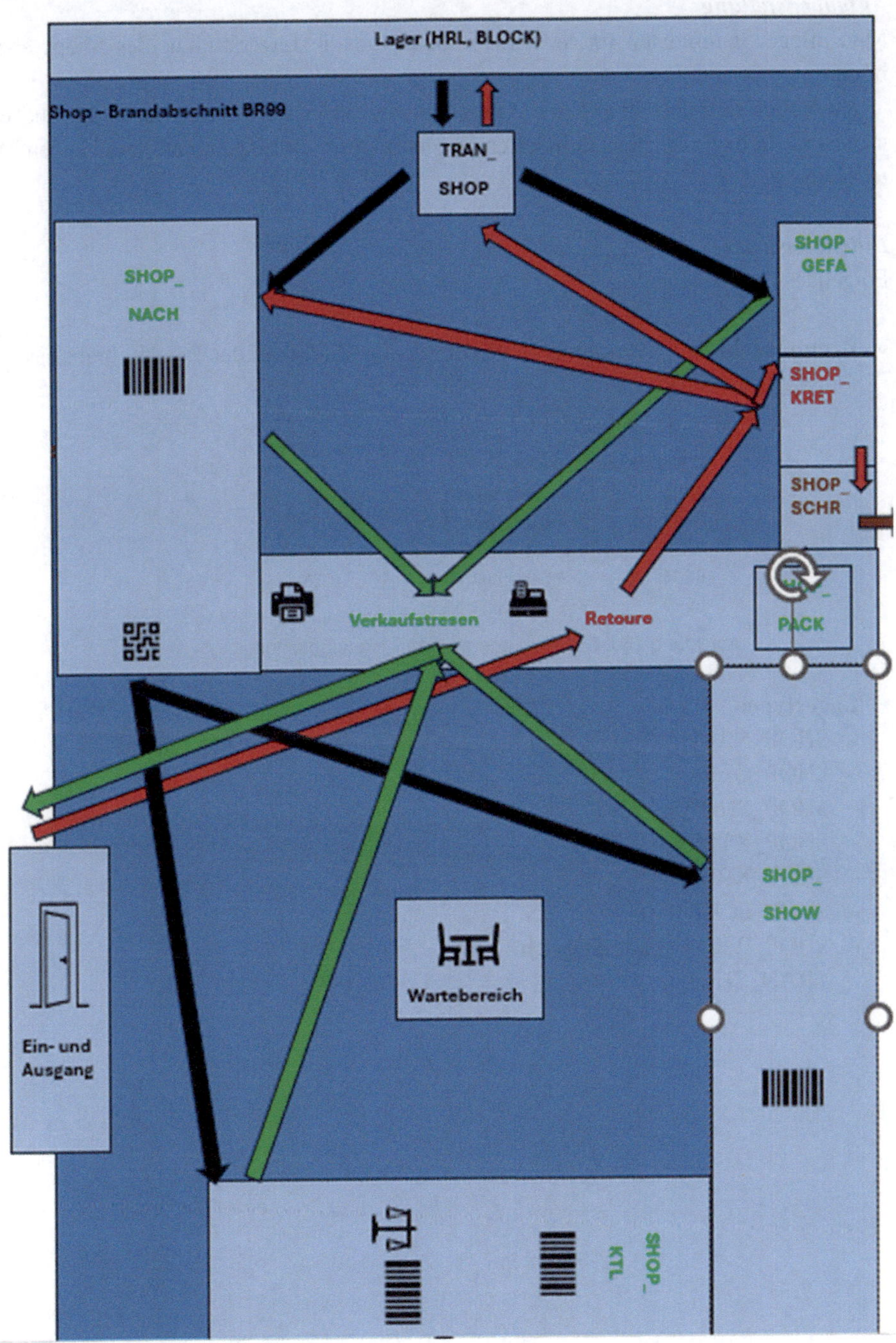

Abbildung 159: SHOP - Skizze

5.5.2   Abbildung der Lagerstruktur

Aufgabenstellung

Man pflege Stammdaten im SMILE-Prototyp, um die Lagerstruktur des Shops abzubilden.

Zusätzlich definiere man neue Materialien für den SHOP-Bereich und fülle die Bestandstabelle bzgl. der neue definierten Lagerstrukturen mit neuen und bestehenden Materialien.

Datenkonstrukt

Folgendes ist anzulegen:

- **Brandabschnitt** BR99 mittels Code BRAA oder direkt auf der Tabelle ‚brabs.csv'

	A	B	C	D
1	Brandabschni	Bezeichnung	AnzGefaHu	AktAnzGefaHu
2	BR01	Brandabschnitt 01	10	0
3	BR02	Brandabschnitt 02	20	0
4	BR03	Brandabschnitt 03	25	0
5	BR04	Brandabschnitt 04	26	0
6	BR99	Brandabschnitt Shop	10	0

Abbildung 160: SHOP - Lagerstruktur - Brandabschnitt

- **Lagertypen**
  - SHOP_NACH
  - SHOP_GEFA
  - SHOP_SHOW
  - SHOP_KTL
  - SHOP_KRET
  - SHOP_SCHR
  - SHOP_PACK ist nur physisch
  - TRAN_SHOP

	A	B	C	D	E
1	Lagernummer	Lagertyp	Bezeichnung	GefaPr	
2	SMILE001	WE	Wareneingang		
3	SMILE001	HRL	Hochregallage	X	
4	SMILE001	KUEHL	Kühllager	X	
5	SMILE001	BLOCK	Blocklager	X	
6	SMILE001	SCHROTT	Verschrottung		
7	SMILE001	WA	Warenausgang		
8	SMILE001	TRAN	Transfer-Lagertyp		
9	SMILE001	SAMM	Sammel-Lagertyp		
10	SMILE001	KONS	Konsolidierungs-Lagertyp		
11	SMILE001	SPERR	Sperr-Lagertyp		
12	SMILE001	SHOP_NACH	Shop Nachschubregal		
13	SMILE001	SHOP_GEFA	Shop Gefahrstoff-Schrank		
14	SMILE001	SHOP_KTL	Shop Kleinteilebereich		
15	SMILE001	SHOP_KRET	Shop Kundenretoure		
16	SMILE001	SHOP_SCHR	Shop Verschrottung		
17	SMILE001	SHOP_SHOW	Shop Showroom		
18	SMILE001	TRAN_SHOP	Shop Lagertransfer		

Abbildung 161: SHOP - Lagerstruktur - Lagertypen

- **Lagerplätze** direkt in der Lagerplatztabelle unter Beachtung der Konventionen und mit Zuordnung zu Brandabschnitt BR99
  - SHOP_NACH
    SHOPNACH01 bis SHOPNACH10
  - SHOP_GEFA
    SHOPGEFA01 bis SHOPGEFA10
  - SHOP_SHOW
    SHOPSHOW01 bis SHOPSHOW10
  - SHOP_KTL
    SHOPKTL001 bis SHOPKTL010
  - SHOP_KRET
    Platz SHOP_KRET
  - SHOP_SCHR
    Platz SHOP_SCHR
  - SHOP_PACK ist zunächst nur physisch, wird im Rahmen der Kommissionierung IT-technisch benötigt
  - TRAN_SHOP
    Platz TRAN_SHOP

SPERR	gesperrt Bestände	SPERR	NEIN	ungeprüft	unbegrenzt	0
SHOPNACH01	Shop - Nachschub 01	SHOP_NAC	NEIN	ungeprüft	5	BR99
SHOPNACH02	Shop - Nachschub 02	SHOP_NAC	NEIN	ungeprüft	5	BR99
SHOPNACH03	Shop - Nachschub 03	SHOP_NAC	NEIN	ungeprüft	5	BR99
SHOPNACH04	Shop - Nachschub 04	SHOP_NAC	NEIN	ungeprüft	5	BR99
SHOPNACH05	Shop - Nachschub 05	SHOP_NAC	NEIN	ungeprüft	5	BR99
SHOPNACH06	Shop - Nachschub 06	SHOP_NAC	NEIN	ungeprüft	5	BR99
SHOPNACH07	Shop - Nachschub 07	SHOP_NAC	NEIN	ungeprüft	5	BR99
SHOPNACH08	Shop - Nachschub 08	SHOP_NAC	NEIN	ungeprüft	5	BR99
SHOPNACH09	Shop - Nachschub 09	SHOP_NAC	NEIN	ungeprüft	5	BR99
SHOPNACH10	Shop - Nachschub 10	SHOP_NAC	NEIN	ungeprüft	5	BR99
SHOPKTL001	Shop - Kleinteilebereich - 001	SHOP_KTL	NEIN	ungeprüft	2	BR99
SHOPKTL002	Shop - Kleinteilebereich - 002	SHOP_KTL	NEIN	ungeprüft	2	BR99
SHOPKTL003	Shop - Kleinteilebereich - 003	SHOP_KTL	NEIN	ungeprüft	2	BR99
SHOPKTL004	Shop - Kleinteilebereich - 004	SHOP_KTL	NEIN	ungeprüft	2	BR99
SHOPKTL005	Shop - Kleinteilebereich - 005	SHOP_KTL	NEIN	ungeprüft	2	BR99
SHOPKTL006	Shop - Kleinteilebereich - 006	SHOP_KTL	NEIN	ungeprüft	2	BR99
SHOPKTL007	Shop - Kleinteilebereich - 007	SHOP_KTL	NEIN	ungeprüft	2	BR99
SHOPKTL008	Shop - Kleinteilebereich - 008	SHOP_KTL	NEIN	ungeprüft	2	BR99
SHOPKTL009	Shop - Kleinteilebereich - 009	SHOP_KTL	NEIN	ungeprüft	2	BR99
SHOPKTL010	Shop - Kleinteilebereich - 010	SHOP_KTL	NEIN	ungeprüft	2	BR99
SHOPSHOW01	Shop - Showroom - 01	SHOP_SHC	NEIN	ungeprüft	1	BR99
SHOPSHOW02	Shop - Showroom - 02	SHOP_SHC	NEIN	ungeprüft	1	BR99
SHOPSHOW03	Shop - Showroom - 03	SHOP_SHC	NEIN	ungeprüft	1	BR99
SHOPSHOW04	Shop - Showroom - 04	SHOP_SHC	NEIN	ungeprüft	1	BR99
SHOPSHOW05	Shop - Showroom - 05	SHOP_SHC	NEIN	ungeprüft	1	BR99
SHOPSHOW06	Shop - Showroom - 06	SHOP_SHC	NEIN	ungeprüft	1	BR99
SHOPSHOW07	Shop - Showroom - 07	SHOP_SHC	NEIN	ungeprüft	1	BR99
SHOPSHOW08	Shop - Showroom - 08	SHOP_SHC	NEIN	ungeprüft	1	BR99
SHOPSHOW09	Shop - Showroom - 09	SHOP_SHC	NEIN	ungeprüft	1	BR99
SHOPSHOW10	Shop - Showroom - 10	SHOP_SHC	NEIN	ungeprüft	1	BR99
SHOP_KRET	Shop - Kundenretoure	SHOP_KRE	NEIN	ungeprüft	unbegrenzt	BR99
SHOPGEFA01	Shop - Gefahrstoffschrank - 01	SHOP_GEF	NEIN	ungeprüft	1	BR99
SHOPGEFA02	Shop - Gefahrstoffschrank - 02	SHOP_GEF	NEIN	ungeprüft	1	BR99
SHOPGEFA03	Shop - Gefahrstoffschrank - 03	SHOP_GEF	NEIN	ungeprüft	1	BR99
SHOPGEFA04	Shop - Gefahrstoffschrank - 04	SHOP_GEF	NEIN	ungeprüft	1	BR99
SHOPGEFA05	Shop - Gefahrstoffschrank - 05	SHOP_GEF	NEIN	ungeprüft	1	BR99
SHOPGEFA06	Shop - Gefahrstoffschrank - 06	SHOP_GEF	NEIN	ungeprüft	1	BR99
SHOPGEFA07	Shop - Gefahrstoffschrank - 07	SHOP_GEF	NEIN	ungeprüft	1	BR99
SHOPGEFA08	Shop - Gefahrstoffschrank - 08	SHOP_GEF	NEIN	ungeprüft	1	BR99
SHOPGEFA09	Shop - Gefahrstoffschrank - 09	SHOP_GEF	NEIN	ungeprüft	1	BR99
SHOPGEFA10	Shop - Gefahrstoffschrank - 10	SHOP_GEF	NEIN	ungeprüft	1	BR99
SHOP_SCHR	Shop - Verschrottung	SHOP_SCH	NEIN	ungeprüft	unbegrenzt	BR99
SHOP_TRAN	Shop - Transfer vom und zum Lag	SHOP_TR/	NEIN	ungeprüft	unbegrenzt	BR99

Abbildung 162: SHOP - Lagerstruktur - Lagerplätze

- **Shop-Indikator für Shop-Materialien (später für Kasse interessant)**
  – **neue Materialstämme**

Labor	Split00	BME	Chargenpflicht	Kuehlpflicht	vonTemp	bisTemp	TempEinheit	Einlstrat	Einltyp	LHM	Gewicht	GewEinheit	Palette	PreisBME	Preiseinheit	Bezeichnung	Lagerklasse	Shop
LAB000	JA	ST	JA	JA	1	4	°C	LEERAB	KUHL	EPAL	0.1	KG	1000	12	Euro	SMILE DESGEL +		
LAB001	NEIN	ST	JA	NEIN			°C	LEERAUF	HRL	EPAL7	0.1	KG	100	5	Euro	SMILE Kantenband 5m		X
LAB002	JA	ST	JA	NEIN			°C	LEERAB	HRL	EPALG	350	KG	2	1001	Euro	SMILE TT-Tisch		X
LAB003	NEIN	M	JA	NEIN			°C	LEERAB	BLOCK	EPAL3	1	KG	30	75	Euro	SMILE TT-Schuh 1 Paar		X
LAB004	JA	L	JA	JA	-2	1	°C	LEERAUF	KUEHL	EPAL2	0.5	KG	10	25	Euro	SMILE DESGEL Pro		
LAB005	NEIN	ST	NEIN	NEIN			°C	LEERAUF	BLOCK	EPALC	7	KG	20	33	Euro	SMILE TT-Bande Paar		X
LAB006	NEIN	ST	JA	JA	-2	1	°C	LEERAUF	KUEHL	EPAL2	1	KG	10	1	Euro	SMILE Kleber LG1		
LAB007	NEIN	ST	JA	JA	-1	4	°C	LEERAUF	KUEHL	EPAL2	2	KG	20	2	Euro	SMILE Kleber LG2		
LAB008	NEIN	ST	JA	NEIN				LEERAB	BLOCK	EPAL3	3	KG	30	3	Euro	SMILE Desinf LG3		
LAB009	NEIN	ST	JA	NEIN				LEERAB	BLOCK	EPAL3	4	KG	40	4	Euro	SMILE Desinf LG4		
LAB099	NEIN	ST	NEIN	NEIN				LEERAB	BLOCK	EPAL	0.01	KG	1000	0.5	Euro	SMILE Ersatzteil Schraube		X
LAB099	NEIN	ST	NEIN	NEIN				LEERAB	BLOCK	EPAL	0.1	KG	1000	0.9	Euro	SMILE Ersatzteil Mutter		X
LAB099	NEIN	ST	NEIN	NEIN				LEERAB	BLOCK	EPAL	0.5	KG	100	10	Euro	SMILE Ersatzteil Netz		X
LAB099	NEIN	ST	JA	NEIN				LEERAB	HRL	EPAL	0.25	KG	250	15	Euro	SMILE Isopro LG7		X
LAB099	NEIN	ST	JA	NEIN				LEERAB	HRL	EPAL	0.26	KG	250	10	Euro	SMILE Isopro LG7		X
LAB099	NEIN	ST	JA	NEIN				LEERAB	HRL	EPAL	0.25	KG	500	5	Euro	SMILE Isodus LG8		X
LAB099	NEIN	ST	NEIN	NEIN				LEERAB	BLOCK	EPAL	375	KG	1	1000	Euro	SMILE TT Tisch CL		X
LAB099	NEIN	ST	NEIN	NEIN				LEERAB	BLOCK	EPAL	0.75	KG	100	100	Euro	SMILE Anzug blau		X
LAB099	NEIN	ST	NEIN	NEIN				LEERAB	BLOCK	EPAL	0.375	KG	50	333	Euro	SMILE Schläger Pro		X
LAB099	NEIN	ST	NEIN	NEIN				LEERAB	BLOCK	EPAL	3	KG	45	75	Euro	SMILE Tasche Pro		X

Abbildung 163: SHOP - Lagerstruktur - Materialstamm

– **Material wiederverwendbar**

Material	Labor	Split00	BME	Chargenpflich	Kuehlpflicht	vonTemp	bisTemp	TempEinheit	Einlstrat	Einltyp	LHM	Gewicht	GewEinheit	Palette	PreisBME	Preiseinheit	Bezeichnung	Lagerklasse	Shop
M000	LAB000	JA	ST	JA	JA	1	4	°C	LEERAB	KUHL	EPAL	0.1	KG	1000	12	Euro	SMILE DESGEL +		
M001	LAB001	NEIN	ST	JA	NEIN			°C	LEERAUF	HRL	EPAL7	0.1	KG	100	5	Euro	SMILE Kantenband 5m		X
M002	LAB002	JA	ST	JA	NEIN			°C	LEERAB	HRL	EPALG	350	KG	2	1001	Euro	SMILE TT-Tisch		X
M003	LAB003	NEIN	M	JA	NEIN			°C	LEERAB	BLOCK	EPAL3	1	KG	30	75	Euro	SMILE TT-Schuh 1 Paar		X
M004	LAB004	JA	L	JA	JA	-2	1	°C	LEERAUF	KUEHL	EPAL2	0.5	KG	10	25	Euro	SMILE DESGEL Pro		
M005	LAB005	NEIN	ST	NEIN	NEIN			°C	LEERAUF	BLOCK	EPALC	7	KG	20	33	Euro	SMILE TT-Bande Paar		X
M006	LAB006	NEIN	ST	JA	JA	-2	1	°C	LEERAUF	KUEHL	EPAL2	1	KG	10	1	Euro	SMILE Kleber Bio	LG1	
M007	LAB007	NEIN	ST	JA	JA	-1	4	°C	LEERAUF	KUEHL	EPAL2	2	KG	20	2	Euro	SMILE Kleber Bio Pro	LG2	
M008	LAB008	NEIN	ST	JA	NEIN				LEERAB	BLOCK	EPAL3	3	KG	30	3	Euro	SMILE Desinfekt	LG3	
M009	LAB009	NEIN	ST	JA	NEIN				LEERAB	BLOCK	EPAL3	4	KG	40	4	Euro	SMILE Desinfekt +	LG4	
M090	LAB099	NEIN	ST	NEIN	NEIN				LEERAB	BLOCK	EPAL	0.01	KG	1000	0.5	Euro	SMILE - Ersatzteil - Scheibe		X
M091	LAB099	NEIN	ST	NEIN	NEIN				LEERAB	BLOCK	EPAL	0.1	KG	1000	0.9	Euro	SMILE - Ersatzteil - Schraube		X
M092	LAB099	NEIN	ST	NEIN	NEIN				LEERAB	BLOCK	EPAL	0.5	KG	100	10	Euro	SMILE - Ersatzteil - Netz		X
M093	LAB099	NEIN	ST	JA	NEIN				LEERAB	HRL	EPAL	0.250	KG	250	15	Euro	SMILE - Isopropanol 70%	LG7	X
M094	LAB099	NEIN	ST	JA	NEIN				LEERAB	HRL	EPAL	0.250	KG	250	10	Euro	SMILE - Isopropanol 40%	LG7	X
M095	LAB099	NEIN	ST	JA	NEIN				LEERAB	HRL	EPAL	0.250	KG	500	5	Euro	SMILE - Isodust	LG8	X
M096	LAB099	NEIN	ST	NEIN	NEIN				LEERAB	BLOCK	EPAL	375	KG	1	1000	Euro	SMILE - TT-Tisch CL		X
M097	LAB099	NEIN	ST	NEIN	NEIN				LEERAB	BLOCK	EPAL	0.750	KG	100	100	Euro	SMILE - TT-Anzug blau		X
M098	LAB099	NEIN	ST	NEIN	NEIN				LEERAB	BLOCK	EPAL	0.5	KG	50	333	Euro	SMILE - TT-Schläger Pro		X
M099	LAB099	NEIN	ST	NEIN	NEIN				LEERAB	BLOCK	EPAL	3	KG	45	75	Euro	SMILE - TT-Tasche Pro		X

Abbildung 164: SHOP - Lagerstruktur - Beispielmaterialien

- **Chargenstämme**

	A	B	C	D	E	F
29	M002	dereeeee	12	03.03.2021	dereeeee12	
30	M002	CH002	01	9/14/22	CH00201	
31	M001	sd	00	4/27/23	sd	
32	M001	CHH	12	4/25/23	CHH12	
33	M002	SMILE	99	4/26/23	SMILE99	
34	M002	SMILE	98	4/18/23	SMILE98	
35	M002	SMILE	22	4/19/23	SMILE22	
36	M003	CH003	03	4/17/23	CH00303	
37	M002	SMILE	42	05.01.2023	SMILE42	
38	M000	CH000	01	4/25/23	CH00001	
39	M004	CH04	04	05.06.2023	CH0404	
40	M002	CH002	02	05.02.2023	CH00202	
41	M003	CH003	01	05.02.2023	CH00301	
42	M005	CH005	01	05.02.2023	CH00501	X
43	M009	CH009	09	01.01.2026	CH00909	
44	M007	CH007	07	01.01.2092	CH00707	
45	M093	CH093	00	01.01.2090	CH093	
46	M094	CH094	00	01.01.2090	CH094	
47	M095	CH095	00	01.01.2090	CH095	
48						
49						

Abbildung 165: SHOP - Lagerstruktur - Chargenstämme

- **Bestände für Tests**

HU903	Sven	HRL_01_01_03	L	M005	CH005	02	8 ST		HRL
10	Sven	SHOPNACH01	L	M093	CH093	00	10 ST		SHOP_NACH
11	Sven	SHOPNACH02	L	M090			20 ST		SHOP_NACH
12	Sven	SHOPNACH03	L	M005			30 ST		SHOP_NACH
13	Sven	SHOPKTL001	L	M090			40 ST		SHOP_KTL
14	Sven	SHOPKTL002	L	M091			50 ST		SHOP_KTL
15	Sven	SHOPKTL003	L	M092			60 ST		SHOP_KTL
16	Sven	SHOPSHOW01	L	M096			70 ST		SHOP_SHOW
17	Sven	SHOPSHOW02	L	M097			80 ST		SHOP_SHOW
18	Sven	SHOPSHOW03	L	M098			90 ST		SHOP_SHOW
19	Sven	SHOPGEFA01	L	M093	CH093	00	100 ST		SHOP_GEFA
20	Sven	SHOPGEFA02	L	M094	CH094	00	110 ST		SHOP_GEFA
21	Sven	SHOPGEFA03	L	M095	CH095	00	120 ST		SHOP_GEFA

Abbildung 166: SHOP - Lagerstruktur - Bestände

5.5.3 Auszeichnung Lagerplätze

Aufgabenstellung

Die Lagerplätze im Shop-Bereich, deren Benennung auf Strings der Länge 10 und Nutzung von Großbuchstaben A bis Z und Zahlen von 0 bis 9 beschränkt ist, können mit QR-Barcodes ausgestattet werden. Der Aufbau eines QR-Lagerplatz-Barcodes ist

,Lagernummer/Lagertyp/Lagerplatz/Kapazität/Brandabschnitt'.

Man implementiere die QR-Barcode-Erzeugung und ihren Test im SMILE-Prototyp durch zwei Funktionen.

Hinweise:

Die Erzeugung von Labels wurde bereits für HU in Version 1.0 der CLI-Version durchgeführt.

```python
#...Labeldruck
def SELmanuwelbl():
    if manuwe == "":
        tkinter.messagebox.showinfo(title="Info", message="Label kann noch nicht erzeugt werden. E
    if manuwe == "X":
        global qr
        toSelectmat = lvs.db.matstamm.select({'Material':matmanuwe.get()})
        for row in toSelectmat:
            if row['Chargenpflicht'] == 'JA':
                qr = 'SMILE' + '/' + str(gebmanuwe.get()) + '/' + str(matmanuwe.get()) + '/' + str(ch
            else:
                qr = 'SMILE' + '/' + str(gebmanuwe.get()) + '/' + str(matmanuwe.get()) + '/' + "" +
        img = qrcode.make(qr)
        global text
        text = str(gebmanuwe.get()) + '.png'
        img.save(text)
        tkinter.messagebox.showinfo(title="Info", message="Label erzeugt und in " + text + " gespe
        global manulbl
        manulbl ="X"
    if varmanuwel.get() == 1:
        img.show(text)
    return
```

Abbildung 167: SHOP - Lagerplatzauszeichnung - Hinweise

Für den Test eines QR-Lagerplatz-Barcodes kann das Scannen und Splitten aus der GUI-Version verwendet werden:

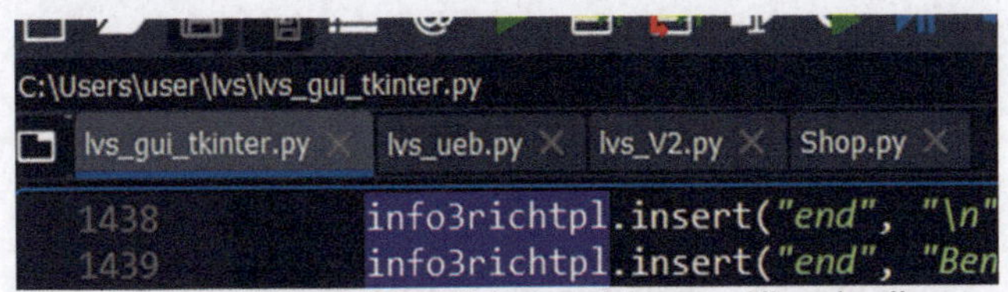

Abbildung 168: SHOP - Lagerplatzauszeichnung - Hinweise II

```python
        return

#....Gebinde-Scan
def SELrichtplscan():
#...Scan-Dialog mit Rückgabe Wert in scanfeld als globale Variable
    SCANqrcode()
#...Protokoll starten
    info3richtpl.delete(1.0, "end")
    gauge.set_value(0)
    flagtextpl.set("                                    ")
    aplatztextpl.set("                                   ")
    info3richtpl.insert("end", "Start Scan QRCODE \n")
    info3richtpl.insert("end", "\n")
#...Nichts tun, wenn scanfeld leer ist
    initial=len(scanfeld)
    if initial == 0:
        info3richtpl.insert("end", "kein QRCODE ermittelt \n")
        info3richtpl.insert("end", "Ende Scan QRCODE \n")
        return
#...Splitroutine
    info3richtpl.insert("end", "QRCODE gecannt: " + scanfeld + " \n")
    x=scanfeld.split("/")
    info3richtpl.insert("end", "QRCODE nach / gesplittet: " + str(x) + " \n")
#...Check-Routine
    fix = x[0]
    info3richtpl.insert("end", "Präfix: " + fix + "  \n")
    if fix != 'SMILE':
        info3richtpl.insert("end", "Präfix nicht 'SMILE' \n")
        info3richtpl.insert("end", "Ende Scan QRCODE \n")
        return
    geb = x[1]
    info3richtpl.insert("end", "Gebinde: " + geb + "  \n")
    if len(geb) == 0:
```

Abbildung 169: SHOP - Lagerplatzauszeichnung - Hinweise III

Lösung zur Erzeugung der Barcodes
Stammdatenkonzept

- ‚QRLP' als Code in ‚codes.csv' hinterlegen

33	KABA	Nachschub	INT
34	TRAN	Transportmate	INT
35	BRAR	Brandabschni	REPO
36	QRLP	QR-Barcode L	STAMM
37	QRLA	QR-Barcode S	STAMM
38			
39			

Abbildung 170: SHOP - Lagerplatzauszeichnung - Menücodes

Ablauf und Implementierungs-Konzept

- Mainloop in lvs_V2.py
  - Eingabe Lagerplatz
  - Datenbank speichern
  - Aufruf Unterprogramm in lvs_ueb.py zur Lagerplatzbarcode-Erzeugung
  - Datenbank initialisieren
  - zurück zum Mainloop
- Unterprogramm
  - Datenbank initialisieren
  - wenn Lagerplatz nicht existiert, dann Abbruch
  - wenn SHOP-Lagertyp, dann Prüfung auf 10 Stellen und Prüfung der einzelnen Buchstaben auf ‚A bis Z' und ‚0 bis 9'
  - Lagerplatzdaten selektieren
  - String zum Barcode in der Aufgabenstellung beschrieben konkatenieren
  - qrcode.make auf den Barcode-String anwenden
  - Dateiname = <Lagertyp>_<Lagerplatz>
  - QR-Code speichern
  - ggfs. QR-Code anzeigen
  - Datenbank sichern

Python-Implementierung in SMILE

- Mainloop in lvs_V2.py

```
1699
1700     #        QR-Code Lagerplatz inkl. Shop-Prüfung
1701     elif answer=='QRLP':
1702         db.sichern()
1703         print()
1704         platz = input('Bitte Lagerplatz eingeben: ')
1705         lvs_ueb.qrlp(platz,user)
1706         init()
1707         input('Bitte eine Taste drücken: ')
1708         print()
1709
```

Abbildung 171: SHOP - Lagerplatzauszeichnung - Code - Mainloop

- Unterprogramm ‚qrlp' in lvs_ueb.py

```
952   #------------------------------------------------
953   #Unterprogramm QR-Code zum Lagerplatz inkl. Shop-Prüfung
954   #------------------------------------------------
955   def qrlp(platz,user):
956   #   Überschrift und DB initialisieren
957       print()
958       print('QR-Code Lagerplatz')
959       print()
960       lvs.init()
961   #   Daten übernehmen
962       usern = str(user)
963       platzn = str(platz)
964
965   #   Selektion Platzdaten
966   #   wenn nichts gefunden, dann Abbruch
967       toSelectp = lvs.db.plaetze.select({'Platz':platzn})
968       if toSelectp == []:
969           print()
970           print('Abbruch: Lagerplatz nicht vorhanden!')
971           return 'NOKAY'
972
973   #   wenn SHOP-Lagertyp, dann Prüfung auf 10 Stellen, A bis Z und 0 bis 9
974       for rowp in toSelectp:
975           if 'SHOP' in rowp['Lagertyp']:
976               prfbuch = set('ABCDEFGHIJKLMNOPQRSTUVWXYZ')
977               prfzahl = set('0123456789')
978               if len(platzn) > 10:
979                   print()
980                   print('Abbruch: Lagerplatz ausserhalb der Shop-Konvention (Laenge oberhalb von 10)!')
981                   return 'NOKAY'
982               for c in platzn:
983                   test1 = c in prfbuch
984                   test2 = c in prfzahl
985                   if test1 == False and test2 == False:
986                       print()
987                       print('Abbruch: Lagerplatz ausserhalb der Shop-Konvention (Ziffern und Buchstaben)!'
988                       return 'NOKAY'
989
```

Abbildung 172: SHOP - Lagerplatzauszeichnung - Code - Unterprogramm ‚qrlp'

```python
 989
 990  #   String zum Barcode wie beschrieben
 991  #   ...Lagernummer/Lagertyp/Lagerplatz/Kapazität/Brandabschnitt
 992      qr = 'SMILE001'+'/'+rowp['Lagertyp']+'/'+rowp['Platz']+'/'+rowp['Kapazitaet']+'/'+rowp['Brandabschni
 993
 994  #   Qrcode.make verwenden
 995      img = qrcode.make(qr)
 996
 997  #   Dateinamen = lagernummer_lagertyp_lagerplatz
 998      text = 'SMILE001' + '_' + rowp['Lagertyp'] + '_' + rowp['Platz'] + '.png'
 999
1000  #   abspeichern
1001      img.save(text)
1002
1003  #   Barcode anzeige?
1004      frage = input('QR-Code anzeigen (JA/NEIN)? ')
1005      if frage == 'JA':
1006          img.show(text)
1007
1008  #   DB sichern
1009      input('Bitte eine Taste drücken: ')
1010      lvs.db.sichern()
1011
1012  #   zurück zum Hauptprogramm
1013      return 'OKAY'
1014  #
```

Abbildung 173: SHOP - Lagerplatzauszeichnung - Code - Unterprogramm ‚qrlp' II

Beispiel-Prozessablauf

Menücode QRLP auswählen

```
tourkopf saved to file
tourpos saved to file
tourstati saved to file
transportmatrix saved to file


Bitte Lagerplatz eingeben: SHOPNACH01

QR-Code Lagerplatz


QR-Code anzeigen (JA/NEIN)? JA

Bitte eine Taste drücken:
```

Abbildung 174: SHOP - Lagerplatzauszeichnung - Beispielprozess I

Abbildung 175: SHOP - Lagerplatzauszeichnung - Beispielprozess II

Abbildung 176: SHOP - Lagerplatzauszeichnung - Beispielprozess III

Lösung zur Anzeige der Barcodes
Stammdatenkonzept

- neuer Menücode ‚QRLA' in ‚codes.csv'

33	KABA	Nachschub	INT
34	TRAN	Transportmat	INT
35	BRAR	Brandabschni	REPO
36	QRLP	QR-Barcode L	STAMM
37	QRLA	QR-Barcode S	STAMM
38			
39			

Abbildung 177: SHOP - Lagerplatzanzeige - Menücodes

Ablauf und Implementierungskonzept
Mainloop

- Datenbank speichern
- Rufe bei Verwendung des Codes ‚QRLA' die Unterroutine ‚qrla' auf
- Datenbank initialisieren
- zurück zum Mainloop

Scanroutine in lvs_gui_tkinter.py

- Scan-Ergebnis retournieren

Modul lvs_gui_tkinter.py

- Variable __name__ mit Wert __main__ abfragen wegen Einbindung in lvs_V2.py
- Ansonsten würde beim Import das Python-Programm lvs_gui_tkinter.py ausgeführt werden. Man möchte aber nur Teile aus lvs_V2.py verwenden.

Unterprogramm ‚qrly' in lvs_ueb.py

- Datenbank initialisieren
- angepasste Scan-Routine aus lvs_gui_tkinter.py verwenden

- bei Abbruch oder leerem Inhalt ebenfalls Unterprogramm abbrechen
- nach Wert ‚/' splitten
- gesplittetes Wort muss Tupel der Länge 5 sein
- Inhalt des Lagernummer-Felds muss in smile.csv selektierbar sein
- Inhalt aus dem Lagertyp-Felds muss in lagertypen.csv vorhanden sein
- Inhalt zum Lagerplatz-Feld muss existieren (plaetze.csv) und mit Lagertyp zusammenpassen
- bei einem Shop-Lagerplatz ebenfalls Benennung prüfen (siehe oben bei Erzeugung Barcode)
- Inhalt zum Kapazitäts-Feld muss mit der Kapazität aus Lagerplatz-Daten übereinstimmen
- Inhalt zum Brandabschnitts-Feld muss mit dem aus den Lagerplatz-Daten übereinstimmen und in brabs.csv vorhanden sein
- Anzeige des gescannten Barcode-Inhalts und der einzelnen Feder nach dem Splitten
- Datenbank sichern
- zurück zum Mainloop

Python-Implementierung in SMILE

- Mainloop in lvs_V2.py

```
1709
1710      #        QR-Code Lagerplatz - Scan und Anzeige
1711           elif answer=='QRLA':
1712                db.sichern()
1713                print()
1714                lvs_ueb.qrla()
1715                init()
1716                input('Bitte eine Taste drücken: ')
1717                print()
1718
```

Abbildung 178: SHOP - Lagerplatzanzeige - Code - Menü

- Scan-Routine in lvs_gui_tkinter.py

```
3834
3835            #Falls erfolgreich bounding Box zeichnen und stoppen
3836            if len(data) > 0:
3837                n = bbox.shape[1]
3838                for j in range(n):
3839                    cv2.line(frame, tuple(bbox[0,j,:]), tuple(bbox[0,(j+1)%n,:]), (255,0,0), 3)
3840                detected = True
3841                #Das muss dann entsprechend weiterverarbeitet werden
3842                #Vorerst ins Terminal damit und auf das Bild
3843                cv2.putText(frame,data,(80,80), cv2.FONT_HERSHEY_SIMPLEX, 1,(255,255,255),2,cv2.LINE_AA)
3844                cv2.imshow('Scanning...',frame)
3845                #Den Frame mit dem Code ein bisschen zeigen (4s)
3846                k = cv2.waitKey(4000)
3847                global scanfeld
3848                scanfeld = data
3849            else:
3850                cv2.imshow('Scanning...',frame)
3851                k = cv2.waitKey(10)
3852
3853            if k == ord('q'):
3854                scanfeld = ''
3855                break
3856
3857        #opencv braucht ein bisschen Hilfe beim zumachen
3858        camera.release()
3859        cv2.destroyAllWindows()
3860        return scanfeld
3861    #....Ende Scanroutine
```

Abbildung 179: SHOP - Lagerplatzanzeige - Code - Scanroutine

- Mainprogramm lvs_gui_tkinter.py

```
7923
7924    #.........................Hauptprogram........................................
7925    if __name__ == '__main__':
7926        global db
7927        lvs.init()
7928        db = lvs.Datenbank()
7929        root = Tk()
7930        menu = Menu(root)
7931        root.config(menu=menu)
7932
7933        wemenu = Menu(menu)
```

Abbildung 180: SHOP - Lagerplatzanzeige - Code - GUI-Modul

* Unterprogramm ‚qrla' in lvs_ueb.py

```
1072    #-------------------------------------------------------------
1073    #Unterprogramm QR-Code zum Lagerplatz inkl. Shop-Prüfung
1074    #-------------------------------------------------------------
1075    def qrla():
1076    #   Überschrift und DB initialisieren
1077        print()
1078        print('QR-Code Lagerplatz')
1079        print()
1080        lvs.init()
1081
1082    #   angepasster Scan aus GUI-Version verwenden
1083    #   Scan-Ergebnis wurde retourniert
1084        scanfield = gui.SCANqrcode()
1085
1086    #   Abbruch prüfen
1087        if scanfield == 'Abbruch':
1088            print()
1089            print('Aktion abgebrochen')
1090            return 'Abbruch'
1091
1092    #   Splitten nach /
1093        x = scanfield.split("/")
1094
1095    #   Länge prüfen
1096        if len(x) != 5:
1097            print()
1098            print('Abbruch: Lagerplatz-Barcode besitzt keine 5 Datenblöcke! ',x)
1099            return 'NOKAY'
1100
```

Abbildung 181: SHOP - Lagerplatzanzeige - Code - Unterprogramm ‚qrla'

```
1101    #   einzelene Felder prüfen
1102    #   Lagernummer auf Existenz
1103        lgn = str(x[0])
1104        toSelectln = lvs.db.smile.select({'Lagernummer':lgn})
1105        if toSelectln == []:
1106            print()
1107            print('Abbruch: Lagernummer nicht vorhanden! ',lgn)
1108            return 'NOKAY'
1109
1110    #   Lagertyp auf Existenz
1111        lgt = str(x[1])
1112        toSelectlt = lvs.db.lagertyp.select({'Lagernummer':lgn,'Lagertyp':lgt})
1113        if toSelectlt == []:
1114            print()
1115            print('Abbruch: Lagertyp nicht vorhanden! ',lgn+' '+lgt)
1116            return 'NOKAY'
1117
1118    #   Lagerplatz
1119    #   ...Existenz
1120        lgp = str(x[2])
1121        toSelectlp = lvs.db.plaetze.select({'Platz':lgp})
1122        if toSelectlp == []:
1123            print()
1124            print('Abbruch: Lagerplatz nicht vorhanden! ',lgn+' '+lgt+' '+lgp)
1125            return 'NOKAY'
1126    #   ...Lagertyp passt
1127        for rowp in toSelectlp:
1128            if rowp['Lagertyp'] != lgt:
1129                print()
1130                print('Abbruch: Lagertyp aus QR-Code und Lagerplatz nicht identisch! ',lgt+' ungleich '+rowp
1131                return 'NOKAY'
1132
```

Abbildung 182: SHOP - Lagerplatzanzeige - Code - Unterprogramm ‚qrla' II

```python
133     #    ...Shop-Prüfung
134          if 'SHOP' in rowp['Lagertyp']:
135              prfbuch = set('ABCDEFGHIJKLMNOPQRSTUVWXYZ')
136              prfzahl = set('0123456789')
137              if len(lgp) > 10:
138                  print()
139                  print('Abbruch: Lagerplatz ausserhalb der Shop-Konvention (Laenge oberhalb von 10)!')
140                  return 'NOKAY'
141              for c in lgp:
142                  test1 = c in prfbuch
143                  test2 = c in prfzahl
144                  if test1 == False and test2 == False:
145                      print()
146                      print('Abbruch: Lagerplatz ausserhalb der Shop-Konvention (Ziffern und Buchstaben)!'
147                      return 'NOKAY'
148
149     #    Kapazität passt mit der aus Platz
150          kapa = str(x[3])
151          if kapa != rowp['Kapazitaet']:
152              print()
153              print('Abbruch: Kapazitaet inkonsistent (Scan versus Lagerplatz)! ',kapa+' '+rowp['Kapazitae
154              return 'NOKAY'
155
156     #    Brandabschnitt
157     #    ...passt mit dem aus Platz zusammen
158          brabs = str(x[4])
159          if brabs != rowp['Brandabschnitt']:
160              print()
161              print('Abbruch: Brandabschnitt inkonsistent (Scan versus Lagerplatz)! ',brabs+' '+rowp['Bran
162              return 'NOKAY'
163     #    ...Existenz
164          toSelectbr = lvs.db.brabs.select({'Brandabschnitt':brabs})
165          if toSelectbr == []:
166              print()
167              print('Abbruch: Brandabschnitt nicht vorhanden! ',brabs)
168              return 'NOKAY'
```

Abbildung 183: SHOP - Lagerplatzanzeige - Code - Unterprogramm ‚qrla' III

```python
1169
1170    #    Anzeige des Barcode-Inhaltes
1171    #    ...komplett
1172         print()
1173         print('gescannter Barcode-Inhalt: ',x)
1174    #    ...Felder
1175         print()
1176         print('Lagernummer: ',lgn)
1177         print('Lagertyp: ',lgt)
1178         print('Lagerplatz: ',lgp)
1179         print('Kapazitaet: ',str(x[3]))
1180         print('Brandabschnitt: ',str(x[4]))
1181    #    DB sichern
1182         input('Bitte eine Taste drücken: ')
1183         lvs.db.sichern()
1184
1185    #    zurück zum Hauptprogramm
1186         return 'OKAY'
1187    #-------------------------------------------------
1188
```

Abbildung 184: SHOP - Lagerplatzanzeige - Code - Unterprogramm ‚qrla' IV

Beispiel-Prozessablauf

- Aufruf Code ‚QRLA' in lvs_V2.py
- Scannen des oben erzeugten Barcode (vorher Speichern auf Handy oder Ausdruck)
- Inhalt wird angezeigt

```
tourpos saved to file
tourstati saved to file
transportmatrix saved to file


QR-Code Lagerplatz


gescannter Barcode-Inhalt:  ['SMILE001', 'SHOP_NACH', 'SHOPNACH01', '5', 'BR99']

Lagernummer:  SMILE001
Lagertyp:  SHOP_NACH
Lagerplatz:  SHOPNACH01
Kapazitaet:  5
Brandabschnitt:  BR99

Bitte eine Taste drücken:
```

Abbildung 185: SHOP - Lagerplatzanzeige - Beispielprozess I

Lagerplatz-Anlage im SHOP

Die Anlage der Lagerplätze wird ohne Transaktion unter Berücksichtigung der Konventionen direkt in der Tabelle plaetze.csv durchgeführt.

5.5.4   Lagerplätze & Mathematik

Aufgabenstellung

Ein Mitarbeiter möchte die Lagerplätze im Shop durch genau eine Zahl codieren. Zu diesem Zweck hat er sich folgenden Algorithmus überlegt:

- Jeder Großbuchstabe wird durch eine Zahl ersetzt.
    - $A \rightarrow 0$, $B \rightarrow 1$ usw.
- Jede Zahl verbleibt als Zahl.
    - $0 \rightarrow 0$, $1 \rightarrow 1$ usw.
- Anschließend werden die Zweierpotenzen der erhaltenen Zahlen gebildet und aufsummiert.
- Das Ergebnis soll den Lagerplatz abbilden.
- Tauchen andere Zeichen in der Lagerplatzbezeichnung auf, bricht die Berechnung mit einem Fehler ab.

Welche Zahl ergibt sich für die Lagerplätze ‚ABCD' und ‚AEBD'?

Kann die Benennung eines Lagerplatzes aus der mit obigem Algorithmus berechneten Zahl rekonstruiert werden?

Man schreibe zu diesem Zweck ein Testprogramm, bei dem nur Buchstaben als Lagerplatzbezeichner verwendet werden (Hinweis: string.index() ist nützlich!).

Welche Beziehung besteht zur Wareneingangskontrolle, innerhalb derer Binärzahlen eingesetzt werden?

Lösungshinweise
Welche Zahl ergibt sich für jeweils für die Lagerplätze ABCD und AEBD?

Der Algorithmus sein mit f bezeichnet. Es gelten:

- $f(ABCD) = 2^0 + 2^1 + 2^2 + 2^3 = 1 + 2 + 4 + 8 = 15$ und
- $f(AEBD) = 2^0 + 2^4 + 2^2 + 2^3 = 1 + 16 + 4 + 8 = 29$.

Kann die Benennung eines Lagerplatzes aus der Zahl rekonstruiert werden?

- Nein, denn bspw. führen der Lagerplatz ‚ABCD' und alle 4!-1 weiterer Permutationen dieses Wortes zum gleichen Wert unter f.
- Man kann aus der Eindeutigkeit der Binärdarstellung die Exponenten und damit die Menge der Buchstaben des Wortes ermitteln, falls alle Buchstaben des Wortes verschieden sind. Die Reihenfolge ist nicht rekonstruierbar.
- ‚AAAA' und ‚C' haben ebenfalls denselben f-Wert.

Man schreibe ein Testprogramm

Konzept

- Python-Programm ‚lagerplatz.py' (auf Springer-Link kostenfrei downloadbar)
- Eingabe Lagerplatz
- Prüfung, daß nur ‚A bis Z' bei Zeichen vorkommen
- Umwandlung als Unterprogramm, die alle Buchstaben entgegennimmt (for-Schleife im Hauptprogramm)
    - $A \rightarrow 0$ bis ... $Z \rightarrow 25$
    - über den Python-Befehl ‚string.index' den Index im String ‚ABCDEF....Z' suchen
    - Zweierpotenz zum Index bestimmen und retournieren
- in Schleife die Zweierpotenzen aufsummieren
- Ausgabe der Zahl

Implementierung

```python
# -*- coding: utf-8 -*-
"""
Created on Sat Oct 12 17:05:04 2024

@author: Sven.Wirsing
"""
def umwandlung(z):
    string = 'ABCDEFGHIJKLMNOPQRSTUVWXYZ'
    i = string.index(z)
    return 2**i


if __name__ == '__main__':
    lgpla = input('Lagerplatz: ')
    lgplaset = set('ABCDEFGHIJKLMNOPQRSTUVWXYZ')
    summe = 0
    for z in lgpla:
        test = z in lgplaset
        if test == False:
            print('Lagerplatzbezeichnung fehlerhaft')
            break
        summe = summe + int(umwandlung(z))
    print('Ergebnis der Umwandlung: ', summe)
```

Abbildung 186: SHOP - Lagerplatz & Mathematik - Beispielprogramm lagerplatz.py

Beispielanwendungen

```
Python 3.8.3 (default, Jul  2 2020, 17:30:36) [MSC v.1916 64 bit (AMD64)]
Type "copyright", "credits" or "license" for more information.

IPython 7.16.1 -- An enhanced Interactive Python.

In [1]: runfile('C:/Users/user/lvs/Lagerplatz.py', wdir='C:/Users/user/lvs')

Lagerplatz: A
Ergebnis der Umwandlung:  1

In [2]: runfile('C:/Users/user/lvs/Lagerplatz.py', wdir='C:/Users/user/lvs')

Lagerplatz: AA
Ergebnis der Umwandlung:  2

In [3]: runfile('C:/Users/user/lvs/Lagerplatz.py', wdir='C:/Users/user/lvs')

Lagerplatz: ABCD
Ergebnis der Umwandlung:  15

In [4]: runfile('C:/Users/user/lvs/Lagerplatz.py', wdir='C:/Users/user/lvs')

Lagerplatz: ACDB
Ergebnis der Umwandlung:  15
```

Abbildung 187: SHOP - Lagerplatz & Mathematik - Beispielanwendung

Welche Beziehungen bzw. Unterschiede bestehen zur Wareneingangskontrolle, innerhalb derer Binärzahlen eingesetzt werden?

- Über die Exponenten der Binärzerlegungen werden die Fehlernummern ermittelt. Die Reihenfolge der Fehlernummern ist unerheblich.
- Jeder Fehlercode ist höchstens einmal pro Palette vorhanden.

5.5.5 Auszeichnung Nachschub

Aufgabenstellung

Um den adhoc-Nachschub zu optimieren, soll es Barcodes geben. Sie sind folgendermaßen aufgebaut:

‚Lagerplatz/Materialnummer‘.

Barcodes sollen erzeugt und durch Anscannen getestet werden können.

Stammdaten

- neue Menü-Codes ‚QRNE' und ‚QRNA' in codes.csv

36	QRLP	QR-Barcode L STAMM
37	QRLA	QR-Barcode S STAMM
38	QRNE	QR-Barcode N STAMM
39	QRNA	QR-Barcode S STAMM
40		

Abbildung 188: SHOP - Nachschubcodeerzeugung - Menücode

Code QRNE in Mainloop in lvs_V2.py: Konzept = Implementierung

```
1718
1719    #        QR-Code Nachschub - erzeugen
1720        elif answer=='QRNE':
1721            db.sichern()
1722            print()
1723            lvs_ueb.qrne(user)
1724            init()
1725            input('Bitte eine Taste drücken: ')
1726            print()
1727
```

Abbildung 189: SHOP - Nachschubcodeerzeugung – Code - Mainloop

Unterprogramm ‚qrne' in lvs_ueb.py

Analog zur Erzeugung von Barcodes für Lagerplätze:

- Datenbank speichern
- Lagerplatz und Material eingeben
- wenn Kombination nicht in nachschub.csv vorhanden ist, dann Abbruch
- String zum Barcode wie oben beschrieben mittels ‚/' konkatenieren
- qrcode.make zum konkateniertem String verwenden
- Dateinamen = <Material>_<Lagerplatz>
- Abspeichern des Barcodes
- ggfs. Barcode anzeigen
- Datenbank speichern

Python-Code zum Unterprogramm ‚qrne' in lvs_ueb.py:

```python
1192    #---------------------------------------------------------------
1193    #Unterprogramm QR-Code zum Nachschub
1194    #---------------------------------------------------------------
1195    def qrne(user):
1196    #   Überschrift und DB initialisieren
1197        print()
1198        print('QR-Code Nachschub')
1199        print()
1200        lvs.init()
1201    #   Daten übernehmen
1202        usern = str(user)
1203
1204    #   Platz und Material eingeben
1205        platz = input('Lagerplatz: ')
1206        material = input('Material: ')
1207
1208    #   Selektion Nachschubdaten
1209    #   wenn nichts gefunden, dann Abbruch
1210        toSelectn = lvs.db.nachschub.select({'Platz':platz,'Material':material})
1211        if toSelectn == []:
1212            print()
1213            print('Abbruch: Keine Nachschubdaten vorhanden!')
1214            return 'NOKAY'
1215
1216
1217    #   String zum Barcode wie beschrieben
1218    #   ...Lagernummer/Lagertyp/Lagerplatz/Kapazität/Brandabschnitt
1219        qr = platz+'/'+material
1220
1221    #   Qrcode.make verwenden
1222        img = qrcode.make(qr)
```

Abbildung 190: SHOP - Nachschubcodeerzeugung - Code - Erzeugung QR-Code

```
1207
1208    #    Selektion Nachschubdaten
1209    #    wenn nichts gefunden, dann Abbruch
1210    toSelectn = lvs.db.nachschub.select({'Platz':platz,'Material':material})
1211    if toSelectn == []:
1212        print()
1213        print('Abbruch: Keine Nachschubdaten vorhanden!')
1214        return 'NOKAY'
1215
1216
1217    #    String zum Barcode wie beschrieben
1218    #    ...Lagernummer/Lagertyp/Lagerplatz/Kapazität/Brandabschnitt
1219    qr = platz+'/'+material
1220
1221    #    Qrcode.make verwenden
1222    img = qrcode.make(qr)
1223
1224    #    Dateinamen = lagernummer_lagertyp_lagerplatz
1225    text = platz + '_' + material + '.png'
1226
1227    #    abspeichern
1228    img.save(text)
1229
1230    #    Barcode anzeige?
1231    frage = input('QR-Code anzeigen (JA/NEIN)? ')
1232    if frage == 'JA':
1233        img.show(text)
1234
1235    #    DB sichern
1236    input('Bitte eine Taste drücken: ')
1237    lvs.db.sichern()
1238
1239    #    zurück zum Hauptprogramm
1240    return 'OKAY'
1241    #--------------------------------------------------------
```

Abbildung 191: SHOP - Nachschubcodeerzeugung - Code - Erzeugung QR-Code II

Menü-Code ‚QRNA' in Mainloop in lvs_V2.py: Konzept = Implementierung

```
    #        QR-Code Nachschub - Scan
    elif answer=='QRNA':
        db.sichern()
        print()
        lvs_ueb.qrna(user)
        init()
        input('Bitte eine Taste drücken: ')
        print()
```

Abbildung 192: SHOP - Nachschubcodeerzeugung - Code - Anzeige
QR-Code - Mainloop

Unterprogramm ‚qrna' in lvs_ueb.py: Konzept

- Datenbank speichern
- Verwendung angepasster Scan-Routine aus lvs_gui_tkinter.py

- falls Scan-Abbruch, dann ebenfalls Abbruch in Unterroutine
- Abbruch, falls Scan-String leer ist
- Splitten nach ‚/'
- Split-Tupel muss Länge 2 besitzen
- einzelne Felder des Split-Paars prüfen
- Inhalt Feld 1 = Material: existiert in Stammdaten
- Inhalt Feld 2 = Lagerplatz: existiert in Stammdaten
- Lagerplatz ggfs. oben beschriebene Shop-Prüfung unterziehen
- Kombination aus Lagerplatz/Material muss in nachschub.csv vorhanden sein
- Anzeige des Barcodes – Scan-String und Komponenten des Paares
- Retournieren von Material und Lagerplatz (wird später für Nachschub-Routine ver-
  wendet)

Coding zum Scannen des Barcodes: Unterroutine qrna in lvs_ueb.py.

```
1243    #--------------------------------------------------------------
1244    #Unterprogramm QR-Code-Scan zum Nachschub inkl. Shop-Prüfung
1245    #--------------------------------------------------------------
1246    def qrna(user):
1247    #   Überschrift und DB initialisieren
1248        print()
1249        print('QR-Code Lagerplatz Scan')
1250        print()
1251        lvs.init()
1252
1253    #   angepasster Scan aus GUI-Version verwenden
1254    #   Scan-Ergebnis wurde retourniert
1255        scanfield = gui.SCANqrcode()
1256
1257    #   Abbruch prüfen
1258        if scanfield == 'Abbruch':
1259            print()
1260            print('Aktion abgebrochen')
1261            return 'Abbruch'
1262
1263    #   Splitten nach /
1264        x = scanfield.split("/")
1265
1266    #   Länge prüfen
1267        if len(x) != 2:
1268            print()
1269            print('Abbruch: Nachschub-Barcode besitzt keine 2 Datenblöcke! ',x)
1270            return 'NOKAY'
1271
1272    #   einzelene Felder prüfen
1273    #   Material
1274    #   ...Existenz
1275        mat = str(x[1])
1276        toSelectm = lvs.db.matstamm.select({'Material'.mat})
1277        if toSelectm == []:
1278            print()
1279            print('Abbruch: Material unekannt! ',mat)
1280            return 'NOKAY'
1281
```

Abbildung 193: SHOP - Nachschubcodeerzeugung - Code - Anzeige QR-Code - Unterprogramm

```
1282    #    Lagerplatz
1283    #    ...Existenz
1284    lgp = str(x[0])
1285    toSelectlp = lvs.db.plaetze.select({'Platz':lgp})
1286    if toSelectlp == []:
1287        print()
1288        print('Abbruch: Lagerplatz nicht vorhanden! ',lgp)
1289        return 'NOKAY'
1290    #    ...Material und Lagerplatz in Nachschub
1291    toSelectln = lvs.db.nachschub.select({'Platz':lgp,'Material':mat})
1292    if toSelectln == []:
1293        print()
1294        print('Abbruch: keine Nachschbdaten vorhanden! ',lgp+' '+mat)
1295        return 'NOKAY'
1296
1297    #    ...Shop-Prüfung
1298    for rowp in toSelectlp:
1299        if 'SHOP' in rowp['Lagertyp']:
1300            prfbuch = set('ABCDEFGHIJKLMNOPQRSTUVWXYZ')
1301            prfzahl = set('0123456789')
1302            if len(lgp) > 10:
1303                print()
1304                print('Abbruch: Lagerplatz ausserhalb der Shop-Konvention (Laenge oberhalb von 10)!')
1305                return 'NOKAY'
1306            for c in lgp:
1307                test1 = c in prfbuch
1308                test2 = c in prfzahl
1309                if test1 == False and test2 == False:
1310                    print()
1311                    print('Abbruch: Lagerplatz ausserhalb der Shop-Konvention (Ziffern und Buchstaben)!'
1312                    return 'NOKAY'
1313
```

Abbildung 194: SHOP - Nachschubcodeerzeugung - Code - Anzeige QR-Code - Unterprogramm II

```
1313
1314    #    Anzeige des Barcode-Inhaltes
1315    #    ...komplett
1316    print()
1317    print('gescannter Barcode-Inhalt: ',x)
1318    #    ...Felder
1319    print()
1320    print('Material: ',mat)
1321    print('Lagerplatz: ',lgp)
1322    #    DB sichern
1323    input('Bitte eine Taste drücken: ')
1324    lvs.db.sichern()
1325
1326    #    zurück zum Hauptprogramm
1327    return 'OKAY', lgp, mat
1328    #------------------------------------------------------
```

Abbildung 195: SHOP - Nachschubcodeerzeugung - Code - Anzeige QR-Code - Unterprogramm III

Nachschubtests für Barcodes: Erzeugung

- Stammdaten für Nachschub pflegen

	A	B	C	D	E	F	G
1	Lagernummer	Material	Platz	NLagertyp	NStrategie	NGesperrt	
2	SMILE01	M005	BLOCK	HRL	KLEINMENGE	NEIN	
3							
4							
5							
6							

Abbildung 196: SHOP - Nachschubcodeerzeugung - Beispieldaten

- Code ‚QRNE' anwenden
- Lagerplatz und Material eingeben
- Anzeige mit ‚JA' beantworten

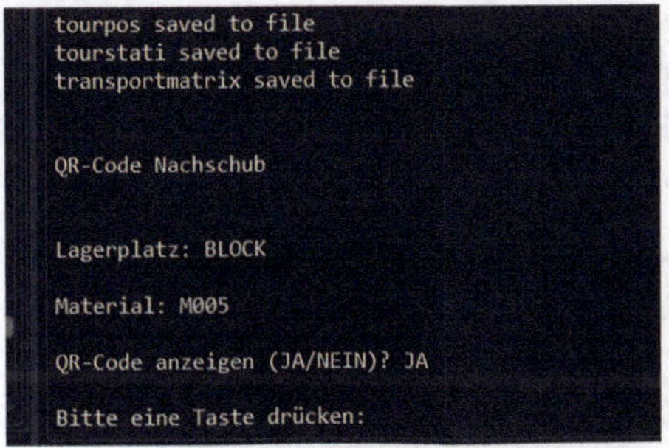

Abbildung 197: SHOP - Nachschubcodeerzeugung - Beispielprozess I

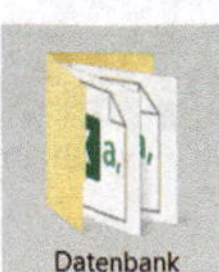

Abbildung 198: SHOP - Nachschubcodeerzeugung - Beispielprozess II

Abbildung 199: SHOP - Nachschubcodeerzeugung - Beispielprozess III

Nachschubtests: Scannen eines Nachschub-QR-Codes

- Code ‚QRNA' verwenden
- Scannen des obigen Barcodes über die Kamera des Laptops (vorher auf Handy speichern oder ausdrucken)
- gescannte Inhalte werden geprüft und angezeigt

```
tourkopf saved to file
tourpos saved to file
tourstati saved to file
transportmatrix saved to file


QR-Code Lagerplatz Scan


gescannter Barcode-Inhalt:  ['BLOCK', 'M005']

Material:  M005
Lagerplatz:  BLOCK

Bitte eine Taste drücken:
```

Abbildung 200: SHOP - Nachschubcodeerzeugung - Beispielprozess IV

5.5.6 Auswertung Brandabschnitte

Aufgabenstellung

Der Shop ist ein eigener Brandabschnitt. Es werden auch Gefahrstoffe verkauft. Eine Auswertung zu Brandabschnitten soll anzeigen, welche Artikel in welcher Menge in einem beliebigen Brandabschnitt liegen und welche davon Gefahrstoffe sind. Die Anzahl an Gefahrstoff-HUs ist im Rahmen dieser Auswertung zum eingegebenem Brandabschnitt zu ermitteln und in der Datenbank zum Brandabschnitt abzulegen.

Man implementiere die Auswertung der Brandabschnitte und teste sie.

Datenkonstrukt

- Code ‚BRAR' hinzufügen im Bereich Reporting (=Auswertung)

29	KOMB	Bestand zur Kundenretoure entsperren	WL
30	GUDR	Gutschriftdruck zur Kundenretoure	WE
31	BRAA	Brandabschnitte anlegen	STAMM
32	BRAS	Brandabschnitte anzeigen	STAMM
33	KABA	Nachschub	INT
34	TRAN	Transportmatrix zweier Lagerplätze	INT
35	BRAR	Brandabschnitt auswerten	REPO
36			
37			

Abbildung 201: SHOP - Brandabschnitte auswerten - Menücode

Implementierungs-Konzept

- Mainloop in lvs_V2.py
  - Datenbank speichern
  - Eingabe Brandabschnitt
  - Aufruf Unterprogramm ‚brar'
  - Datenbank initialisieren
  - zurück zum Mainloop
- Unterroutine ‚brar' in lvs_ueb.py
  - Datenbank initialisieren
  - Prüfung Existenz in und Zulesen Daten aus brabs.csv, sonst Abbruch
  - Selektion aller Lagerplätze zum Brandabschnitt in plaetze.csv
  - Loop über die selektierten Lagerplätze
      Selektion Bestände zum Platz über gebinde.csv
      Loop über Bestände
          Selektion der zugehörigen Materialdaten in matstamm.csv
          Prüfung, ob Material ein Gefahrstoff ist (über Lagerklasse)
          Gefahrstoff-HU-Zähler für Brandabschnitt ggfs. um 1 erhöhen
          Liste mit Platz, Material, Lagerklasse, Anzahl in BME aufbauen
          Prüfe, ob Lagerklasse im Lagertyp des Platzes erlaubt ist (gefaltyp.csv)
          Ggfs. darauf hinweisen, dass manuell Umlagerung initiiert werden muss
          Ausgabe sinnvoller Daten
  - Modify der Anzahl an Gefahrstoff-HUs in brabs.csv
  - Prüfe Zähler gegen Maximalzahl und gebe Hinweis aus

Coding in Mainloop in lvs_V2.py:

```python
1689
1690    #         Brandabschnitt auswerten und prüfen
1691          elif answer=='BRAR':
1692              db.sichern()
1693              print()
1694              brabs = input('Bitte Brandabschnitt eingeben: ')
1695              lvs_ueb.brar(brabs,user)
1696              init()
1697              input('Bitte eine Taste drücken: ')
1698              print()
```

Abbildung 202: SHOP - Brandabschnitte auswerten - Code - Mainloop

Unterroutine ‚brar' in lvs_ueb.py:

```python
860    #-----------------------------------------------------------
861    #Unterprogramm Brandabschnitt auswerten und prüfen
862    #-----------------------------------------------------------
863    def brar(brabs,user):
864    #      Überschrift und DB initialisieren
865        print()
866        print('Brandabschnitt auswerten und prüfen')
867        print()
868        lvs.init()
869    #      Daten übernehmen
870        usern = str(user)
871        brabsn = str(brabs)
872
873    #      Prüfung Existenz Brandabschnitt und Zulesen seiner Daten
874    #      .. Brandabschnitt   Bezeichnung AnzGefaHu    AktAnzGefaHu
875
876        toSelectb = lvs.db.brabs.select({'Brandabschnitt':brabsn})
877        if toSelectb == []:
878            print()
879            print('Abbruch: Brandabschnitt nicht vorhanden!')
880            return 'NOKAY'
881        print()
882        print('Auswertung für Brandabschnitt ',brabsn)
883        print()
884
885    #      Selektion aller Plätze zum Brandabschnitt
886        toSelectp = lvs.db.plaetze.select({'Brandabschnitt':brabsn})
887        if toSelectp == []:
888            print()
889            print('Abbruch: Brandabschnitt sind keine Lagerplätze zugeordnet!')
890            return 'NOKAY'
```

Abbildung 203: SHOP - Brandabschnitte auswerten - Code - Unterprogramm ‚brabs'

```
891
892  #    Gefahrstoff-HU-Zähler initialisieren
893       gefhu = 0
894
895  #    Loop über die Plätze
896  for rowp in toSelectp:
897  #        Selektion Bestände zum Platz
898       toSelectg = lvs.db.gebinde.select({'Platz':rowp['Platz']})
899  #        Loop über Bestände, falls Bestände vorhanden sind
900       if toSelectg == []:
901               continue
902       for rowg in toSelectg:
903  #            Selektion Materialdaten
904           toSelectm = lvs.db.matstamm.select({'Material':rowg['Material']})
905           if toSelectg == []:
906               continue
907  #        Prüfe, ob Gefahrstoff vorliegt
908           for rowm in toSelectm:
909  #            Geahrstoffhuzähler ggfs. um 1 erhöen
910               if len(str(rowm['Lagerklasse'])) > 0:
911                   gefhu = gefhu + 1
912  #            Liste mit platz, material, lagerklasse, anzahl in bme ausgeben
913               print()
914               print('Lagerplatz: ',rowp['Platz'])
915               print('Material: ',rowm['Material'])
916               print('Lagerklasse: ',rowm['Lagerklasse'])
917               print('Gebinde: ',rowg['Nummer'])
918               print('Anzahl: ',rowg['Menge']+' '+rowg['Einheit'])
919  #            Prüfe, ob Lagerklasse im Lagertyp des Platzes erlaubt ist
920  #            (falls Gefahrstoffprüfung im Lagertyp aktiv ist)
921  #            Ggfs. darauf hinweisen, falls Lagerung inkorrekt ist
922               toSelectbr = lvs.db.lagertyp.select({'Lagertyp':rowp['Platz'],'GefaPr':'X',})
923               if toSelectbr != []:
924                   toSelectgef = lvs.db.gefaltyp.select({'Lagertyp':rowp['Platz'],'Lagerklasse':rowm
925                   if toSelectgef == []:
926                       print()
927                       print('Achtung: Lagerklasse im Lagertyp nicht erlaubt!')
```

Abbildung 204: SHOP - Brandabschnitte auswerten - Code - Unterprogramm ‚brabs' II

```
927                       print('Achtung: Lagerklasse im Lagertyp nicht erlaubt!')
928  #    Modify Anzahl Gefahrstoff HUs im Brandabschnitt
929  for rowb in toSelectb:
930       rowb['AktAnzGefaHu'] = int(gefhu)
931       lvs.db.brabs.modify(rowb)
932  #        Prüfe Maximalzahl
933       if int(rowb['AnzGefaHu']) < int(gefhu):
934           print()
935           print('Achtung: Maximalzahl an Gefahrstoff-HUs überschritten!')
936           print('erlaubt: ',int(rowb['AnzGefaHu']))
937           print('aktuell: ',int(gefhu))
938       else:
939           print()
940           print('Achtung: Maximalzahl an Gefahrstoff-HUs nicht überschritten!')
941           print('erlaubt: ',int(rowb['AnzGefaHu']))
942           print('aktuell: ',int(gefhu))
943  #    DB sichern
944  input('Bitte eine Taste drücken: ')
945  lvs.db.sichern()
946
947  #    zurück zum Hauptprogramm
948  return 'OKAY'
949
```

Abbildung 205: SHOP - Brandabschnitte auswerten - Code - Unterprogramm ‚brabs' III

Beispiel für eine Auswertung von Brandabschnitt ‚BR99':

- Eingabe Code ‚BRAR'
- Eingabe Brandabschnitt ‚BR99'

Abbildung 206: SHOP - Brandabschnitte auswerten - Beispielprozess

Abbildung 207: SHOP - Brandabschnitte auswerten - Beispielprozess II

5.5.7 Nachschub aus dem Lager

Aufgabenstellung
Man definiere geeignete Materialien und führe einen adhoc-Nachschub aus dem Lager in den Shop-Bereich mit und ohne Barcode-Unterstützung durch. Zu diesem Zweck ist die Nachschub-Abwicklung bzgl. Barcodes zu erweitern. Ein Scan eines Nachschub-Barcodes löst einen Nachschub über den Transfer-Platz zwischen Lager und Shop aus. Im Shop-Bereich kann aus dem Lager heraus in die Lagertypen SHOP_NACH und SHOP_GEFA nachgeschoben werden. Für die in Beispielen zu verwendenden Materialien sind entsprechende Nachschubdaten zu pflegen.

Stammdatenanpassungen und Beispieldaten
Nachschubdaten in nachschub.csv:

* SHOP_NACH mit Material M005 und Lagerplatz SHOPNACH03 und Nachschublagertyp BLOCK
* SHOP_GEFA mit Material M093 und Lagerplatz SHOPGEFA04 und Nachschublagertyp HRL

	A	B	C	D	E	F	G
1	Lagernummer	Material	Platz	NLagertyp	NStrategie	NGesperrt	
2	SMILE001	M005	BLOCK	HRL	KLEINMENGE	NEIN	
3	SMILE001	M005	SHOPNACH0.	BLOCK	KLEINMENGE	NEIN	
4	SMILE001	M093	SHOPGEFA04	HRL	KLEINMENGE	NEIN	
5							
6							
7							

Abbildung 208: SHOP - Nachschub - Nachschubdaten

Mehrstufige Umlagerung in transportmatrix.csv:

* Transportmatrix
* Lager → TRAN_SHOP → SHOP_GEFA
* Lager → TRAN_SHOP → SHOP_NACH

	A	B	C	D	E	F
1	Lagernummer	VonLagertyp	AnLagertyp	TranLagertyp	TranLagerplat	Aktiv
2	SMILE001	WE	BLOCK	TRAN	TRAN_BLOCK	X
3	SMILE001	TRAN	BLOCK	SAMM	SAMM_BLOCK	X
4	SMILE001	WE	TRAN	KONS	KONS_BLOCK	X
5	SMILE001	HRL	SHOP_GEFA	TRAN_SHOP	TRAN_SHOP	X
6	SMILE001	BLOCK	SHOP_NACH	TRAN_SHOP	TRAN_SHOP	X
7						
8						

Abbildung 209: SHOP - Nachschub - Transportmatrix

Einstellungen der erlaubten Lagerklassen je Lagertyp in gefaltyp.csv:

- SHOP_NACH, SHOP_SHOW, SHOP_KTL erlauben keinen Gefahrstoff
- SHOP_GEFA erlaubt Gefahrstoffe der Klassen 7 und 8

	A	B	C
1	Lagernummer	Lagertyp	Lagerklasse
2	SMILE001	HRL	LG9
3	SMILE001	HRL	LG8
4	SMILE001	HRL	LG7
5	SMILE001	HRL	
6	SMILE001	KUEHL	LG1
7	SMILE001	KUEHL	LG2
8	SMILE001	BLOCK	LG3
9	SMILE001	BLOCK	LG4
10	SMILE001	BLOCK	
11	SMILE001	SHOP_GEFA	LG7
12	SMILE001	SHOP_GEFA	LG8
13	SMILE001	SHOP_NACH	
14	SMILE001	SHOP_KTL	
15	SMILE001	SHOP_SHOW	
16			

Abbildung 210: SHOP - Nachschub - Lagertypen und Lagerklassen

Ablaufkonzept: Unterroutine ‚mainloop‘ in lvs_V2.py im Fall ‚KABA‘ anpassen
- Abfrage, ob Scan oder manuelle Eingabe der Daten
- Scan-Fall
  - nutzen der qrna-Unterroutine
  - Rückgabe Material´, Lagerplatz und Meldung

- manueller Fall
  - ‚input' von Material und Lagerplatz wie bisher
- Nachschub nur auslösen, wenn Material und Lagerplatz gefüllt sind, sonst Abbruch
- Abbruchmeldung, falls weder Scan noch manuelle Eingabe ausgewählt worden sind

Implementierung in lvs_V2.py, Unterroutine mainloop

```python
1666
1667    #        Nachschub auslösen
1668         elif answer=='KABA':
1669             db.sichern()
1670             print()
1671             print('Nachschub auslösen')
1672    #        Scan oder Eingabe
1673             print()
1674             frage = input('Wollen Sie scannen oder manuell eingeben (S/M)?' )
1675             print()
1676             if frage == 'M':
1677    #            Eingabe Lagerplatz und Material
1678                 platz = input('Bitte Lagerplatz eingeben: ')
1679                 material = input('Bitte Material eingeben: ')
1680                 print()
1681    #            Scan
1682             if frage == 'S':
1683                 text, platz, material = lvs_ueb.qrna(user)
1684    #            Unterroutine aufrufen
1685             if material != '' and platz != '':
1686                 lvs_ueb.kaba(platz,material,user)
1687    #            Abbruchtext
1688             if frage != 'M' and frage != 'S':
1689                 print()
1690                 print('Abbruch der Eingabe')
1691                 print()
1692    #        DB initialisieren
1693             init()
1694             input('Bitte eine Taste drücken: ')
1695             print()
```

Abbildung 211: SHOP - Nachschub - Code - Mainloop

Prozesstest

- Bestand im Lagertyp HRL für Nachschub in gebinde.csv eingetragen

23	20 Sven	SHOPGEFA02	L	M094	CH094	ˈ00	110 ST		SHOP_GEFA
24	21 Sven	SHOPGEFA03	L	M095	CH095	ˈ00	120 ST		SHOP_GEFA
25	22 Sven	HRL_01_02_01	L	M093	CH093	ˈ00	1 ST		HRL
26	23 Sven	HRL_01_02_02	L	M093	CH093	00	2 ST		HRL
27	24 Sven	HRL_01_02_03	L	M093	CH093	ˈ00	3 ST		HRL

Abbildung 212: SHOP - Nachschub - Beispieldaten

- QR-Code für Material M005 und Lagerplatz SHOPNACH04 erzeugen → Code QRNE

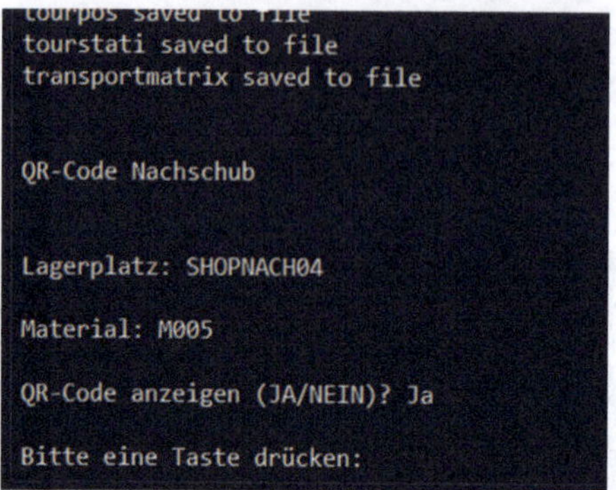

Abbildung 213: SHOP - Nachschub - Beispielprozess

Abbildung 214: SHOP - Nachschub - Beispielprozess II

Abbildung 215: SHOP - Nachschub - Beispielprozess III

- Nachschub auslösen mittels Code ‚KABA' unter Verwendung des erzeugten Barcodes
  - Barcode Scannen

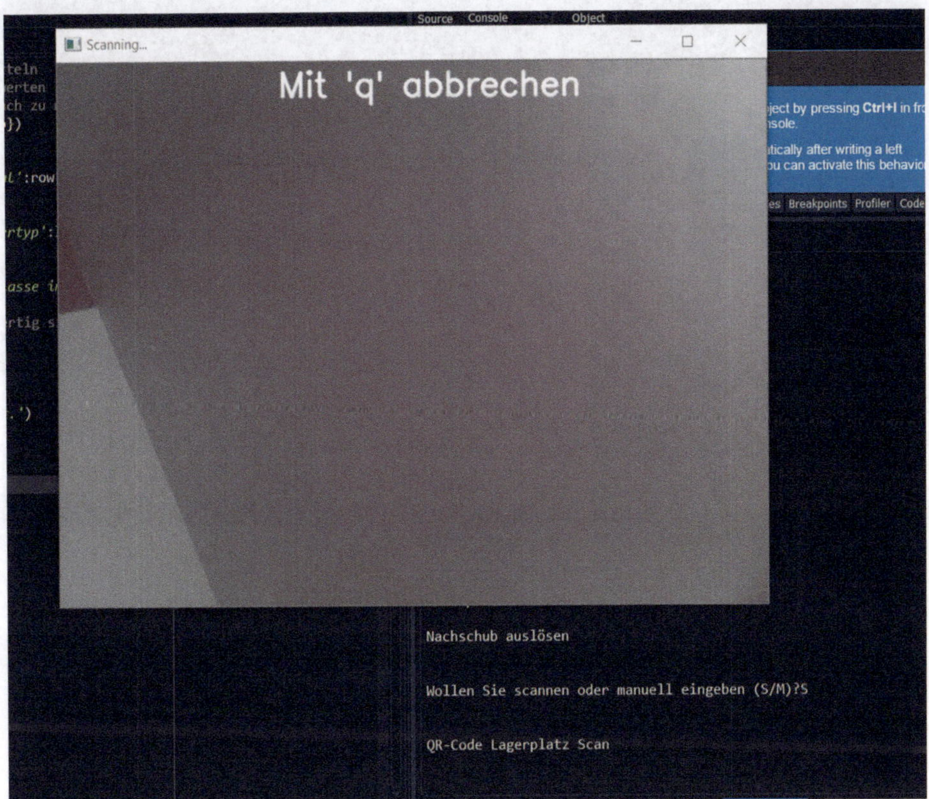

Abbildung 216: SHOP - Nachschub - Beispielprozess IV

```
transportmatrix saved to file
Nachschub auslösen

[('489', 'BLOCK', 12), ('1234567', 'BLOCK', 13)]

Bitte eine Taste drücken:

[{'Index': 84, 'Nummer': '489', 'Lieferant': 'Sven', 'Platz': 'BLOCK', 'Fehlerflag': '',
'Fehlercode': '0', 'Status': 'L', 'Material': 'M005', 'Charge': '', 'Split': '',
'Menge': '12', 'Einheit': 'ST', 'RetKz': '', 'RetKopf': '', 'RetPos': '', 'Lagertyp':
'BLOCK'}]


Platz für das Gebinde geändert.


Bewegungssatz geschrieben

OrderedDict([('Index', ''), ('Bewegung', 'HU_TA'), ('HU', '489'), ('Lieferant', 'Sven'),
('User', 'sven'), ('Fehlerflag', ''), ('Fehlercode', '0'), ('von-Platz', 'BLOCK'), ('an-
Platz', 'SHOPNACH04'), ('Zeitstempel', time.struct_time(tm_year=2024, tm_mon=10,
tm_mday=14, tm_hour=19, tm_min=39, tm_sec=37, tm_wday=0, tm_yday=288, tm_isdst=1)),
('Material', 'M005'), ('Charge', ''), ('Split', ''), ('Menge', '12'), ('Einheit', 'ST'),
('Grund', ''), ('Referenz', ''), ('Kostenstelle', ''), ('VReferenz', '')])
Hallo  sven

Wollen Sie ein Transportbeleg drucken (JA/NEIN)?
```

Abbildung 217: SHOP - Nachschub - Beispielprozess V

– Transportbeleg drucken mit ‚JA‘ beantworten

```
tourstati saved to file
transportmatrix saved to file

Nachschub auslösen


Wollen Sie scannen oder manuell eingeben (S/M)?S


QR-Code Lagerplatz Scan


gescannter Barcode-Inhalt:  ['SHOPNACH04', 'M005']

Material:  M005
Lagerplatz:  SHOPNACH04

Bitte eine Taste drücken:
```

Abbildung 218: SHOP - Nachschub - Beispielprozess Vi

– Transportbeleg mit mehrstufiger Umlagerungen

SMILE LVS-Prototyp

Transport: 37

Gebinde: 489

Hinweise: keine Kühlpflicht

von-Platz: BLOCK

Transportmatrix: ['BLOCK', 'TRAN_SHOP', 'SHOPNACH04']

an-Platz: SHOPNACH04

Ersteller: sven

Ausführender: ...

Anmerkungen: ...

Datum, Uhrzeit, Unterschrift: ...

Abbildung 219: SHOP - Nachschub - Beispielprozess VII

- Ohne QR-Code den Nachschub auslösen
  - Code KABA verwenden
  - manuelle Eingabe wählen
  - manuelle Eingabe Material und Lagerplatz

```
tourstati saved to file
transportmatrix saved to file

Nachschub auslösen


Wollen Sie scannen oder manuell eingeben (S/M)?M


Bitte Lagerplatz eingeben: SHOPNACH04

Bitte Material eingeben: M005

Nachschub auslösen

[('5', 'BLOCK', 1), ('489', 'BLOCK', 12), ('1234567', 'BLOCK', 13)]

Bitte eine Taste drücken:
```

Abbildung 220: SHOP - Nachschub - Beispielprozess VIII

– Nachschub wird ausgelöst (kein Beleg in diesem Fall wählen)

```
Bitte Lagerplatz eingeben: SHOPNACH04

Bitte Material eingeben: M005

Nachschub auslösen

[('5', 'BLOCK', 1), ('489', 'BLOCK', 12), ('1234567', 'BLOCK', 13)]

Bitte eine Taste drücken:

[{'Index': 101, 'Nummer': '5', 'Lieferant': '', 'Platz': 'BLOCK', 'Fehlerflag': '',
'Fehlercode': '', 'Status': 'L', 'Material': 'M005', 'Charge': '', 'Split': '', 'Men
'1', 'Einheit': 'ST', 'RetKz': '', 'RetKopf': '1', 'RetPos': '1', 'Lagertyp': 'BLOCK


Platz für das Gebinde geändert.


Bewegungssatz geschrieben

OrderedDict([('Index', ''), ('Bewegung', 'HU_TA'), ('HU', '5'), ('Lieferant', ''),
('User', 'sven'), ('Fehlerflag', ''), ('Fehlercode', ''), ('von-Platz', 'BLOCK'), ('
Platz', 'SHOPNACH04'), ('Zeitstempel', time.struct_time(tm_year=2024, tm_mon=10,
tm_mday=14, tm_hour=19, tm_min=37, tm_sec=39, tm_wday=0, tm_yday=288, tm_isdst=1)),
('Material', 'M005'), ('Charge', ''), ('Split', ''), ('Menge', '1'), ('Einheit', 'ST
('Grund', ''), ('Referenz', ''), ('Kostenstelle', ''), ('VReferenz', '')])
Hallo  sven

Wollen Sie ein Transportbeleg drucken (JA/NEIN)?
```
Abbildung 221: SHOP - Nachschub - Beispielprozess IX

- Testen eines Abbruchs
  – Code ‚KABA' verwenden
  – weder manuell noch Scan wählen
  – Abbruchmeldung

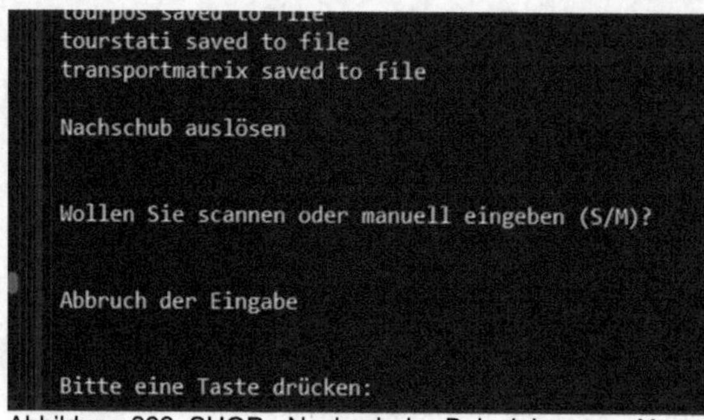

Abbildung 222: SHOP - Nachschub - Beispielprozess X

- Nachschub für Material M093 und Lagerplatz SHOPGEFA04
  - QR-Code erzeugen mittels Code QRNE
  - Material und Lagerplatz eingeben
  - Barcode anzeigen wählen

Abbildung 223: SHOP - Nachschub - Beispielprozess XI

Abbildung 224: SHOP - Nachschub - Beispielprozess XII

  - folgend Code KABA wählen und erzeugten Barcode verwenden
    Nachschub-Routine arbeitet einwandfrei
    Ziel-Platz ist allerdings belegt, da bereits nachgeschoben worden ist und die
    Kapazität des Ziel-Platzes nicht mehr ausreichend ist

```
Nachschub auslösen


Wollen Sie scannen oder manuell eingeben (S/M)?S


QR-Code Lagerplatz Scan


gescannter Barcode-Inhalt:  ['SHOPGEFA04', 'M093']

Material:  M093
Lagerplatz:  SHOPGEFA04

Bitte eine Taste drücken:
```

Abbildung 225: SHOP - Nachschub - Beispielprozess XIII

Abbildung 226: SHOP - Nachschub - Beispielprozess XIV

```
    tourpos saved to file
    tourstati saved to file
    transportmatrix saved to file
    Nachschub auslösen

    [('23', 'HRL_01_02_02', 2), ('24', 'HRL_01_02_03', 3)]

    Bitte eine Taste drücken:
```

Abbildung 227: SHOP - Nachschub - Beispielprozess XV

```
tourstati saved to file
transportmatrix saved to file
Nachschub auslösen

[('23', 'HRL_01_02_02', 2), ('24', 'HRL_01_02_03', 3)]

Bitte eine Taste drücken:

[{'Index': 125, 'Nummer': '23', 'Lieferant': 'Sven', 'Platz': 'HRL_01_02_02',
'Fehlerflag': '', 'Fehlercode': '', 'Status': 'L', 'Material': 'M093', 'Charge':
'CH093', 'Split': '00', 'Menge': '2', 'Einheit': 'ST', 'RetKz': '', 'RetKopf': '',
'RetPos': '', 'Lagertyp': 'HRL'}]


Fehler: An-Platz ist bereits belegt.


kein Nachschub durchgeführt

Bitte eine Taste drücken:
```

Abbildung 228: SHOP - Nachschub - Beispielprozess XVI

- Bestand manuell vom Platz SHOPGEFA04 umgelagert
- erneuter Versuch mit manueller Eingabe und Ausdruck Transportbeleg

```
tourpos saved to file
tourstati saved to file
transportmatrix saved to file

Nachschub auslösen


Wollen Sie scannen oder manuell eingeben (S/M)?M


Bitte Lagerplatz eingeben: SHOPGEFA04

Bitte Material eingeben: M093

Nachschub auslösen

[('22', 'HRL_01_02_01', 1), ('23', 'HRL_01_02_02', 2), ('24', 'HRL_01_02_03', 3)]

Bitte eine Taste drücken:
```

Abbildung 229: SHOP - Nachschub - Beispielprozess XVII

SMILE LVS-Prototyp

Transport: 38

Gebinde: 22

Hinweise: keine Kühlpflicht

von-Platz: HRL_01_02_01

Transportmatrix: ['HRL_01_02_01', 'TRAN_SHOP', 'SHOPGEFA04']

an-Platz: SHOPGEFA04

Ersteller: sven

Ausführender: ...

Anmerkungen: ...

Datum, Uhrzeit, Unterschrift: ...

Abbildung 230: SHOP - Nachschub - Beispielprozess XVIII

- Simulation Abbruch wegen nicht vorhandener Nachschubdaten

```
tourpos saved to file
tourstati saved to file
transportmatrix saved to file

Nachschub auslösen


Wollen Sie scannen oder manuell eingeben (S/M)?M


Bitte Lagerplatz eingeben: K1

Bitte Material eingeben: o

Nachschub auslösen


Abbruch: keine Nachschubdaten zum Material und Lagerplatz vorhanden!

Bitte eine Taste drücken:
```

Abbildung 231: SHOP - Nachschub - Beispielprozess XIX

5.5.8   Nachschub innerhalb Shop

Aufgabenstellung

Man definiere geeignete Materialien und führe einen adhoc-Nachschub mit und ohne Barcode-Unterstützung innerhalb des Shop-Bereiches durch. In diesem Kontext sollen Teilmengen-Nachschübe möglich sein. Das bedeutet, dass nicht die gesamte Menge eines Gebindes, sondern eine eventuell kleinere Menge nachgeschoben werden muss.

Die Nachschub-Abwicklung ist entsprechend anzupassen:

- Teilmengen-Nachschub soll pro Platz einstellbar sein
- Quell-HU in Menge reduzieren
- neue HU zum Nachschub mit Umlagerungs-Menge anlegen.

Nachschub ist vom Lagertyp ‚SHOP_NACH' in den Showroom und den Kleinteilebereich möglich.

Stammdaten-Konzept

- Im SHOP-Bereich außerhalb SHOP_GEFA darf kein Gefahrstoff lagern (gefaltyp.csv)

	A	B	C
1	Lagernummer	Lagertyp	Lagerklasse
2	SMILE001	HRL	LG9
3	SMILE001	HRL	LG8
4	SMILE001	HRL	LG7
5	SMILE001	HRL	
6	SMILE001	KUEHL	LG1
7	SMILE001	KUEHL	LG2
8	SMILE001	BLOCK	LG3
9	SMILE001	BLOCK	LG4
10	SMILE001	BLOCK	
11	SMILE001	SHOP_GEFA	LG7
12	SMILE001	SHOP_GEFA	LG8
13	SMILE001	SHOP_NACH	
14	SMILE001	SHOP_KTL	
15	SMILE001	SHOP_SHOW	
16			

Abbildung 232: SHOP - Nachschub im Shop - Lagertypen und Lagerklassen

- Prüfung aktivieren mit leerer Lagerklasse (lagertyp.csv)

	A	B	C	D	E
	Lagernummer	Lagertyp	Bezeichnung	GefaPr	Waage
	SMILE001	WE	Wareneingang		
	SMILE001	HRL	Hochregallager	X	
	SMILE001	KUEHL	Kühllager	X	
	SMILE001	BLOCK	Blocklager	X	
	SMILE001	SCHROTT	Verschrottung		
	SMILE001	WA	Warenausgang		
	SMILE001	TRAN	Transfer-Lagertyp		
	SMILE001	SAMM	Sammel-Lagertyp		
	SMILE001	KONS	Konsolidierungs-Lagertyp		
	SMILE001	SPERR	Sperr-Lagertyp		
	SMILE001	SHOP_NACH	Shop Nachschubregal	X	
	SMILE001	SHOP_GEFA	Shop Gefahrstoff-Schrank	X	
	SMILE001	SHOP_KTL	Shop Kleinteilebereich	X	X
	SMILE001	SHOP_KRET	Shop Kundenretoure		
	SMILE001	SHOP_SCHR	Shop Verschrottung		
	SMILE001	SHOP_SHOW	Shop Showroom	X	
	SMILE001	TRAN_SHOP	Shop Lagertransfer		
	SMILE001	SHOP_PACK	Shop Verpackung & WA		

Abbildung 233: SHOP - Nachschub im Shop - Lagertypen

- Nachschub auch für Teilmengen erlauben (nachschub.csv)

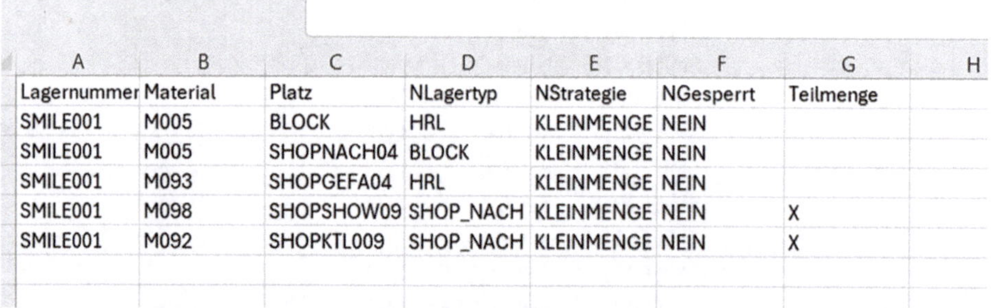

	A	B	C	D	E	F	G	H
	Lagernummer	Material	Platz	NLagertyp	NStrategie	NGesperrt	Teilmenge	
	SMILE001	M005	BLOCK	HRL	KLEINMENGE	NEIN		
	SMILE001	M005	SHOPNACH04	BLOCK	KLEINMENGE	NEIN		
	SMILE001	M093	SHOPGEFA04	HRL	KLEINMENGE	NEIN		
	SMILE001	M098	SHOPSHOW09	SHOP_NACH	KLEINMENGE	NEIN	X	
	SMILE001	M092	SHOPKTL009	SHOP_NACH	KLEINMENGE	NEIN	X	

Abbildung 234: SHOP - Nachschub im Shop - Nachschubsteuerung

Implementierungskonzept

- in Unterprogramm ‚kaba' in lvs_V2.py eingreifen
- Überprüfung, ob bei Nachschub auch Teilentnahme vorgesehen ist
- falls vorhanden, fragen nach Entnahme-Vorhaben (ganz/teilweise) und ggfs. nach der Menge
- Prüfe Menge > 0 und kleiner gleich vorhandene HU-Menge

- Quell-HU wird in jedem Fall umgelagert auf Zielplatz
- Quell-HU um Menge reduzieren, falls keine Vollentnahme vorliegt
- bei Teilabgriff neue HU anlegen und Abgriffs-Menge auf neuer HU erzeugen
- neue HU bei Teilabgriff auf Quell-Platz anlegen
- Etikett für neue HU ev. ausdrucken
- bei Vollentnahme nur umlagern wie bisher

Coding in Unterroutine ‚kaba' in lvs_ueb.py

```python
861         print('Kein Nachschub durchgeführt')
862     else:
863         print()
864         print('Nachschub durchgeführt: ',hu+' '+material+' '+sliste[0][2])
865 #       Bewegung zum Nachschub schreiben
866         lvs.bewegungen_schreiben('KABA',hu,' ',str(user),' ',' ',sliste[0][1],platz,material,' ',' ',' '
867 #   Teilmengenentnahme prüfen und durchführen
868 # - am ende von kaba
869 # - schauen in nachschub ob Teilennahme da ist
870 # - falls ja, fagen nach entnahme und menge
871 # - prüfe menge > 0 und kleiner gleich HU-Menge
872 # - übergabe user, HU, quelllatz und menge an Unterroutine
873 # - unterroutine
874 # o HU um Menge reduzieren
875 # o Neue HU anlegen mit entnahme menge
876 # o Neue HU etikett drucken
877 # o Neue HU auf quellplatz umlagern
878
879
880 #   DB sichern
881     input('Bitte eine Taste drücken: ')
882     lvs.db.sichern()
883 #   zurück zum Hauptprogramm
884     return 'OKAY'
885 #
```

Abbildung 235: SHOP - Nachschub im Shop - Code - Unterprogramm ‚kaba'

```python
833             return 'NOKAY'
834     for rown in toSelectn:
835         ltyp = rown['NLagertyp']
836         strat = rown['NStrategie']
837         tabgr = rown['Teilmenge']
838         if rown['NGesperrt'] == 'NEIN':
839             gesp = ''
840         else:
841             gesp = 'X'
```

Abbildung 236: SHOP - Nachschub im Shop - Code - Unterprogramm ‚kaba' II

```python
852         print(sliste)
853         input('Bitte eine Taste drücken: ')
854         if sliste != []:
855             hu = sliste[0][0]
856             uplatz = sliste[0][1]
857         if sliste == []:
```

Abbildung 237: SHOP - Nachschub im Shop - Code - Unterprogramm ‚kaba' III

```python
871  #      Teilmengenentnahme prüfen und durchführen
872      if tabgr == 'X':
873          print('Teilabgriff möglich.')
874          frage = input('Wollen Sie von ',sliste[0][2], ' eine Teilmenge einlagern (JA/NEIN)')
875          if frage == 'JA':
876              menge = input('Geben Sie bitte die Menge an: ')
877              try:
878                  imenge = int(menge)
879                  if imenge > int(sliste[0][2]):
880                      print('Menge zu hoch, Teilabgriff wird nicht durchgeführt.')
881                  else:
882                      #passe HU um Menge an
883                      toSelecthu = lvs.db.gebinde.select({'Nummer':hu})
884                      for rowhu in toSelecthu:
885                          rowhu['Menge'] = str(menge)
886                          lvs.db.gebinde.modify(rowhu)
887                      #Nummernkreis Gebinde
888                      toSelect2 = lvs.db.nummernkreise.select({'Objekt':'GEBE'})
889                      initial=len(toSelect2)
890                      if initial != 0:
891                          for row2 in toSelect2:
892                              nummer2 = int(row2['Stand'])
893              #              Nummer darf nicht schon existieren als Gebinde
894                              check = False
895                              while check == False:
896                                  nummer2 = nummer2 + 1
897                                  row2['Stand'] = nummer2
898                                  toSelectg = lvs.db.gebinde.select({'Nummer':str(nummer2)})
899                                  initialg = len(toSelectg)
900                                  if  initialg == 0:
901                                      check = True
902              #                  neuen Stand speichern
903                              lvs.db.nummernkreise.modify(row2)
```

Abbildung 238: SHOP - Nachschub im Shop - Code - Unterprogramm ‚kaba' IV

```python
903  #                  neuen Stand speichern
904                              lvs.db.nummernkreise.modify(row2)
905                          #erstelle neue HU mit Differenzmenge auf Quellplatz
906                          h = lvs.db.gebinde.get_empty()
907                          h = rowhu
908                          h['Nummer']=nummer2
909                          h['Lagertyp']=ltyp
910                          h['Platz']=uplatz
911                          h['Menge']=diff
912                          lvs.db.gebinde.insert(h)
913                          print('HU mit Differenzmenge auf Ursprungsplatz erzeugt. Bitte rücklagern.')
914                          #Labeldruck für Beispiel 3
915                          frage=input('Wollen Sie ein Label für den Rücktransport drucken (JA/NEIN)?')
916                          if frage == 'JA':
917                              lvs.gebindelabel(str(nummer2),user)
918                              print()
919              except:
920                  print('Fehleingabe. Abbruch des Teilabgriffs.')
921
922  #    DB sichern
923      print()
924      input('Bitte eine Taste drücken: ')
925      lvs.db.sichern()
926  #    zurück zum Hauptprogramm
927      return 'OKAY'
```

Abbildung 239: SHOP - Nachschub im Shop - Code - Unterprogramm ‚kaba' V

Beispielprozess für Lagertyp SHOP_SHOW

- Nachschubdaten für Lagerplatz SHOPSHOW09 und Material M098 (nachschub.csv)

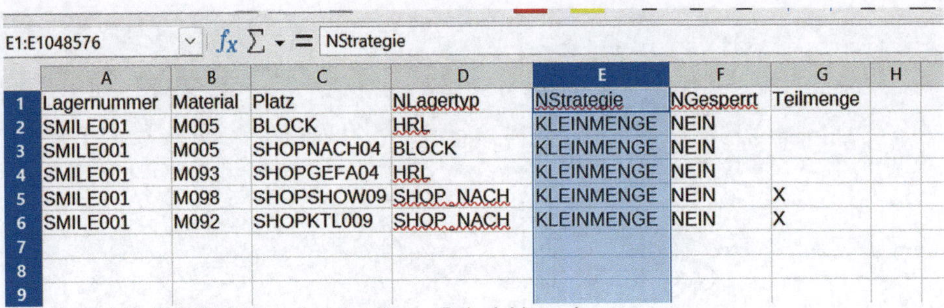

	A	B	C	D	E	F	G	H
1	Lagernummer	Material	Platz	NLagertyp	NStrategie	NGesperrt	Teilmenge	
2	SMILE001	M005	BLOCK	HRL	KLEINMENGE	NEIN		
3	SMILE001	M005	SHOPNACH04	BLOCK	KLEINMENGE	NEIN		
4	SMILE001	M093	SHOPGEFA04	HRL	KLEINMENGE	NEIN		
5	SMILE001	M098	SHOPSHOW09	SHOP_NACH	KLEINMENGE	NEIN	X	
6	SMILE001	M092	SHOPKTL009	SHOP_NACH	KLEINMENGE	NEIN	X	

Abbildung 240: SHOP - Nachschub im Shop - Beispieldaten I

- Bestand von Material M098 ggfs. In gebinde.csv in Lagertyp SHOP_NACH erzeugen

30		SHOPNACH01	L	M005	1 ST		11	1	SHOP_NACH
37	Sven	SHOPKTL008	L	M092	4 ST				SHOP_KTL
32	Sven	SHOPSHOW09	L	M098	3 ST				SHOP_SHOW
33	Sven	SHOPNACH07	L	M092	60 ST				SHOP_NACH
34	Sven	SHOPNACH08	L	M092	60 ST				SHOP_NACH
38	Sven	SHOPKTL008	L	M092	4 ST				SHOP_KTL
39	Sven	SHOPKTL009	L	M092	7 ST				SHOP_KTL
40	Sven	SHOPNACH06	L	M092	40 ST				SHOP_NACH
41	Sven	SHOPNACH05	L	M098	60 ST				SHOP_NACH
42	Sven	SHOPNACH05	L	M098	60 ST				SHOP_NACH
43	Sven	SHOPNACH05	L	M098	57 ST				SHOP_NACH

Abbildung 241: SHOP - Nachschub im Shop - Beispieldaten II

- Code KABA aufrufen
  - manuelle Eingabe wählen
  - Material und Lagerplatz eingeben
  - Nachschub wird ausgelöst
  - HU wird umgelagert
  - Teilabgriff verwenden
  - Menge eingeben
  - HU wird neu angelegt und umgelagerte in Menge entsprechend reduziert

```
tourstati saved to file
transportmatrix saved to file

Nachschub auslösen

Wollen Sie scannen oder manuell eingeben (S/M)?M

Bitte Lagerplatz eingeben: SHOPSHOW09
Bitte Material eingeben: M098

Nachschub auslösen

[('32', 'SHOPNACH05', 60), ('41', 'SHOPNACH05', 60), ('42', 'SHOPNACH05',
60)]
Bitte eine Taste drücken:

[{'Index': 134, 'Nummer': '32', 'Lieferant': 'Sven', 'Platz': 'SHOPNACH05',
'Fehlerflag': '', 'Fehlercode': '', 'Status': 'L', 'Material': 'M098',
'Charge': '', 'Split': '', 'Menge': '60', 'Einheit': 'ST', 'RetKz': '',
'RetKopf': '', 'RetPos': '', 'Lagertyp': 'SHOP_NACH'}]


Platz für das Gebinde geändert.
```

Abbildung 242: SHOP - Nachschub im Shop - Beispielprozess I

```
☐   Konsole 1/A ✕

Bewegungssatz geschrieben

OrderedDict({'Index': '', 'Bewegung': 'HU_TA', 'HU': '32', 'Lieferant':
'Sven', 'User': 'sven', 'Fehlerflag': '', 'Fehlercode': '', 'von-Platz':
'SHOPNACH05', 'an-Platz': 'SHOPSHOW09', 'Zeitstempel':
time.struct_time(tm_year=2024, tm_mon=10, tm_mday=20, tm_hour=14, tm_min=54
tm_sec=22, tm_wday=6, tm_yday=294, tm_isdst=1), 'Material': 'M098',
'Charge': '', 'Split': '', 'Menge': '60', 'Einheit': 'ST', 'Grund': '',
'Referenz': '', 'Kostenstelle': '', 'VReferenz': ''})
Hallo  sven
Wollen Sie ein Transportbeleg drucken (JA/NEIN)?

Nachschub durchgeführt:  32 M098 60

Bewegungssatz geschrieben

OrderedDict({'Index': '', 'Bewegung': 'KABA', 'HU': '32', 'Lieferant': ' ',
'User': 'sven', 'Fehlerflag': ' ', 'Fehlercode': ' ', 'von-Platz':
'SHOPNACH05', 'an-Platz': 'SHOPSHOW09', 'Zeitstempel':
time.struct_time(tm_year=2024, tm_mon=10, tm_mday=20, tm_hour=14, tm_min=54
tm_sec=24, tm_wday=6, tm_yday=294, tm_isdst=1), 'Material': 'M098',
'Charge': ' ', 'Split': ' ', 'Menge': ' ', 'Einheit': ' ', 'Grund': ' ',
'Referenz': '32', 'Kostenstelle': ' ', 'VReferenz': ' '})


Teilabgriff möglich.
Wollen Sie eine Teilmenge einlagern (JA/NEIN)JA
```

Abbildung 243: SHOP - Nachschub im Shop - Beispielprozess II

```
Teilabgriff möglich.
Wollen Sie eine Teilmenge einlagern (JA/NEIN)JA
Geben Sie bitte die Menge an: 3

Teilabgriff durchgeführt
{'Index': 134, 'Nummer': '32', 'Lieferant': 'Sven', 'Platz': 'SHOPSHOW09',
'Fehlerflag': '', 'Fehlercode': '', 'Status': 'L', 'Material': 'M098',
'Charge': '', 'Split': '', 'Menge': '3', 'Einheit': 'ST', 'RetKz': '',
'RetKopf': '', 'RetPos': '', 'Lagertyp': 'SHOP_SHOW'}

HU mit Differenzmenge auf Ursprungsplatz erzeugt. Bitte rücklagern.
OrderedDict({'Index': '', 'Nummer': 43, 'Lieferant': 'Sven', 'Platz':
'SHOPNACH05', 'Fehlerflag': '', 'Fehlercode': '', 'Status': 'L', 'Material':
'M098', 'Charge': '', 'Split': '', 'Menge': 57, 'Einheit': 'ST', 'RetKz':
'', 'RetKopf': '', 'RetPos': '', 'Lagertyp': 'SHOP_NACH'})

Bitte eine Taste drücken:
benutzer saved to file
bewegungen saved to file
bewegungsarten saved to file
brabs saved to file
chargstamm saved to file
codebereiche saved to file
codes saved to file
fehlerflag saved to file
```

Abbildung 244: SHOP - Nachschub im Shop - Beispielprozess III

Beispielprozess für SHOP_KTL

- Material M092
- Lagerplatz SHOPKTL009 mit freier Kapazität
- Nachschub aus SHOP_NACH in nachschub.csv eingestellt
- Bestand zu M092 in SHOP_NACH vorhanden
- Code KABA auswählen
- manuelle Eingabe der Nachschubdaten
- Teilabgriff verwenden (in diesem Fall Menge=4)
- Transportbeleg und HU-Etikett drucken, falls gewünscht

```
tourstati saved to file
transportmatrix saved to file

Nachschub auslösen

Wollen Sie scannen oder manuell eingeben (S/M)?M

Bitte Lagerplatz eingeben: SHOPKTL009
Bitte Material eingeben: M092

Nachschub auslösen

[('38', 'SHOPNACH06', 51), ('32', 'SHOPNACH05', 60), ('33', 'SHOPNACH07',
60), ('34', 'SHOPNACH08', 60)]
Bitte eine Taste drücken:

[{'Index': 137, 'Nummer': '38', 'Lieferant': 'Sven', 'Platz': 'SHOPNACH06',
'Fehlerflag': '', 'Fehlercode': '', 'Status': 'L', 'Material': 'M092',
'Charge': '', 'Split': '', 'Menge': '51', 'Einheit': 'ST', 'RetKz': '',
'RetKopf': '', 'RetPos': '', 'Lagertyp': 'SHOP_NACH'}]


Platz für das Gebinde geändert.
```

Abbildung 245: SHOP - Nachschub im Shop - Beispielprozess IV

```
Konsole 1/A ✕

[('38', 'SHOPNACH06', 51), ('32', 'SHOPNACH05', 60), ('33', 'SHOPNACH07',
60), ('34', 'SHOPNACH08', 60)]
Bitte eine Taste drücken:

[{'Index': 137, 'Nummer': '38', 'Lieferant': 'Sven', 'Platz': 'SHOPNACH06',
'Fehlerflag': '', 'Fehlercode': '', 'Status': 'L', 'Material': 'M092',
'Charge': '', 'Split': '', 'Menge': '51', 'Einheit': 'ST', 'RetKz': '',
'RetKopf': '', 'RetPos': '', 'Lagertyp': 'SHOP_NACH'}]


Platz für das Gebinde geändert.


Bewegungssatz geschrieben

OrderedDict({'Index': '', 'Bewegung': 'HU_TA', 'HU': '38', 'Lieferant':
'Sven', 'User': 'sven', 'Fehlerflag': '', 'Fehlercode': '', 'von-Platz':
'SHOPNACH06', 'an-Platz': 'SHOPKTL009', 'Zeitstempel':
time.struct_time(tm_year=2024, tm_mon=10, tm_mday=20, tm_hour=14, tm_min=39,
tm_sec=31, tm_wday=6, tm_yday=294, tm_isdst=1), 'Material': 'M092',
'Charge': '', 'Split': '', 'Menge': '51', 'Einheit': 'ST', 'Grund': '',
'Referenz': '', 'Kostenstelle': '', 'VReferenz': ''})
Hallo  sven
Wollen Sie ein Transportbeleg drucken (JA/NEIN)?
```

Abbildung 246: SHOP - Nachschub im Shop - Beispielprozess V

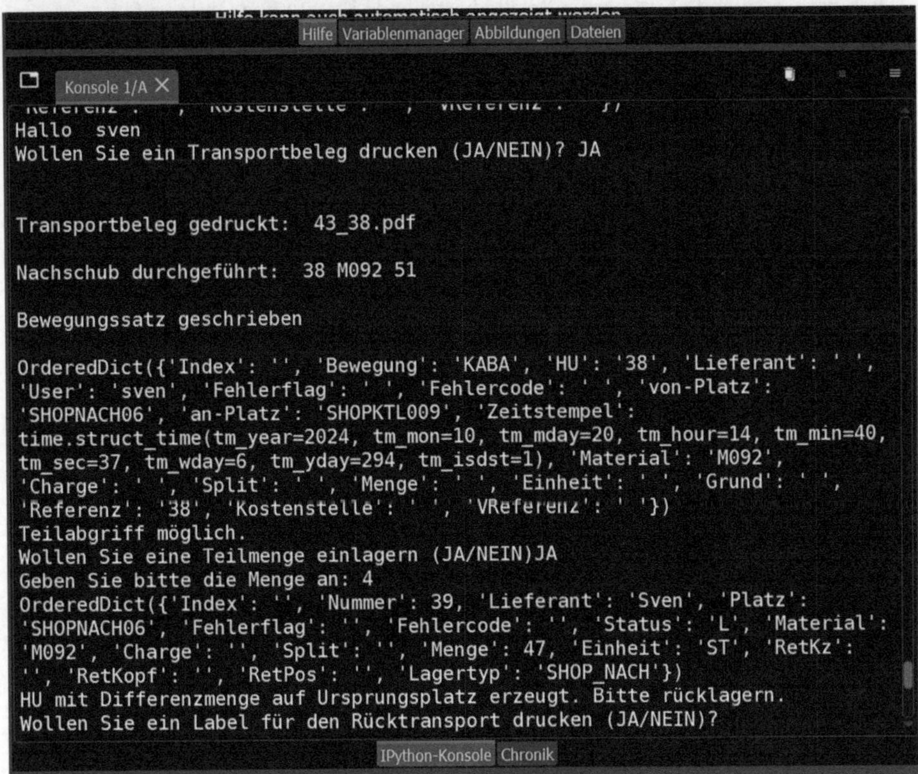

Abbildung 247: SHOP - Nachschub im Shop - Beispielprozess VI

5.5.9 Kundenretoure

Aufgabenstellung

Der logistische Prozess der Kundenretoure soll zunächst ohne Kassenfunktion IT-seitig abgebildet werden. Folgende Themen sind bei der Implementierung zu beachten:

- Die Erfassung der Kundenretoure soll auf dem Platz SHOP_KRET durchgeführt werden. Zu diesem Zweck ist obige Übungsaufgabe 15 zu verwenden.
- Nach erfolgter Erfassung wird die Kundenretoure entweder umgebucht (siehe ebenfalls Übungsaufgabe 15) oder verschrottet.
- Für die Gutschrift ist Übungsaufgabe 16 anzuwenden.
- Für die Einlagerung gilt prinzipiell die Platzfindung/Einlagerung aus dem SMILE-Prototyp. Vorgeschaltet werden soll die Logik, aus dem Shop heraus für Shop-Materialien in einem ersten Schritt einen Platz im Shop zu suchen:
  - Gefahrstoffe sind in SHOP_GEFA einzulagern.
  - Andere Shop-Produkte sind in SHOP_NACH einzulagern.

In einem zweiten Schritt wird ggfs. die bestehende Platzfindung aufgerufen.

- Bei der Einlagerung ins Lager aus dem Shop heraus ist die Mehrstufigkeit zu beachten (siehe Übungsaufgabe 16, Transfer-Lagertyp verwenden).
- Man teste die Kundenretouren-Logik an geeigneten Beispielen.

Stammdatenkonzept und -anpassungen

- Menücode ‚KRETS' zur Shop-Kundenretoure (codes.csv)

	A	B	C	
27	REDR	Rechnungsdruck zur Auslieferung	WA	
28	KRET	Kundenretoure zur Auslieferungsposition - Lager	WE	
29	KRETS	Kundenretoure zur Auslieferungsposition - SHOP	WE	
30	KUMB	Bestand zur Kundenretoure entsperren	WE	
31	GUDR	Gutschriftdruck zur Kundenretoure	WE	
32	BRAA	Brandabschnitte anlegen	STAMM	
33	BRAS	Brandabschnitte anzeigen	STAMM	
34	KABA	Nachschub	INT	
35	TRAN	Transportmatrix zweier Lagerplätze	INT	
36	BRAR	Brandabschnitt auswerten	REPO	
37	QRLP	QR-Barcode Lagerplatz	STAMM	
38	QRLA	QR-Barcode Scan zum Lagerplatz	STAMM	
39	QRNE	QR-Barcode Nachschub	STAMM	
40	QRNA	QR-Barcode Scan zum Nachschub	STAMM	
41				
42				

Abbildung 248: SHOP - Nachschub im Shop - Kundenretoure - Menücode

- Transportmatrix von SHOP_KRET ins Lager (transportmatrix.csv)

	A	B	C	D	E	F
	Lagernummer	VonLagertyp	AnLagertyp	TranLagertyp	TranLagerplat	Aktiv
	SMILE001	WE	BLOCK	TRAN	TRAN_BLOCK	X
	SMILE001	TRAN	BLOCK	SAMM	SAMM_BLOCK	X
	SMILE001	WE	TRAN	KONS	KONS_BLOCK	X
	SMILE001	HRL	SHOP_GEFA	TRAN_SHOP	TRAN_SHOP	X
	SMILE001	BLOCK	SHOP_NACH	TRAN_SHOP	TRAN_SHOP	X
	SMILE001	SHOP_KRET	BLOCK	TRAN_SHOP	TRAN_SHOP	X
	SMILE001	SHOP_KRET	HRL	TRAN_SHOP	TRAN_SHOP	X
	SMILE002	SHOP_KRET	KUEHL	TRAN_SHOP	TRAN_SHOP	X

Abbildung 249: SHOP - Nachschub im Shop - Kundenretoure - Transportmatrix

Konzept und Code

- Mainloop in lvs_V2.py
  - Code ‚KRETS' zur Aussteuerung des Buchungsplatzes ‚WE_KRET' (Retoure im Lager) und ‚SHOP_KRET' (Retoure im Shop)

```
1606
1607    #        Kundenretoure zur Auslieferungsposition
1608        elif answer =='KRET' or answer == 'KRETS':
1609            db.sichern()
1610            print()
1611            ausl = input('Bitte Auslieferungsnummer eingeben: ')
1612            print()
1613            auslpos = input('Bitte Auslieferunngsposition eingeben: ')
1614            print()
1615            grund = input('Bitte Retourengrund eingeben: ')
1616            try:
1617              auslmenge = input('Bitte Menge eingeben: ')
1618              menge = int(auslmenge)
1619              if answer == 'KRET':
1620                  platz = 'WE_KRET'
1621              else:
1622                  platz = 'SHOP_KRET'
1623              lvs_ueb.kret(ausl,auslpos,menge,user,grund,platz)
1624              init()
1625              input('Bitte eine Taste drücken: ')
1626              print()
1627            except TypeError:
1628                print('Bitte natürliche Zahl als Menge eingeben!')
1629                print()
1630                input('Bitte eine Taste drücken: ')
1631            except ValueError:
1632                print('Bitte natürliche Zahl als Menge eingeben!')
1633                print()
1634                input('Bitte eine Taste drücken: ')
1635
```

Abbildung 250: SHOP - Nachschub im Shop - Kundenretoure - Code - Mainloop

- Unterprogramm Kundenretoure ‚kret' in lvs_ueb.py
  - Platz wird mit übergeben und bei Gebinderzeugung mit berücksichtigt

```
370
371    #---------------------------------------------------------------
372    #Unterprogramm Kundenretoure zur Auslieferungsposition
373    #---------------------------------------------------------------
374    def kret(ausl,auslpos,menge,user,grund,platz):
375        lvs.init()
376        print('Kundenretoure zur Auslieferungsposition')
377        print()
378    #   Prüfungen Auslieferungsposition, bereits retournierte Menge, Status
379        toSelectp = lvs_db_slpos.select({'Lieferung':str(ausl),'Position':str(auslpos)})
```

Abbildung 251: SHOP - Nachschub im Shop - Kundenretoure - Code - Unterprogramm ‚kret'

```python
        lvs.db.nummernkreise.modify(row2)
    # Speicherung
        geb = lvs.db.gebinde.get_empty()
        geb['Nummer'] = str(nummer2)
        geb['Lieferant'] = ''
        geb['Platz'] = platz
        geb['Lagertyp'] = 'WE'
        geb['Fehlerflag'] = ''
        geb['Fehlercode'] = ''
        geb['Status'] = 'L'
        geb['Material'] = material
        geb['Charge'] = charge
        geb['Split'] = split
        geb['Menge'] = str(menge)
        geb['Einheit'] = einheit
        geb['RetKz'] = 'X'
        geb['RetKopf'] = str(nummer)
        geb['RetPos'] = 1
        lvs.db.gebinde.insert(geb)

    # Bewegung schreiben zur Kundenretoure
        lvs.bewegungen_schreiben('KRET',str(nummer2),' ',str(user),' ',' ',platz,platz,material,charge,split

    # DB-Sicherung
        print()
        print('Kundenretoure gebucht. Nummer =  ',str(nummer))
        lvs.db.sichern()
        return 'OKAY'
    #-------------------------------------------------------------
```

Abbildung 252: SHOP - Nachschub im Shop - Kundenretoure - Code - Unterprogramm ‚kret' II

- Umbuchung der Kundenretoure in lvs_ueb.py, Unterprogramm ‚kumb'
  - Platzprüfung auf SHOP_KRET ausweiten

```python
            print('Abbruch: Kundenretoure ist unbekannt.')
            return 'NOKAY'
    # prüfe zur Sicherheit Platz ‚WE_KRET' und 'SHOP_KRET'
        if rowr['Platz'] != 'WE_KRET' and rowr['Platz'] != 'SHOP_KRET':
            print()
            print('Abbruch: Kundenretoure auf falschen Lagerplatz.')
            return 'NOKAY'
    # merke Platz
        platz = rowr['Platz']
    # entferne Sperrkennzeichen und modify
        rowr['RetKz'] = ''
        #Lagertyp bleibt gleich
        lvs.db.gebinde.modify(rowr)
    # schreibe Bewegung mit Bewegungsart ‚KUMB'
        lvs.bewegungen_schreiben('KUMB',rowr['Nummer'],' ',str(user),' ',' ',platz,platz,' ',' ',' ',' ',' '
    # DB-Sicherung
        print()
        print('Retourensperrkennzeichen entfernt')
        lvs.db.sichern()
        return 'OKAY'
    #-------------------------------------------------------------
```

Abbildung 253: SHOP - Nachschub im Shop - Kundenretoure - Code - Unterprogramm ‚kumb'

- Einlagerung anpassen für Retouren
  - Unterprogramm ‚einlagern' in lvs_V2.py
  - erste Runde bei Shop-Artikeln -> Lagertyp ‚SHOP_GEFA' falls Gefahrstoff, ‚SHOP_NACH' sonst auswählen
  - Aufruf Einlagerung mit Lagertypvorgabe und Lagertyp aus vorheriger Zeile
  - falls kein Platz gefunden worden ist, dann Einlagerung wie bisher

```
775  #zu Gebinde
776  #für Beispiel 3
777  #Retouren mit Sperrkennzeichen dürfen nicht eingelagert werden
778  #-----------------------------------------------
779  def einlagern(hu,user):
780   print('Gebinde einlagern')
781   print()
782   toSelect6 = db.gebinde.select({'Nummer':hu})
783   initial=len(toSelect6)
784   if initial == 0:
785       print()
786       print('Fehler: Gebinde unbekannt')
787       return 'FEHLER'
788   for row in toSelect6:
789     if row['RetKz'] == 'X':
790           print()
791           print('Fehler: Gebinde ist wegen Retoure gesperrt')
792           print()
793           return 'Fehler'
794    retkopf = row['RetKopf']
795    retpos = row['RetPos']
796    lgpla = row['Platz']
797   #Erste Runde für Retouren
798   ziel = ''
799   if retkopf != '' and retpos != '' and 'SHOP' in lgpla:
800      toSelectm = db.matstamm.select({'Material':hu})
801      for rowm in toSelectm:
802         if rowm['SHOP'] == 'X' and rowm['Lagerklasse'] != '':
803             ziel = 'SHOP_GEFA'
804         if rowm['SHOP'] == 'X' and rowm['Lagerklasse'] == '':
805             ziel = 'SHOP_NACH'
806   if ziel != '':
807      platz, protokoll = platzfindung(hu,ziel)
808   #Zweite Runde wie bisher
809   if platz == '':
810      platz, protokoll = platzfindung(hu)
811   if platz == '':
812      print()
813      print('Fehler: kein Platz gefunden')
814      return 'FEHLER'
815   print('Platz gefunden ',platz)
```

Abbildung 254: SHOP - Nachschub im Shop - Kundenretoure - Code - Unterprogramm ‚einlagern'

- Platzfindung für Retouren
  - Unterprogramm ‚platzfindng' in lvs_V2.py
  - Lagertypvorgabe implementieren
  - Übergabeparameter vorsehen
  - Übergabeparameter als Ziel-Lagertyp verwenden (überschreibt den Einlagertyp aus dem Materialstamm)

```
606
607    #-------------------------------------------------
608    #Unterprogramm Platzfindung
609    #zu Gebinde für Beispiel 3
610    #Gefahrstoffprüfung eingebaut (technische CLI-Übungen)
611    #-------------------------------------------------
612    def platzfindung(hu, gui="", ziel=""):
613        platz = ''
614        liste =[]
615        liste2 = []
616        highvalue = 999999
```

Abbildung 255: SHOP - Nachschub im Shop - Kundenretoure - Code - Unterprogramm ‚platzfindung'

```
633        if gui == "":
634            print('Material-Lagerklasse: ',klasse)
635        protokoll.append("Material-Lagerklasse: " + klasse)
636        if ziel == '':
637            einltyp = row2['Einltyp']
638        else:
639            einltyp = ziel
640        strategie = row2['Einlstrat']
641        if gui == "":
```

Abbildung 256: SHOP - Nachschub im Shop - Kundenretoure - Code - Unterprogramm ‚platzfindung' II

Beispielprozesse

- Bei den Beispielen werden folgende Menü-Codes verwendet (teilweise nur eine Auswahl dieser)
  - KRETS – Kundenretoure im Shop
  - KUMB – Freibuchung der Kundenretoure
  - GUDR – Gutschriftdruck
  - EINLAG – Einlagerung.
- Eine mögliche Verschrottung wird im entsprechenden Unterpunkt separat behandelt und an Beispielen erläutert.
- Falls die verwendeten Auslieferungspositionen für eine Kundenretoure inzwischen ungeeignet sind, müssen entsprechende Auslieferungen und deren Positionen in den CSV-Dateien ‚slkop.csv' und ‚slpos.csv' angelegt werden.
- Beispiel Retoure mit Einlagerung in SHOP_GEFA
  - Material: M093
  - Auslieferung: 59, Position: 1
  - Code: KRETS

```
transportmatrix saved to file

Bitte Auslieferungsnummer eingeben: 59

Bitte Auslieferunngsposition eingeben: 1

Bitte Retourengrund eingeben: wer

Bitte Menge eingeben: 1
Kundenretoure zur Auslieferungsposition

Bewegungssatz geschrieben

OrderedDict([('Index', ''), ('Bewegung', 'KRET'), ('HU', '27'), ('Lieferant', ' '),
('User', 'sven'), ('Fehlerflag', ' '), ('Fehlercode', ' '), ('von-Platz', 'SHOP_KRET'),
('an-Platz', 'SHOP_KRET'), ('Zeitstempel', time.struct_time(tm_year=2024, tm_mon=10,
tm_mday=16, tm_hour=23, tm_min=20, tm_sec=36, tm_wday=2, tm_yday=290, tm_isdst=1)),
('Material', 'M093'), ('Charge', 'CH093'), ('Split', '00'), ('Menge', 1), ('Einheit',
'ST'), ('Grund', 'wer'), ('Referenz', '8'), ('Kostenstelle', ' '), ('VReferenz', '59')])

Kundenretoure gebucht. Nummer =    8
Gebinde angelegt:   27

benutzer saved to file
```
Abbildung 257: SHOP - Nachschub im Shop - Kundenretoure - Beispielprozess I

– Test vorzeitiger Einlagerung mittels Code ‚EINLAG'

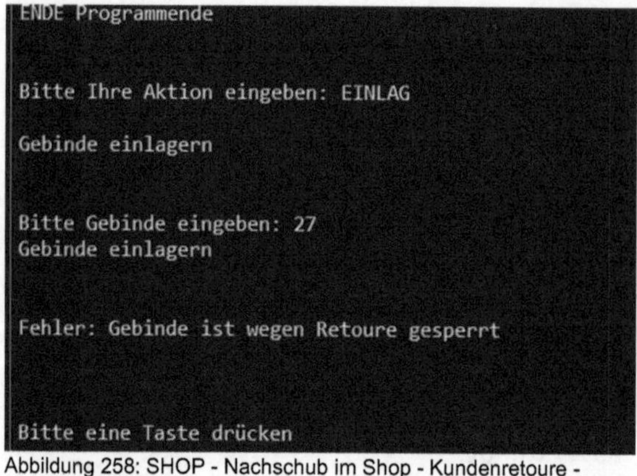

Abbildung 258: SHOP - Nachschub im Shop - Kundenretoure - eispielprozess II

– Umbuchung mittels Code ‚KUMB'

```
tourkopf saved to file
tourpos saved to file
tourstati saved to file
transportmatrix saved to file


Bitte Kundenretoure eingeben: 8
Bestand zur Kundenretoure entsperren


Bewegungssatz geschrieben

OrderedDict([('Index', ''), ('Bewegung', 'KUMB'), ('HU', '27'), ('Lieferant', ' '),
('User', 'sven'), ('Fehlerflag', ' '), ('Fehlercode', ' '), ('von-Platz', 'SHOP_KRET'),
('an-Platz', 'SHOP_KRET'), ('Zeitstempel', time.struct_time(tm_year=2024, tm_mon=10,
tm_mday=16, tm_hour=23, tm_min=21, tm_sec=50, tm_wday=2, tm_yday=290, tm_isdst=1)),
('Material', ' '), ('Charge', ' '), ('Split', ' '), ('Menge', ' '), ('Einheit', ' '),
('Grund', 'KUMB'), ('Referenz', '27'), ('Kostenstelle', ' '), ('VReferenz', '8')])


Retourensperrkennzeichen entfernt
benutzer saved to file
bewegungen saved to file
bewegungsarten saved to file
```

Abbildung 259: SHOP - Nachschub im Shop - Kundenretoure - Beispielprozess III

– Einlagerung mittels Code ‚EINLAG' → Einlagerung in ‚SHOP_GEFA'

```
Help  Variable explorer  Plots  Files  Breakpoints  Profiler  Code Analysis

Console 1/A

('SHOPGEFA07', 1, 'SHOP_GEFA'), ('SHOPGEFA08', 1, 'SHOP_GEFA'), ('SHOPGEFA09', 1,
'SHOP_GEFA'), ('SHOPGEFA10', 1, 'SHOP_GEFA')]
Liste absteigend sortieren
sortierte mögliche Plätze mit freien Kapazitäten sind:
[('SHOPGEFA01', 1, 'SHOP_GEFA'), ('SHOPGEFA02', 1, 'SHOP_GEFA'), ('SHOPGEFA03', 1,
'SHOP_GEFA'), ('SHOPGEFA05', 1, 'SHOP_GEFA'), ('SHOPGEFA06', 1, 'SHOP_GEFA'),
('SHOPGEFA07', 1, 'SHOP_GEFA'), ('SHOPGEFA08', 1, 'SHOP_GEFA'), ('SHOPGEFA09', 1,
'SHOP_GEFA'), ('SHOPGEFA10', 1, 'SHOP_GEFA')]
Platz gefunden   SHOPGEFA01

[{'Index': 129, 'Nummer': '27', 'Lieferant': '', 'Platz': 'SHOP_KRET', 'Fehlerflag': '',
'Fehlercode': '', 'Status': 'L', 'Material': 'M093', 'Charge': 'CH093', 'Split': '00',
'Menge': '1', 'Einheit': 'ST', 'RetKz': '', 'RetKopf': '8', 'RetPos': '1', 'Lagertyp':
'SHOP_KRET'}]


Platz für das Gebinde geändert.


Bewegungssatz geschrieben

OrderedDict([('Index', ''), ('Bewegung', 'HU_TA'), ('HU', '27'), ('Lieferant', ''),
('User', 'sven'), ('Fehlerflag', ''), ('Fehlercode', ''), ('von-Platz', 'SHOP_KRET'),
('an-Platz', 'SHOPGEFA01'), ('Zeitstempel', time.struct_time(tm_year=2024, tm_mon=10,
tm_mday=16, tm_hour=23, tm_min=47, tm_sec=55, tm_wday=2, tm_yday=290, tm_isdst=1)),
('Material', 'M093'), ('Charge', 'CH093'), ('Split', '00'), ('Menge', '1'), ('Einheit',
'ST'), ('Grund', ''), ('Referenz', ''), ('Kostenstelle', ''), ('VReferenz', '')])
Hallo  sven

Wollen Sie ein Transportbeleg drucken (JA/NEIN)?
```

Abbildung 260: SHOP - Nachschub im Shop - Kundenretoure - Beispielprozess IV

- Beispiel einer Kundenretoure mit Einlagerung in Lagertyp ‚SHOP_NACH'
  - Material = M005
  - Auslieferung = 50, Position = 2
  - Code = KRETS

Abbildung 261: SHOP - Nachschub im Shop - Kundenretoure - Beispielprozess V

  - Umbuchung durchgeführt
  - Einlagerung nach SHOP_NACH

Abbildung 262: SHOP - Nachschub im Shop - Kundenretoure - Beispielprozess VI

- Beispiel Kundenretoure mit Einlagerung im Lagertyp BLOCK im Lager
  - Material = M009
  - Auslieferung = 59, Position = 2
  - Erfassung der Kundenretoure mittels Code ‚KRETS'

```
itte Auslieferungsnummer eingeben: 59


itte Auslieferunngsposition eingeben: 2


itte Retourengrund eingeben: we

itte Menge eingeben: 1
undenretoure zur Auslieferungsposition


ewegungssatz geschrieben

rderedDict([('Index', ''), ('Bewegung', 'KRET'), ('HU', '26'), ('Lieferant', ' '),
'User', 'sven'), ('Fehlerflag', ' '), ('Fehlercode', ' '), ('von-Platz', 'SHOP_KRET'),
'an-Platz', 'SHOP_KRET'), ('Zeitstempel', time.struct_time(tm_year=2024, tm_mon=10,
m_mday=16, tm_hour=23, tm_min=7, tm_sec=13, tm_wday=2, tm_yday=290, tm_isdst=1)),
'Material', 'M009'), ('Charge', 'CH09 '), ('Split', '01'), ('Menge', 1), ('Einheit',
M'), ('Grund', 'we'), ('Referenz', '7'), ('Kostenstelle', ' '), ('VReferenz', '59')])


undenretoure gebucht. Nummer =   7
enutzer saved to file
ewegungen saved to file
ewegungsarten saved to file
rabs saved to file
```

Abbildung 263: SHOP - Nachschub im Shop - Kundenretoure - Beispielprozess VII

- HU 26 und Kundenretoure 7 wurden erzeugt
- HU 26 wird mittels Code ‚KUMB' entsperrt

```
tourstati saved to file
transportmatrix saved to file


Bitte Kundenretoure eingeben: 7
Bestand zur Kundenretoure entsperren


Bewegungssatz geschrieben

OrderedDict([('Index', ''), ('Bewegung', 'KUMB'), ('HU', '26'), ('Lieferant', ' '),
('User', 'sven'), ('Fehlerflag', ' '), ('Fehlercode', ' '), ('von-Platz', 'SHOP_KRET'),
('an-Platz', 'SHOP_KRET'), ('Zeitstempel', time.struct_time(tm_year=2024, tm_mon=10,
tm_mday=16, tm_hour=23, tm_min=9, tm_sec=3, tm_wday=2, tm_yday=290, tm_isdst=1)),
('Material', ' '), ('Charge', ' '), ('Split', ' '), ('Menge', ' '), ('Einheit', ' '),
('Grund', 'KUMB'), ('Referenz', '26'), ('Kostenstelle', ' '), ('VReferenz', '7')])


Retourensperrkennzeichen entfernt
benutzer saved to file
```

Abbildung 264: SHOP - Nachschub im Shop - Kundenretoure - Beispielprozess VIII

- Code ‚GUDR' zum Druck der Gutschrift

SMILE-CLI-Prototyp zur Lagerverwaltung
Gutschriftdruck zur Kundenretoure

Sven Wirsing-Mathematicum 1a-34125 Python-Deutschland

Herr
Sven Wirsing
Bahnhofstr. 3
12345 Eberbach
Deutschland

Internet: www.smile.de

E-Mail: smile@smile.de

Mobil: 01234/987654-2

SteuerNr: 22/3333/4444

UmstIdnNr: DE987654321

Datum/Uhrzeit: 16.10.2024 23:10:32

Kundennummer: K000001

Rechnungsnummer: <function redr at 0x0000017E610AD550>

Hallo Herr Sven Wirsing,

nachfolgend die Gutschrift zu Ihrer Kundenretoure im SMILE-Shop:
Gutschriftnummer 3 zur Kundenretoure 7

Pos. 1 Bez. SMILE Desinfekt + Menge 1 EP/Eur 4 Betrag/Eur 4.0

Nettobetrag = 4.0 Eur
Pauschale Transport = 0.4 Eur
Pauschale Verpackung = 0.2 Eur
Mehrwertsteuer = 0.8740000000000001 Eur
Gutschriftbetrag = 5.474 Eur

Danke für Ihre Retoure!
Sie haben den Betrag im Shop in bar erhalten.

Abbildung 265: SHOP - Nachschub im Shop - Kundenretoure - Beispielprozess IX

- Code EINLAG zur Einlagerung
  - Achtung: entweder kein Shop-Material verwenden oder Plätze im Shop entsprechend sperren

```
sortierte mögliche Plätze mit freien Kapazitäten sind:
[('BLOCK', 999999, 'BLOCK')]
Platz gefunden  BLOCK

[{'Index': 128, 'Nummer': '26', 'Lieferant': '', 'Platz': 'SHOP_KRET', 'Fehlerflag': '',
'Fehlercode': '', 'Status': 'L', 'Material': 'M009', 'Charge': 'CH09 ', 'Split': '01',
'Menge': '1', 'Einheit': 'M', 'RetKz': '', 'RetKopf': '7', 'RetPos': '1', 'Lagertyp':
'WE'}]


Platz für das Gebinde geändert.


Bewegungssatz geschrieben

OrderedDict([('Index', ''), ('Bewegung', 'HU_TA'), ('HU', '26'), ('Lieferant', ''),
('User', 'sven'), ('Fehlerflag', ''), ('Fehlercode', ''), ('von-Platz', 'SHOP_KRET'),
('an-Platz', 'BLOCK'), ('Zeitstempel', time.struct_time(tm_year=2024, tm_mon=10,
tm_mday=16, tm_hour=23, tm_min=11, tm_sec=20, tm_wday=2, tm_yday=290, tm_isdst=1)),
('Material', 'M009'), ('Charge', 'CH09 '), ('Split', '01'), ('Menge', '1'), ('Einheit',
'M'), ('Grund', ''), ('Referenz', ''), ('Kostenstelle', ''), ('VReferenz', '')])
Hallo  sven

Wollen Sie ein Transportbeleg drucken (JA/NEIN)? JA


Transportbeleg gedruckt:  39_26.pdf
```

Abbildung 266: SHOP - Nachschub im Shop - Kundenretoure - Beispielprozess X

SMILE LVS-Prototyp

Transport: 39

Gebinde: 26

Hinweise: keine Kühlpflicht

von-Platz: SHOP_KRET

Transportmatrix: ['SHOP_KRET', 'TRAN_SHOP', 'BLOCK']

an-Platz: BLOCK

Ersteller: sven

Ausführender: ...

Anmerkungen: ...

Datum, Uhrzeit, Unterschrift: ...

Abbildung 267: SHOP - Nachschub im Shop - Kundenretoure - Beispielprozess XI

- Beispielretoure für Kühlgut
  - Material = M000
  - Auslieferung = 20, Position = 1
  - Anlage Kundenretoure mittels Code ‚KRETS'

```
tourstati saved to file
transportmatrix saved to file


Bitte Auslieferungsnummer eingeben: 20


Bitte Auslieferunngsposition eingeben: 1


Bitte Retourengrund eingeben: wer

Bitte Menge eingeben: 1
Kundenretoure zur Auslieferungsposition


Bewegungssatz geschrieben

OrderedDict([('Index', ''), ('Bewegung', 'KRET'), ('HU', '25'), ('Lieferant', ' '),
('User', 'sven'), ('Fehlerflag', ' '), ('Fehlercode', ' '), ('von-Platz', 'SHOP_KRET'),
('an-Platz', 'SHOP_KRET'), ('Zeitstempel', time.struct_time(tm_year=2024, tm_mon=10,
tm_mday=16, tm_hour=23, tm_min=1, tm_sec=48, tm_wday=2, tm_yday=290, tm_isdst=1)),
('Material', 'M000'), ('Charge', 'CH00'), ('Split', '01'), ('Menge', 1), ('Einheit',
'ST'), ('Grund', 'wer'), ('Referenz', '6'), ('Kostenstelle', ' '), ('VReferenz', '20')])

Kundenretoure gebucht. Nummer =   6
benutzer saved to file
bewegungen saved to file
```

Abbildung 268: SHOP - Nachschub im Shop - Kundenretoure - Beispielprozess XII

  - Entsperren von HU 25 und Retoure 6 mittels Code ‚KUMB'

```
tourstati saved to file
transportmatrix saved to file


Bitte Kundenretoure eingeben: 6
Bestand zur Kundenretoure entsperren


Bewegungssatz geschrieben

OrderedDict([('Index', ''), ('Bewegung', 'KUMB'), ('HU', '25'), ('Lieferant', ' '),
('User', 'sven'), ('Fehlerflag', ' '), ('Fehlercode', ' '), ('von-Platz', 'SHOP_KRET'),
('an-Platz', 'SHOP_KRET'), ('Zeitstempel', time.struct_time(tm_year=2024, tm_mon=10,
tm_mday=16, tm_hour=23, tm_min=2, tm_sec=37, tm_wday=2, tm_yday=290, tm_isdst=1)),
('Material', ' '), ('Charge', ' '), ('Split', ' '), ('Menge', ' '), ('Einheit', ' '),
('Grund', 'KUMB'), ('Referenz', '25'), ('Kostenstelle', ' '), ('VReferenz', '6')])

Retourensperrkennzeichen entfernt
benutzer saved to file
bewegungen saved to file
bewegungsarten saved to file
```

Abbildung 269: SHOP - Nachschub im Shop - Kundenretoure - Beispielprozess XIII

- Gutschriftdruck für Kundenretoure 6 mittels Code GUDR

SMILE-CLI-Prototyp zur Lagerverwaltung
Gutschriftdruck zur Kundenretoure

Sven Wirsing-Mathematicum 1a-34125 Python-Deutschland

Herr
Sven Wirsing
Bahnhofstr. 3
12345 Eberbach
Deutschland

Internet: www.smile.de

E-Mail: smile@smile.de

Mobil: 01234/987654-2

SteuerNr: 22/3333/4444

UmstIdnNr: DE987654321

Datum/Uhrzeit: 16.10.2024 23:03:14

Kundennummer: K000001

Rechnungsnummer: <function redr at 0x0000017E5BB05AF0>

Hallo Herr Sven Wirsing,

nachfolgend die Gutschrift zu Ihrer Kundenretoure im SMILE-Shop:
Gutschriftnummer 2 zur Kundenretoure 6

Pos. 1 Bez. SMILE DESGEL + Menge 1 EP/Eur 12 Betrag/Eur 12.0

Nettobetrag = 12.0 Eur
Pauschale Transport = 1.2 Eur
Pauschale Verpackung = 0.6 Eur
Mehrwertsteuer = 2.622 Eur
Gutschriftbetrag = 16.421999999999997 Eur

Danke für Ihre Retoure!
Sie haben den Betrag im Shop in bar erhalten.

Abbildung 270: SHOP - Nachschub im Shop - Kundenretoure - Beispielprozess XIV

– HU 25 einlagern mittels Code ‚EINLAG'

```
Platz  KUEHL_4  wird in mögliche Plätze übernommen.
Platz  KUEHL_4  hat freie Kapazität  5
Platz  KUEHL_5  wird in mögliche Plätze übernommen.
Platz  KUEHL_5  hat freie Kapazität  4

Gefahrstoffprüfung

Gefahrstoff-Lagerklasse im Zielplatz nicht erlaubt: KUEHL_3

Gefahrstoff-Lagerklasse im Zielplatz nicht erlaubt: KUEHL_4

Gefahrstoff-Lagerklasse im Zielplatz nicht erlaubt: KUEHL_5
unsortierte mögliche Plätze mit freien Kapazitäten sind:
[('KUEHL_3', 4, 'KUEHL'), ('KUEHL_4', 5, 'KUEHL'), ('KUEHL_5', 4, 'KUEHL')]
Liste absteigend sortieren
sortierte mögliche Plätze mit freien Kapazitäten sind:
[('KUEHL_3', 4, 'KUEHL'), ('KUEHL_5', 4, 'KUEHL'), ('KUEHL_4', 5, 'KUEHL')]
Platz gefunden  KUEHL_3

[{'Index': 127, 'Nummer': '25', 'Lieferant': '', 'Platz': 'SHOP_KRET', 'Fehlerflag':
'Fehlercode': '', 'Status': 'L', 'Material': 'M000', 'Charge': 'CH00', 'Split': '01',
'Menge': '1', 'Einheit': 'ST', 'RetKz': '', 'RetKopf': '6', 'RetPos': '1', 'Lagertyp':
'WE'}]



Fehler: Gefahrstoff-Lagerklasse im Zielplatz nicht erlaubt

Bitte eine Taste drücken
```

Abbildung 271: SHOP - Nachschub im Shop - Kundenretoure - Beispielprozess XV

– Einlagerung fehlerhaft
– Lagerklassen-Einstellung muss angepasst werden (gefaltyp.csv)

5.5.10 Shop-Kommissionierung

Aufgabenstellung

Als Vorbereitung auf den Verkaufsprozess mittels Kasse wird im Rahmen dieser Übungsaufgabe die Zusammenstellung der Waren im Shop umgesetzt. Das Zusammenstellen
von Waren wird innerhalb der Logistik ‚Kommissionierung' genannt.

Der Lagertyp SHOP_PACK wird der Lagerstruktur hinzugefügt. Kommissionierte
Waren sind kundenbezogen auf Lagerplätzen SHOP_<KUNDE> nach Kommissionierung gelagert. Zu diesem Zweck ist für jeden Kunden ein entsprechender Lagerplatz anzulegen.

Das Kommissionieren wird nach folgendem Verfahren durchgeführt:

- Relevante Lagertypen sind SHOP_GEFA, SHOP_NACH, SHOP_SHOW und SHOP_KLT.
- Zur Kommissionierung sind Kunde und HU einzugeben. Die komplette HU (Vollabgriff) oder auch ein Teil der HU (=Teilabgriff) wird auf den entsprechenden Kundenplatz umgelagert.
- Als Besonderheit soll im Kleinteilebereich der Teilabgriff zufallsbasiert mittels Zufallszahlen für das Nettogewicht ermittelt werden.

Stammdatenkonstrukt
- Lagertyp SHOP_PACK in lagertyp.csv aufnehmen

	A	B	C	D	E
1	Lagernummer	Lagertyp	Bezeichnung	GefaPr	Waage
2	SMILE001	WE	Wareneingang		
3	SMILE001	HRL	Hochregallager	X	
4	SMILE001	KUEHL	Kühllager	X	
5	SMILE001	BLOCK	Blocklager	X	
6	SMILE001	SCHROTT	Verschrottung		
7	SMILE001	WA	Warenausgang		
8	SMILE001	TRAN	Transfer-Lagertyp		
9	SMILE001	SAMM	Sammel-Lagertyp		
10	SMILE001	KONS	Konsolidierungs-Lagertyp		
11	SMILE001	SPERR	Sperr-Lagertyp		
12	SMILE001	SHOP_NACH	Shop Nachschubregal	X	
13	SMILE001	SHOP_GEFA	Shop Gefahrstoff-Schrank	X	
14	SMILE001	SHOP_KTL	Shop Kleinteilebereich	X	X
15	SMILE001	SHOP_KRET	Shop Kundenretoure		
16	SMILE001	SHOP_SCHR	Shop Verschrottung		
17	SMILE001	SHOP_SHOW	Shop Showroom	X	
18	SMILE001	TRAN_SHOP	Shop Lagertransfer		
19	SMILE001	SHOP_PACK	Shop Verpackung & WA		

Abbildung 272: SHOP - Kommissionierung - Lagertyp

- Lagerplätze in SHOP_PACK zu jedem Kunden in plaetze.csv aufnehmen
  - muss bei jedem neuen Kunden einmal manuell angelegt werden

31	SHOP_Sven	Shop – Verkauf Kunde Sven	SHOP_PACK	NEIN	ungeprüft	unbegrenzt	0 BR99
32	SHOP_Alex	Shop – Verkauf Kunde Alex	SHOP_PACK	NEIN	ungeprüft	unbegrenzt	0 BR99
33	SHOP_Lena	Shop – Verkauf Kunde Lena	SHOP_PACK	NEIN	ungeprüft	unbegrenzt	0 BR99
34	SHOP_Erhard	Shop – Verkauf Kunde Erhard	SHOP_PACK	NEIN	ungeprüft	unbegrenzt	0 BR99
35	SHOP_Dominik	Shop – Verkauf Kunde Dominik	SHOP_PACK	NEIN	ungeprüft	unbegrenzt	0 BR99
36	SHOP_Terence	Shop – Verkauf Kunde Terence	SHOP_PACK	NEIN	ungeprüft	unbegrenzt	0 BR99

Abbildung 273: SHOP - Kommissionierung - Lagerplätze

- Waage-Kennzeichen im Lagertyp lagertyp.csv

	A	B	C	D	E
1	Lagernummer	Lagertyp	Bezeichnung	GefaPr	Waage
2	SMILE001	WE	Wareneingang		
3	SMILE001	HRL	Hochregallager	X	
4	SMILE001	KUEHL	Kühllager	X	
5	SMILE001	BLOCK	Blocklager	X	
6	SMILE001	SCHROTT	Verschrottung		
7	SMILE001	WA	Warenausgang		
8	SMILE001	TRAN	Transfer-Lagertyp		
9	SMILE001	SAMM	Sammel-Lagertyp		
10	SMILE001	KONS	Konsolidierungs-Lagertyp		
11	SMILE001	SPERR	Sperr-Lagertyp		
12	SMILE001	SHOP_NACH	Shop Nachschubregal	X	
13	SMILE001	SHOP_GEFA	Shop Gefahrstoff-Schrank	X	
14	SMILE001	SHOP_KTL	Shop Kleinteilebereich	X	X
15	SMILE001	SHOP_KRET	Shop Kundenretoure		
16	SMILE001	SHOP_SCHR	Shop Verschrottung		
17	SMILE001	SHOP_SHOW	Shop Showroom	X	
18	SMILE001	TRAN_SHOP	Shop Lagertransfer		
19	SMILE001	SHOP_PACK	Shop Verpackung & WA		

Abbildung 274: SHOP - Kommissionierung - Lagertyp & Waage

Konzept

- Mainloop in lvs_V2.py
  - Datenbank speichern
  - Aufrufe Unterroutine ‚pick‘ in lvs_ueb.py
  - Datenbank initiieren
- Pick-Routine
  - Datenbank initiieren
  - Kunden eingeben und prüfen
    Kunde vorhanden
    Kundenlagerplatz vorhanden
  - Schleife für Umlagerungen von Bestand auf Kundenlagerplatz, solange eine HU eingegeben wird
    HU eingeben lassen
    Quell-Lagertyp auf Waage-Kennzeichen prüfen
    Menge eingeben lassen und prüfen auf Maximalmenge der HU
    Falls Waage-Kennzeichen vorhanden
      Intervall Gewicht zur Menge 1 und Maximalmenge der HU berechnen
      Zufallszahl im Intervall ermitteln
      Umrechnen in Menge und aufrunden
    bei Komplettabgriff den Platz der HU auf Kundenplatz ändern und continue mit der Schleife

bei Teilabgriff
   Quell-HU um eingegebene Menge reduzieren
   neue HU auf Kundenlagerplatz mit eingegebener Menge erzeugen
Datenbank sichern
zurück zum mainloop

Implementierung

- Mainloop in lvs_V2.py

```
794
795    #      Shop - Kommissionierung
796           elif answer == 'PICK':
797               db.sichern()
798               print()
799               lvs_ueb.pick(user)
800               init()
801               input('Bitte eine Taste drücken: ')
802               print()
803
```

Abbildung 275: SHOP - Kommissionierung - Code - Mainloop

- Unterroutine ‚pick' in lvs_ueb.py

```
1426   #-------------------------------------------------------------
1427   #Unterprogramm Shop-Kommissionierung für Kunden
1428   #-------------------------------------------------------------
1429   def pick(user):
1430   #    Code PICK im Menü angelegt
1431   #    Überschrift und DB initialisieren
1432       print()
1433       print('Shop-Kommissionierung für Kunde')
1434       print()
1435       lvs.init()
1436
1437   #    Kunde eingeben und prüfen inkl. Packplatz
1438       kunde = input('Kunde: ')
1439       toSelectk = lvs.db.kunde.select({'Kunde':kunde})
1440       if toSelectk == []:
1441           print()
1442           print('Abbruch: Kunde ist unbekannt.')
1443           return 'FEHLER'
1444   #    Lagertyp SHOP_PACK angelegt
1445   #    Kundenplätze in SHOP_PACK angelegt
1446       for rowk in toSelectk:
1447           platz = 'SHOP_'+kunde
1448           toSelectp = lvs.db.plaetze.select({'Platz':platz})
1449           if toSelectp == []:
1450               print()
1451               print('Abbruch: Kunde besitzt keinen Packplatz.')
1452               return 'FEHLER'
1453
```

Abbildung 276: SHOP - Kommissionierung - Code - Unterprogramm ‚pick'

```
1454  #    Schleife zur Teilmengenumlagerung von HUs bis Abbruch
1455       hu = 'INIT'
1456       while hu != '':
1457           print()
1458           hu = input('HU eingeben: ')
1459           if hu == '':
1460               print()
1461               print('Abbruch der Schleife.')
1462               break
1463
1464  #        Prüfungen: HU existiert und Menge okay, nicht gesperrt
1465           toSelecthu = lvs.db.gebinde.select({'Nummer':hu})
1466           if toSelecthu == []:
1467               print()
1468               print('HU ist unbekannt.')
1469               continue
1470           for rowhu in toSelecthu:
1471  #            Waagekennzeichen im Lgertyp
1472               toSelectlt = lvs.db.lagertyp.select({'Lagertyp':rowhu['Lagertyp'],
1473               if toSelectlt == []:
1474                   hum = input('Menge ganzzahlig in BME eingeben: ')
1475                   try:
1476                       hum = int(hum)
1477                   except:
1478                       print()
1479                       print('Abbruch: Mengenengabe unzulässig.')
1480                       continue
```

Abbildung 277: SHOP - Kommissionierung - Code - Unterprogramm ‚pick' II

```
1481               if toSelectlt != []:
1482                   print()
1483                   print('Waage ist aktiv. Wiegevorgang wird gestartet...')
1484                   #Menge darf 1 bis hu-Menge sein
1485                   #Material das Gewicht besorgen aus matstamm
1486                   toSelectm = lvs.db.matstamm.select({'Material':rowhu['Material
1487                   for rowm in toSelectm:
1488                       gewicht = float(rowm['Gewicht'])
1489                       print('Gewicht: ',gewicht)
1490                       min = gewicht * float(1)
1491                       print('Minimum: ',min)
1492                       max = gewicht * float(rowhu['Menge'])
1493                       print('Maximum',max)
1494                   #Zufallszahl float im Intervall
1495                       zgewicht = np.random.uniform(min,max)
1496                       print('Zufallsgewicht: ',zgewicht)
1497                       zgewicht = float(zgewicht)
1498                       print('aufgerundetes Zufallsgewicht: ',zgewicht)
1499                   #Umrechnen in Menge
1500                       gewogen = zgewicht / float(rowm['Gewicht'])
1501                       print('Zufallsgewicht in Menge: ',gewogen)
1502                       imenge = math.ceil(gewogen)
1503                       print('aufgerundete Menge: ',imenge)
1504                   #HUM setzen bis zur Maximalmenge
1505                       if imenge > int(rowhu['Menge']):
1506                           hum = int(rowhu['Menge'])
1507                       else:
1508                           hum = int(imenge)
```

Abbildung 278: SHOP - Kommissionierung - Code - Unterprogramm ‚pick' III

```
1509                         print('endgültige Menge: ',hum)
1510                         #4 Sekunden warten
1511                         time.sleep(4)
1512                         #Ausgabe des Wiegens
1513                         print()
1514                         print('Wiegen erfolgreich durchgeführt mit Menge ',hum)
1515                         print()
1516                     if int(hum) > int(rowhu['Menge']):
1517                         print()
1518                         print('Menge ist unzulässig, da groesser als HU-Menge.')
1519                         continue
1520                     if int(hum) <= 0:
1521                         print()
1522                         print('Menge kleiner oder gleich Null ist unzulässig.')
1523                         continue
1524                     if rowhu['RetKz'] == 'X':
1525                         print()
1526                         print('HU ist gesperrt.')
1527                         continue
1528
1529     #          Komplettumlagerung: Lagerplatz und Lagertyp in HU ändern
1530     #          Platzaendern-Routine zu wuchtig, da alles im Zielplatz erlaubt
1531                     if int(hum) == int(rowhu['Menge']):
1532                         rowhu['Lagertyp'] = 'SHOP_PACK'
1533                         rowhu['Platz'] = platz
1534                         lvs.db.gebinde.modify(rowhu)
1535                         continue
```

Abbildung 279: SHOP - Kommissionierung - Code - Unterprogramm ‚pick' IV

```
1537     #          Teilmenge von HU umlagern -> neue HU auf Zielplatz erzeugen
1538     #          ursprüngliche HU in Menge reduzieren
1539                     if int(hum) < int(rowhu['Menge']):
1540                         #ursprüngliche HU anpassen
1541                         diff = int(rowhu['Menge']) - int(hum)
1542                         rowhu['Menge'] = str(diff)
1543                         lvs.db.gebinde.modify(rowhu)
1544                         print()
1545                         print('Ursprüngliche HU bzgl. Menge angepasst.')
1546                         print(rowhu)
1547                         #Nummernkreis neues Gebinde
1548                         toSelect2 = lvs.db.nummernkreise.select({'Objekt':'GEBE'})
1549                         initial=len(toSelect2)
1550                         if initial != 0:
1551                             for row2 in toSelect2:
1552                                 nummer2 = int(row2['Stand'])
1553                                 #Nummer darf nicht schon existieren als Gebinde
1554                                 check = False
1555                                 while check == False:
1556                                     nummer2 = nummer2 + 1
1557                                     row2['Stand'] = nummer2
1558                                     toSelectg = lvs.db.gebinde.select({'Nummer':str(nu
1559                                     initialg = len(toSelectg)
1560                                     if initialg == 0:
1561                                         check = True
1562                                 #neuen Stand speichern
1563                                 lvs.db.nummernkreise.modify(row2)
1564                                 #erstelle neue HU mit Differenzmenge auf Quellplatz
1565                                 h = lvs.db.gebinde.get_empty()
1566                                 h['Nummer']=nummer2
1567                                 h['Material'] = rowhu['Material']
1568                                 h['Charge'] = rowhu['Charge']
1569                                 h['Split'] = rowhu['Split']
1570                                 h['Einheit'] = rowhu['Einheit']
```

Abbildung 280: SHOP - Kommissionierung - Code - Unterprogramm ‚pick' V

```
1569                          h['Split'] = rowhu['Split']
1570                          h['Einheit'] = rowhu['Einheit']
1571                          h['Status'] = rowhu['Status']
1572                          h['Lieferant'] = rowhu['Lieferant']
1573                          h['Lagertyp']='SHOP_PACK'
1574                          h['Platz']=platz
1575                          h['Menge']=int(hum)
1576                          lvs.db.gebinde.insert(h)
1577                          print()
1578                          print('Neue HU auf Kunden-Packplatz erzeugt. Bitte uml
1579                          print(h)
1580                          print()
1581      #    DB sichern
1582      print()
1583      input('Bitte eine Taste drücken: ')
1584      lvs.db.sichern()
1585
1586      #    zurück zum Hauptprogramm
1587      return 'OKAY'
1588      #--------------------------------------------------------------
1589
1590
```

Abbildung 281: SHOP - Kommissionierung - Code - Unterprogramm ‚pick' VI

Beispielprozesse

- Kunde ‚Sven': ein Gebinde aus SHOP_SHOW und einen Teilabgriff von SHOP_NACH

  - Bestand in SHOP_SHOW und SHOP_NACH

8	16 Sven	SHOPSHOW01		L	M096	70 ST
9	17 Sven	SHOPSHOW02		L	M097	80 ST
0	18 Sven	SHOPSHOW03		L	M098	90 ST

Abbildung 282: SHOP - Kommissionierung - Beispieldaten I

40 Sven	SHOPNACH06		L	M092	40 ST
41 Sven	SHOPNACH05		L	M098	58 ST
42 Sven	SHOPNACH05		L	M098	14 ST
43 Sven	SHOPNACH05		L	M098	54 ST

Abbildung 283: SHOP - Kommissionierung - Beispieldaten II

- Code PICK verwenden
- Gebinde 16 komplett umlagern

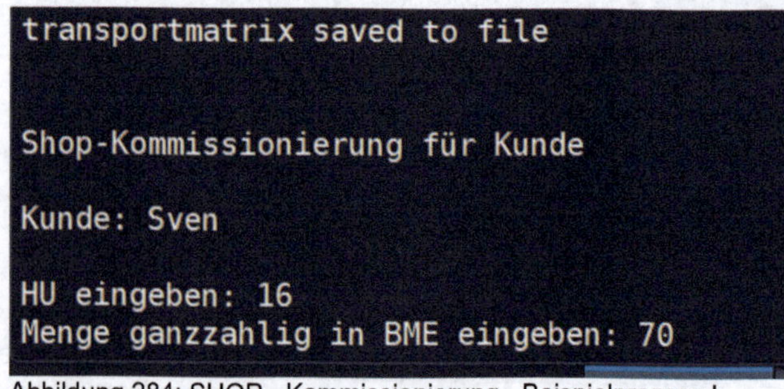

Abbildung 284: SHOP - Kommissionierung - Beispielprozess I

– Gebinde 40 Teilabgriff

```
HU eingeben: 40
Menge ganzzahlig in BME eingeben: 1

Ursprüngliche HU bzgl. Menge angepasst.
{'Index': 138, 'Nummer': '40', 'Lieferant': 'Sven', 'Platz': 'SHOPNACH06',
 'Fehlerflag': '', 'Fehlercode': '', 'Status': 'L', 'Material': 'M092',
 'Charge': '', 'Split': '', 'Menge': '39', 'Einheit': 'ST', 'RetKz': '',
 'RetKopf': '', 'RetPos': '', 'Lagertyp': 'SHOP_NACH'}

Neue HU auf Kunden-Packplatz erzeugt. Bitte umlagern.
OrderedDict({'Index': '', 'Nummer': 53, 'Lieferant': 'Sven', 'Platz':
'SHOP_Sven', 'Fehlerflag': '', 'Fehlercode': '', 'Status': 'L', 'Material':
'M092', 'Charge': '', 'Split': '', 'Menge': 1, 'Einheit': 'ST', 'RetKz': '',
'RetKopf': '', 'RetPos': '', 'Lagertyp': 'SHOP_PACK'})
```

Abbildung 285: SHOP - Kommissionierung - Beispielprozess II

– Bestand auf Kundenplatz ‚SHOP_Sven' in ‚SHOP_PACK' mittels Code ‚BPLA'
anzeigen

```
--- Allgemein ---
ENDE Programmende

Bitte Ihre Aktion eingeben: BPLA

Platzbestand anzeigen:

Bitte Platz eingeben: SHOP_Sven

[{'Index': 117, 'Nummer': '16', 'Lieferant': 'Sven', 'Platz':
'SHOP_Sven', 'Fehlerflag': '', 'Fehlercode': '', 'Status': 'L',
'Material': 'M096', 'Charge': '', 'Split': '', 'Menge': '70',
'Einheit': 'ST', 'RetKz': '', 'RetKopf': '', 'RetPos': '',
'Lagertyp': 'SHOP_PACK'}, {'Index': 151, 'Nummer': '53',
'Lieferant': 'Sven', 'Platz': 'SHOP_Sven', 'Fehlerflag': '',
'Fehlercode': '', 'Status': 'L', 'Material': 'M092', 'Charge': '',
'Split': '', 'Menge': '1', 'Einheit': 'ST', 'RetKz': '', 'RetKopf':
'', 'RetPos': '', 'Lagertyp': 'SHOP_PACK'}]
```

Abbildung 286: SHOP - Kommissionierung - Beispielprozess III

- für Kunde ‚Alex' zwei Kleinteil-Abgriffe aus ‚SHOP_KTL'
  – Bestand im Kleinteilebereich gebinde.csv

13	Sven	SHOPKTL001		L	M090		10 ST
14	Sven	SHOPKTL002		L	M091		50 ST
15	Sven	SHOPKTL003		L	M092		60 ST
16	Sven	SHOP_Sven		L	M096		70 ST

Abbildung 287: SHOP - Kommissionierung - Beispieldaten III

– Aufruf Code PICK

```
tourstati saved to file
transportmatrix saved to file


Shop-Kommissionierung für Kunde

Kunde: Alex

HU eingeben:
```

Abbildung 288: SHOP - Kommissionierung - Beispielprozess IV

– Teilabgriff 1 von Gebinde 13 mit Menge 3→Menge nicht eingebbar wegen Zufallserzeugung

```
HU eingeben: 13

Waage ist aktiv. Wiegevorgang wird gestartet...
Gewicht:  0.01
Minimum:  0.01
Maximum 0.13
Zufallsgewicht:  0.01888993705824564
aufgerundetes Zufallsgewicht:  0.01888993705824564
Zufallsgewicht in Menge:  1.888993705824564
aufgerundete Menge:  2
endgültige Menge:  2

Wiegen erfolgreich durchgeführt mit Menge  2


Ursprüngliche HU bzgl. Menge angepasst.
{'Index': 114, 'Nummer': '13', 'Lieferant': 'Sven', 'Platz': 'SHOPKTL001',
'Fehlerflag': '', 'Fehlercode': '', 'Status': 'L', 'Material': 'M090',
'Charge': '', 'Split': '', 'Menge': '11', 'Einheit': 'ST', 'RetKz': '',
'RetKopf': '', 'RetPos': '', 'Lagertyp': 'SHOP_KTL'}

Neue HU auf Kunden-Packplatz erzeugt. Bitte umlagern.
OrderedDict({'Index': '', 'Nummer': 54, 'Lieferant': 'Sven', 'Platz':
'SHOP_Alex', 'Fehlerflag': '', 'Fehlercode': '', 'Status': 'L', 'Material':
'M090', 'Charge': '', 'Split': '', 'Menge': 2, 'Einheit': 'ST', 'RetKz': '',
'RetKopf': '', 'RetPos': '', 'Lagertyp': 'SHOP_PACK'})
```

Abbildung 289: SHOP - Kommissionierung - Beispielprozess V

```
Ursprüngliche HU bzgl. Menge angepasst.
{'Index': 114, 'Nummer': '13', 'Lieferant': 'Sven', 'Platz': 'SHOPKTL001',
'Fehlerflag': '', 'Fehlercode': '', 'Status': 'L', 'Material': 'M090',
'Charge': '', 'Split': '', 'Menge': '11', 'Einheit': 'ST', 'RetKz': '',
'RetKopf': '', 'RetPos': '', 'Lagertyp': 'SHOP_KTL'}

Neue HU auf Kunden-Packplatz erzeugt. Bitte umlagern.
OrderedDict({'Index': '', 'Nummer': 54, 'Lieferant': 'Sven', 'Platz':
'SHOP_Alex', 'Fehlerflag': '', 'Fehlercode': '', 'Status': 'L', 'Material':
'M090', 'Charge': '', 'Split': '', 'Menge': 2, 'Einheit': 'ST', 'RetKz': '',
'RetKopf': '', 'RetPos': '', 'Lagertyp': 'SHOP_PACK'})
```

Abbildung 290: SHOP - Kommissionierung - Beispielprozess VI

– Teilabgriff 2 von Gebinde 15 mit Menge 10 → Menge per Zufall ermittelt

```
HU eingeben: 15

Waage ist aktiv. Wiegevorgang wird gestartet...
Gewicht:  0.5
Minimum:  0.5
Maximum 30.0
Zufallsgewicht:  19.883865363370926
aufgerundetes Zufallsgewicht:  19.883865363370926
Zufallsgewicht in Menge:  39.76773072674185
aufgerundete Menge:  40
endgültige Menge:  40


Wiegen erfolgreich durchgeführt mit Menge  40


Ursprüngliche HU bzgl. Menge angepasst.
{'Index': 116, 'Nummer': '15', 'Lieferant': 'Sven', 'Platz': 'SHOPKTL003',
'Fehlerflag': '', 'Fehlercode': '', 'Status': 'L', 'Material': 'M092',
'Charge': '', 'Split': '', 'Menge': '20', 'Einheit': 'ST', 'RetKz': '',
'RetKopf': '', 'RetPos': '', 'Lagertyp': 'SHOP_KTL'}
```

Abbildung 291: SHOP - Kommissionierung - Beispielprozess VII

```
 'RetKopf': '', 'RetPos': '', 'Lagertyp': 'SHOP_KTL'}

Neue HU auf Kunden-Packplatz erzeugt. Bitte umlagern.
OrderedDict({'Index': '', 'Nummer': 55, 'Lieferant': 'Sven', 'Platz':
'SHOP_Alex', 'Fehlerflag': '', 'Fehlercode': '', 'Status': 'L', 'Material'
'M092', 'Charge': '', 'Split': '', 'Menge': 40, 'Einheit': 'ST', 'RetKz':
'', 'RetKopf': '', 'RetPos': '', 'Lagertyp': 'SHOP_PACK'})


HU eingeben:
```

Abbildung 292: SHOP - Kommissionierung - Beispielprozess VIII

```
HU eingeben:

Abbruch der Schleife.

Bitte eine Taste drücken:
```

Abbildung 293: SHOP - Kommissionierung -
Beispielprozess IX

– Bestand auf Kundenplatz ‚SHOP_Alex' mittels Code ‚BPLA' auswerten

```
                  Allgemein
ENDE Programmende

Bitte Ihre Aktion eingeben: BPLA

Platzbestand anzeigen:

Bitte Platz eingeben: SHOP_Alex

[{'Index': 142, 'Nummer': '47', 'Lieferant': 'Sven', 'Platz': 'SHOP_Alex',
 'Fehlerflag': '', 'Fehlercode': '', 'Status': 'L', 'Material': 'M098',
 'Charge': '', 'Split': '', 'Menge': '34', 'Einheit': 'ST', 'RetKz': '',
 'RetKopf': '', 'RetPos': '', 'Lagertyp': 'SHOP_PACK'}, {'Index': 143,
 'Nummer': '48', 'Lieferant': 'Sven', 'Platz': 'SHOP_Alex', 'Fehlerflag': '',
 'Fehlercode': '', 'Status': 'L', 'Material': 'M098', 'Charge': '', 'Split':
 '', 'Menge': '3', 'Einheit': 'ST', 'RetKz': '', 'RetKopf': '', 'RetPos': '',
 'Lagertyp': 'SHOP_PACK'}, {'Index': 152, 'Nummer': '54', 'Lieferant':
 'Sven', 'Platz': 'SHOP_Alex', 'Fehlerflag': '', 'Fehlercode': '', 'Status':
 'L', 'Material': 'M090', 'Charge': '', 'Split': '', 'Menge': '2', 'Einheit':
 'ST', 'RetKz': '', 'RetKopf': '', 'RetPos': '', 'Lagertyp': 'SHOP_PACK'},
 {'Index': 153, 'Nummer': '55', 'Lieferant': 'Sven', 'Platz': 'SHOP_Alex',
 'Fehlerflag': '', 'Fehlercode': '', 'Status': 'L', 'Material': 'M092',
 'Charge': '', 'Split': '', 'Menge': '40', 'Einheit': 'ST', 'RetKz': '',
 'RetKopf': '', 'RetPos': '', 'Lagertyp': 'SHOP_PACK'}]


Bitte eine Taste drücken:
```

Abbildung 294: SHOP - Kommissionierung - Beispielprozess X

- Kundin ‚Lena' mit Abgriff aus ‚SHOP_GEFA' und ‚SHOP_NACH'
  - Bestand in SHOP_GEFA

19 Sven	SHOPGEFA01	L	M093	CH093	0	100 ST
20 Sven	SHOPGEFA02	L	M094	CH094	0	110 ST
21 Sven	SHOPGEFA03	L	M095	CH095	0	120 ST
22 Sven	SHOPGEFA04	L	M093	CH093	0	1 ST

Abbildung 295: SHOP - Kommissionierung - Beispieldaten IV

  - Bestand in SHOP_NACH

40 Sven	SHOPNACH06	L	M092	39 ST
41 Sven	SHOPNACH05	L	M098	58 ST
42 Sven	SHOPNACH05	L	M098	14 ST
43 Sven	SHOPNACH05	L	M098	54 ST

Abbildung 296: SHOP - Kommissionierung - Beispieldaten V

  - Aufruf Kommissionierung mittels Code ‚PICK'

```
transportmatrix saved to file


Shop-Kommissionierung für Kunde

Kunde: Lena

HU eingeben:
```

Abbildung 297: SHOP - Kommissionierung - Beispielprozess XI

– Teilabgriff in SHOP_GEFA von HU 20 mit Menge 23

```
HU eingeben: 20
Menge ganzzahlig in BME eingeben: 23

Ursprüngliche HU bzgl. Menge angepasst.
{'Index': 121, 'Nummer': '20', 'Lieferant': 'Sven', 'Platz': 'SHOPGEFA02',
'Fehlerflag': '', 'Fehlercode': '', 'Status': 'L', 'Material': 'M094',
'Charge': 'CH094', 'Split': '0', 'Menge': '87', 'Einheit': 'ST', 'RetKz':
'', 'RetKopf': '', 'RetPos': '', 'Lagertyp': 'SHOP_GEFA'}

Neue HU auf Kunden-Packplatz erzeugt. Bitte umlagern.
OrderedDict({'Index': '', 'Nummer': 57, 'Lieferant': 'Sven', 'Platz':
'SHOP_Lena', 'Fehlerflag': '', 'Fehlercode': '', 'Status': 'L', 'Material':
'M094', 'Charge': 'CH094', 'Split': '0', 'Menge': 23, 'Einheit': 'ST',
'RetKz': '', 'RetKopf': '', 'RetPos': '', 'Lagertyp': 'SHOP_PACK'})


HU eingeben:
```

Abbildung 298: SHOP - Kommissionierung - Beispielprozess XII

– Vollabgriff in SHOP_NACH mittels HU 42 mit Menge 14

```
HU eingeben: 42
Menge ganzzahlig in BME eingeben: 14

HU komplett umgelagert

HU eingeben:
```

Abbildung 299: SHOP - Kommissionierung - Beispielprozess XIII

```
HU eingeben:

Abbruch der Schleife.

Bitte eine Taste drücken:
```

Abbildung 300: SHOP - Kommissionierung - Beispielprozess XIV

– Kundenlagerplatz SHOP_Lena mittels Code BPLA auf Bestand auswerten

```
Bitte Platz eingeben: SHOP_Lena

[{'Index': 140, 'Nummer': '42', 'Lieferant': 'Sven', 'Platz': 'SHOP_Lena',
'Fehlerflag': '', 'Fehlercode': '', 'Status': 'L', 'Material': 'M098',
'Charge': '', 'Split': '', 'Menge': '14', 'Einheit': 'ST', 'RetKz': '',
'RetKopf': '', 'RetPos': '', 'Lagertyp': 'SHOP_PACK'}, {'Index': 144,
'Nummer': '49', 'Lieferant': 'Sven', 'Platz': 'SHOP_Lena', 'Fehlerflag': '',
'Fehlercode': '', 'Status': 'L', 'Material': 'M092', 'Charge': '', 'Split':
'', 'Menge': '2', 'Einheit': 'ST', 'RetKz': '', 'RetKopf': '', 'RetPos': '',
'Lagertyp': 'SHOP_PACK'}, {'Index': 145, 'Nummer': '50', 'Lieferant':
'Sven', 'Platz': 'SHOP_Lena', 'Fehlerflag': '', 'Fehlercode': '', 'Status':
'L', 'Material': 'M092', 'Charge': '', 'Split': '', 'Menge': '2', 'Einheit':
'ST', 'RetKz': '', 'RetKopf': '', 'RetPos': '', 'Lagertyp': 'SHOP_PACK'},
{'Index': 154, 'Nummer': '56', 'Lieferant': 'Sven', 'Platz': 'SHOP_Lena',
'Fehlerflag': '', 'Fehlercode': '', 'Status': 'L', 'Material': 'M093',
'Charge': 'CH093', 'Split': '0', 'Menge': '1', 'Einheit': 'ST', 'RetKz': '',
'RetKopf': '', 'RetPos': '', 'Lagertyp': 'SHOP_PACK'}, {'Index': 155,
'Nummer': '57', 'Lieferant': 'Sven', 'Platz': 'SHOP_Lena', 'Fehlerflag': '',
'Fehlercode': '', 'Status': 'L', 'Material': 'M094', 'Charge': 'CH094',
'Split': '0', 'Menge': '23', 'Einheit': 'ST', 'RetKz': '', 'RetKopf': '',
'RetPos': '', 'Lagertyp': 'SHOP_PACK'}]

Bitte eine Taste drücken:
```

Abbildung 301: SHOP - Kommissionierung - Beispielprozess XV

5.5.11 Kasse

Aufgabenstellung

Als Kassenfunktion sollte das entsprechende Python-Programm aus der technischen Dokumentation verwendet werden. Auf dieser Grundlage steht genau eine Kasse mit folgenden Grundfunktionen zur Verfügung:

- Anmelden
- Abmelden
- Inventur
- Übersicht Kassenfunktionen
- Verkaufsvorgang.

Die Funktionen müssen angepasst und neue entwickelt werden. Nachfolgend die Beschreibung der zu verwendenden Kassenfunktionen:

- Die Kasse bleibt ein eigenes Python-Programm.
- Es soll weiterhin genau eine Kasse verwendbar sein.

- Beim Anmelden müssen abweichend zur Übungsaufgabe alle Shop-Produkte in die Kasse geladen und der aktuelle Geldbestand von der Datenbank abgerufen werden.
- Beim Abmelden muss der Geldbestand auf der Datenbank gespeichert werden.
- Die Anzeige der Kassenfunktionen kann verwendet werden.
- Die Kundenretoure muss neu entwickelt werden:
  - Vorbereitend werden Kundenretoure und Gutschrift außerhalb der Kasse durchgeführt (siehe Übungsaufgabe 23). Die Gutschrift muss den Gutschriftsbetrag speichern.
  - Der Kunde legt die Gutschrift mit Nummer vor.
  - Der Betrag wird ermittelt und ausgezahlt.
  - Das Ausbezahlen wird in der Gutschrift vermerkt, um keine zweite Ausbezahlung durchführen zu können.
- Der Verkaufsvorgang muss komplett neu entwickelt werden. Er kann nicht übernommen werden.
  - Vorbereitend muss alles das, was der Kunde kaufen möchte, per Übungsaufgabe 23 kommissioniert und auf den richtigen Kundenlagerplatz im Lagertyp SHOP_PACK umgelagert werden.
  - Der Kunde übergibt seine Kundennummer.
  - Es werden alle Gebinde auf dem Kundenlagerplatz in SHOP_PACK ermittelt und physisch verpackt. Das Verpacken wird IT-seitig nicht erfasst.
  - Es soll der Rechnungsbeleg aus Übungsaufgabe 14 Verwendung finden. Zu diesem Zweck ist eine Auslieferung auf Basis der zuvor selektierten Bestände intern (mit SHOP-Kennzeichen) anzulegen und der Rechnungsdruck aufzurufen. Der Kunde erhält die Rechnung.
  - Der Kunde bezahlt die Rechnung. Demzufolge erhöht sich der Kassenbestand.
  - Die Gebinde werden ausgebucht und eine zugehörige Bewegung mit Bewegungsart WA_SL angelegt.

Datenkonstrukt

- Kassenbestand in smile.csv

K	L	M	N	O	P	Q	R	S	T	U
ProzPauTra	ProzPauVerp	MWST	Bank	BIC	IBAN	ZahlEmp	SCGrund	SMGrund	SPPlatz	Kasse
10	5	19	SMILE-Bank	12312345	DE1234567890	Sven Wirsing	gesperrte Charge	manuell	SPERR	522.16

Abbildung 302: SHOP - Kasse - Kassendaten

- Kassenauszahlung in retkopf.csv und Betrag-Speicherung in retkopf.csv

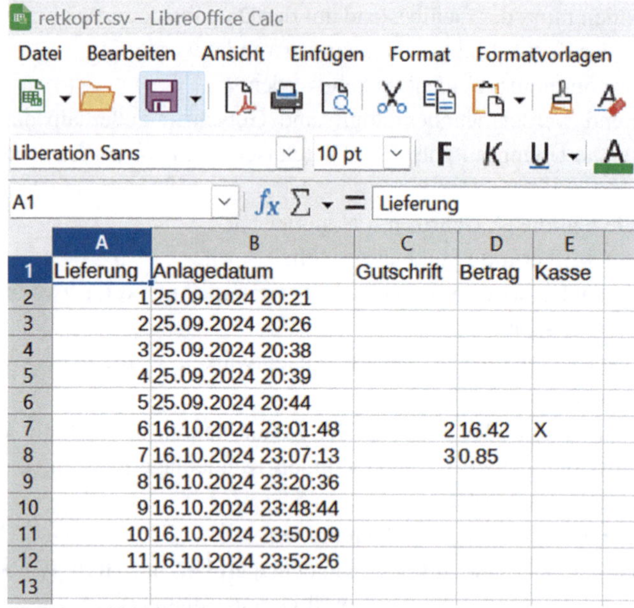

Abbildung 303: SHOP - Kasse - Retourendaten

- neue Bewegungsart WA_SL

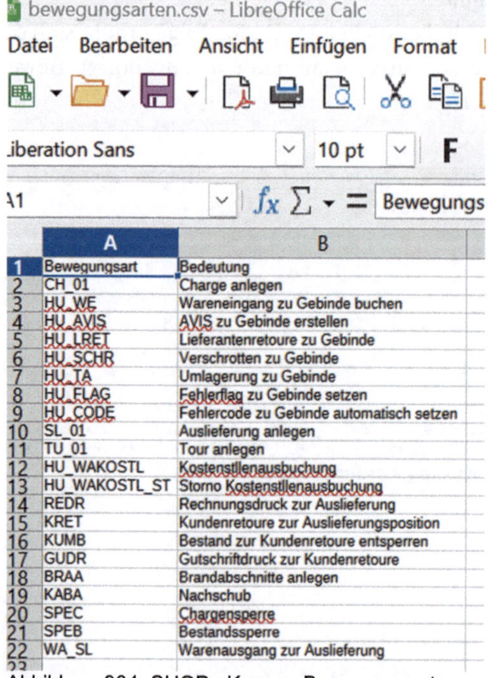

Abbildung 304: SHOP - Kasse - Bewegungsarten

- Shop-Kennzeichen in slkopf.csv

Abbildung 305: SHOP - Kasse - Shop-Kennzeichen

Konzept
siehe Aufgabenstellung

Implementierung
- Shop
  - Klassenattribute

```python
# -*- coding: utf-8 -*-
"""
Created on Mon May 29 13:25:18 2023

@author: Sven.Wirsing
"""
import lvs_V2 as lvs
import lvs_ueb
import lvs_gui_tkinter as gui
import time
from datetime import date

# Beispielklasse Kasse im SMILE-Shop
# Klassendefinition
class Kassen():
    count = 0 # Attribut um zu prüfen, ob Instanz vorhanden ist
    lvs.init()
    matlist = {}
    toSelectm = lvs.db.matstamm.select({'Shop':'X'})
    for rowm in toSelectm:
        matlist[rowm['Material']]=rowm['PreisBME']
    # matlist = {"M001":1.23, "M002":6.99, "M003":0.89, "M004":11.67}
    __functions = ["AN - Anmelden an einer Kasse",
                   "AB - Abmelden an einer Kasse",
                   "IV - Inventur an einer Kasse",
                   "VO - Kunden-Einkauf",
                   "KR - Kunden-Retoure ausbezahlen",
                   "SH - Kassenübersicht"]
```

Abbildung 306: SHOP - Kasse - Code - Kassenprogramm - Klassendefinition

– Konstruktor

```
34        print(Kassen.__functions[1])
35
36    #    Konstruktor
37    def __init__(self):
38        benutzer = input("Bitte melden Sie sich mit dem Ihrem Namen an: ")
39        toSelectsm = lvs.db.smile.select({'Lagernummer':'SMILE001'})
40        for rowsm in toSelectsm:
41            bestand = float(rowsm['Kasse'])
42        name = input("Bitte geben Sie den Kassennamen ein: ")
43        self.money = bestand
44        self.__active = True
45        self.user = benutzer
46        self._error = False
47        self.name = name
48        Kassen.count =+ 1
49        self.__menue = Kassen.__functions
50
51    #    Methode zum Anzeigen der Kassendaten
```

Abbildung 307: SHOP - Kasse - Code - Kassenprogramm - Konstruktor

– Methode zur Subtraktion des Kassenbestandes

```
70    #    Methoden zur Erniedrigung des Geldbestands
71    def submoney(self, sub):
72        self.money = float(self.money) - float(sub)
```

Abbildung 308: SHOP - Kasse - Code - Kassenprogramm - Subtraktion

– Methode zur Kundenretoure

```
83
84    #    Metoden zur Kundenretoure
85    def custret(self):
86        print("Kundenretoure ausbezahlen")
87        gudr = input('Kundenretoure: ')
88        toSelectrk = lvs.db.retkopf.select({'Gutschrift':gudr})
89        if toSelectrk == []:
90            print()
91            print('Gutschrift nicht vorhanden.')
92            return 'Fehler'
93        for rowrk in toSelectrk:
94            if rowrk['Kasse'] == 'X':
95                print()
96                print('Gutschrift bereits ausbezahlt.')
97                return 'Fehler'
98            betrag = float(rowrk['Betrag'])
99            print()
100           print('Gutschrift wird ausbezahlt: ',betrag)
101           self.submoney(betrag)
102           #self.money = self.money - betrag
103           rowrk['Kasse'] = 'X'
104           lvs.db.retkopf.modify(rowrk)
```

Abbildung 309: SHOP - Kasse - Code - Kassenprogramm - Kundenretoure

– Kundenverkaufs-Methode

```
106   #    Methoden zum Kundenvorgang
107   def action(self):
108       print('Bezahlvorgang zum Kundenkauf')
109       print()
110
111   #    Kunde eingeben und prüfen
112       kunde = input('Kunde: ')
113       toSelectk = lvs.db.kunde.select({'Kunde':kunde})
114       if toSelectk == []:
115           print()
116           print('Abbruch: Kunde ist unbekannt.')
117           return 'FEHLER'
118   #    Bestand selektieren ohne gesperrten
119       print()
120       print('Selektion Bestand vom Kundenplatz...')
121       platz = 'SHOP_' + str(kunde)
122       toSelectb = lvs.db.gebinde.select({'Platz':platz,'RetKz':''})
123       if toSelectb == []:
124           print()
125           print('Abbruch: kein Bestand auf Kunden-WA-Platz vorhanden.')
126           return 'Fehler'
127       time.sleep(1)
128   #    Lieferungsanlage mit Shopkennzeichen und Status erledigt
129   #.....Nummernkreisintervall updaten
130       print('Bestand selektiert. Anlage der Auslieferung...')
131       toSelecta = lvs.db.nummernkreise.select({'Objekt':'AUSL'})
132       initial=len(toSelecta)
133       if initial != 0:
134           for rowa in toSelecta:
135               nummera = int(rowa['Stand'])
136               nummera = nummera + 1
137               rowa['Stand'] = nummera
138               lvs.db.nummernkreise.modify(rowa)
139       slk = lvs.db.slkopf.get_empty()
```

Abbildung 310: SHOP - Kasse - Code - Kassenprogramm - Kundenverkauf

```
139         slk = lvs.db.slkopf.get_empty()
140         slk['Lieferung']=nummera
141         slk['Tour']='SHOP'
142         slk['Kunde']=kunde
143         slk['Status']='erledigt'
144         slk['Gewicht']=0
145         slk['GewEinheit']='KG'
146         slk['Stellplaetze']=0
147         slk['StelEinheit']='EPAL'
148         slk['Anlagedatum']=time.strftime("%m/%d/%Y")
149         slk['Dispodatum']=time.strftime("%m/%d/%Y")
150         slk['Shop']='X'
151         lvs.db.slkopf.insert(slk)
152
153     #   Positionen der Lieferung
154         ip = 1
155         for rowb in toSelectb:
156             slp = lvs.db.slpos.get_empty()
157             slp['Lieferung']=str(nummera)
158             slp['Position']=str(ip)
159             slp['Material']=rowb['Material']
160             slp['Menge']=rowb['Menge']
161             slp['Einheit']=rowb['Einheit']
162             slp['Status']='erledigt'
163             slp['RMenge']=0
164             slp['Charge']=rowb['Charge']
165             slp['Split']=rowb['Split']
166             lvs.db.slpos.insert(slp)
167             ip = ip + 1
168         lvs.bewegungen_schreiben('SL_01','','SMILE', self.user,'', 0,platz,'','',''
169         lvs.db.sichern()
170         lvs.init()
171         time.sleep(1)
```

Abbildung 311: SHOP - Kasse - Code - Kassenprogramm - Kundenverkauf II

```
172     #   Rechnung ohne Transportkosten->shop kennzeichen in Auslieferung
173     #   Anpassung in Rechnung und Gutschrift
174         print('Auslieferung angelegt. Rechnungsdruck gestartet....')
175         redr, betrag = lvs_ueb.redr(nummera,self.user)
176         time.sleep(1)
177     #   Bezahlung an Kasse
178         print('Rechnungsdruck beendet. Bezahlvorgang gestartet...')
179         print('Zahlen Sie bitte den folgenden Betrag in Euro ein: ',betrag)
180         time.sleep(1)
181         self.addmoney(betrag)
182
183     #   WA-Buchung mit Bewegung
184         print('Bezahlvorgang beendet. Warenausgangsbuchung gestartet...')
185         time.sleep(1)
186         for rowb in toSelectb:
187             lvs.db.gebinde.delete(rowb)
188         print('Warenausgang gebucht.')
189         #Bewegung zum WA neue Bewegungsart
190         lvs.bewegungen_schreiben('WA_SL','','SMILE', self.user,'', 0,platz,'','',
191         return 'Okay'
192
```

Abbildung 312: SHOP - Kasse - Code - Kassenprogramm - Kundenverkauf III

– Destruktor

```
192
193     #     Destruktor
194         def __del__(self):
195             toSelectsm = lvs.db.smile.select({'Lagernummer':'SMILE001'})
196             for rowsm in toSelectsm:
197                 rowsm['Kasse'] = self.money
198                 print(self.money)
199                 lvs.db.smile.modify(rowsm)
200             lvs.db.sichern()
201             self.money = 0
202             self.__active = False
203             self.user = ""
204             self._error = False
205             self.name = ""
206             Kassen.count = Kassen.count - 1
207
```

Abbildung 313: SHOP - Kasse - Code - Kassenprogramm - Destruktor

– Kundenretoure im Hauptprogramm der Kassenabwicklung

```
270
271     #     Kundenretoure
272         elif answer=='KR':
273          if Kassen.count != 0:
274           if isinstance(kasse1, Kassen) == True:
275            kasse1.custret()
276           else:
277            print("Kasse ist nicht angemeldet, bitte andere Funktion wählen.\n")
278          else:
279           print("Kasse ist nicht angemeldet, bitte andere Funktion wählen.\n")
280
```

Abbildung 314: SHOP - Kasse - Code - Kassenprogramm - Destruktor II

- GUDR in lvs_ueb.py

```
710
711     #     Bewegung schreiben zum Gutschriftsdruck
712         lvs.bewegungen_schreiben('GUDR',' ',' ',str(user),' ',' ',' ',
713
714     #     rbetrag und gudr in retkopf merken -> Shop-Kasse
715         for rowa in toSelecta:
716             rowa['Gutschrift'] = gudr
717             rowa['Betrag'] = rbetrag
718             lvs.db.retkopf.modify(rowa)
719
720     #     DB sichern wegen Nummernkreis und Bewegung und Preis
721         print()
```

Abbildung 315: SHOP - Kasse - Code - Kassenprogramm - Anpassung Gutschriftsdruck

```
670         pdf.cell(100, 5, txt=' ', ln=1)
671     #     betrag
672         pdf.cell(100, 5, txt='Nettobetrag = '+str(netto)+' Eur', ln=1)
673     #     pauschaletra wenn keine Shoplieferung
674         if shop == '':
675             ptra =  float(netto)*float(smileptra)/100
676             pdf.cell(100, 5, txt='Pauschale Transport = '+str(ptra)+' Eur', ln=1)
677         else:
678             ptra = float(0)
679     #     pauschaleverp
```

Abbildung 316: SHOP - Kasse - Code - Kassenprogramm - Anpassung Gutschriftsdruck II

Beispiele zu den Vorgängen

- Anmelden, Kassenfunktionen aufrufen, Inventur durchführen, Abmelden

```
Users/svenb/Documents/lvs')
Reloaded modules: lvs_gui_tkinter, lvs_ueb, lvs_V2
LVS-Kassen-Simulation SMILE

Kassenfunktionen:
AN - Anmelden an einer Kasse
AB - Abmelden an einer Kasse
IV - Inventur an einer Kasse
VO - Kunden-Einkauf
KR - Kunden-Retoure ausbezahlen
SH - Kassenübersicht

Bitte Ihre Aktion eingeben: AN
Bitte melden Sie sich mit dem Ihrem Namen an: Sven
Bitte geben Sie den Kassennamen ein: SMILE_SHOP_01

Kassenfunktionen:
AN - Anmelden an einer Kasse
AB - Abmelden an einer Kasse
IV - Inventur an einer Kasse
VO - Kunden-Einkauf
KR - Kunden-Retoure ausbezahlen
SH - Kassenübersicht

Bitte Ihre Aktion eingeben:
```

Abbildung 317: SHOP - Kasse - Code - Beispielprozess I

```
Daten zu Kasse SMILE_SHOP_01
...Benutzer =  Sven
...Anmeldestatus =  True
...Feherstatus =  False
...Kassenbestand =  522.16
...Materialien und Preise:
......Material  M001  mit Preis  5
......Material  M002  mit Preis  1001
......Material  M003  mit Preis  75
......Material  M005  mit Preis  33
......Material  M090  mit Preis  0.5
......Material  M091  mit Preis  0.9
......Material  M092  mit Preis  10
......Material  M093  mit Preis  15
......Material  M094  mit Preis  10
......Material  M095  mit Preis  5
......Material  M096  mit Preis  1000
......Material  M097  mit Preis  100
......Material  M098  mit Preis  333
......Material  M099  mit Preis  75
...Kassenfunktionen:
...... AN - Anmelden an einer Kasse
...... AB - Abmelden an einer Kasse
...... IV - Inventur an einer Kasse
       VO - Kunden-Einkauf
```

Abbildung 318: SHOP - Kasse - Code - Beispielprozess II

```
......Material  M097  mit Preis  100
......Material  M098  mit Preis  333
......Material  M099  mit Preis  75
...Kassenfunktionen:
...... AN - Anmelden an einer Kasse
...... AB - Abmelden an einer Kasse
...... IV - Inventur an einer Kasse
...... VO - Kunden-Einkauf
...... KR - Kunden-Retoure ausbezahlen
...... SH - Kassenübersicht

Kassenfunktionen:
AN - Anmelden an einer Kasse
AB - Abmelden an einer Kasse
IV - Inventur an einer Kasse
VO - Kunden-Einkauf
KR - Kunden-Retoure ausbezahlen
SH - Kassenübersicht

Bitte Ihre Aktion eingeben:
```

Abbildung 319: SHOP - Kasse - Code - Beispielprozess III

```
Kassenfunktionen:
AN - Anmelden an einer Kasse
AB - Abmelden an einer Kasse
IV - Inventur an einer Kasse
VO - Kunden-Einkauf
KR - Kunden-Retoure ausbezahlen
SH - Kassenübersicht

Bitte Ihre Aktion eingeben: IV

Geben Sie den aktuellen Geldbestand ein: 222
Es gab eine Verringerung um  300.15999999999997  Euro.

Kassenfunktionen:
AN - Anmelden an einer Kasse
AB - Abmelden an einer Kasse
IV - Inventur an einer Kasse
VO - Kunden-Einkauf
KR - Kunden-Retoure ausbezahlen
SH - Kassenübersicht

Bitte Ihre Aktion eingeben:
```

Abbildung 320: SHOP - Kasse - Code - Beispielprozess IV

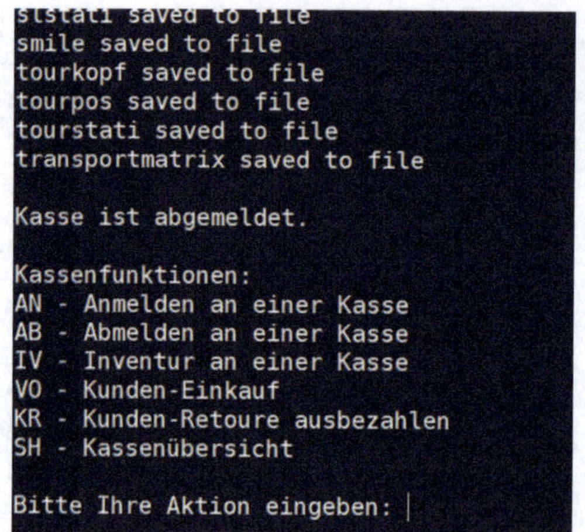

Abbildung 321: SHOP - Kasse - Code - Beispielprozess V

- Anmelden, Kundenretouren durchführen, Abmelden

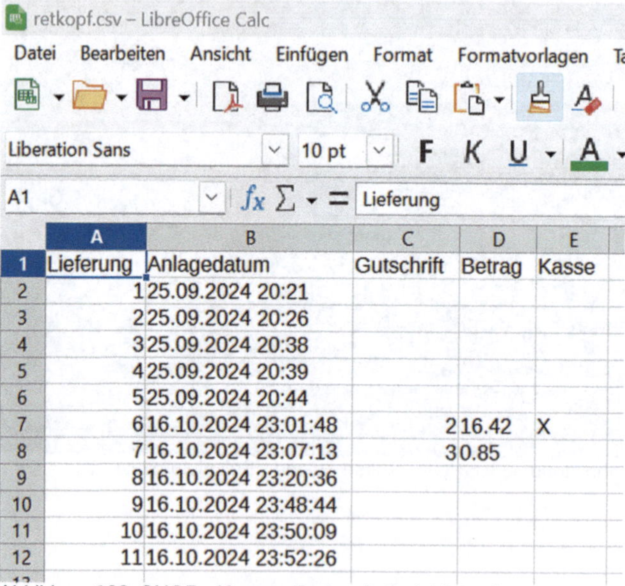

Abbildung 322: SHOP - Kasse - Code - Beispieldaten I

```
LVS-Kassen-Simulation SMILE

Kassenfunktionen:
AN - Anmelden an einer Kasse
AB - Abmelden an einer Kasse
IV - Inventur an einer Kasse
VO - Kunden-Einkauf
KR - Kunden-Retoure ausbezahlen
SH - Kassenübersicht

Bitte Ihre Aktion eingeben: AN
Bitte melden Sie sich mit dem Ihrem Namen an: Sven
Bitte geben Sie den Kassennamen ein: SMILE01

Kassenfunktionen:
AN - Anmelden an einer Kasse
AB - Abmelden an einer Kasse
IV - Inventur an einer Kasse
VO - Kunden-Einkauf
KR - Kunden-Retoure ausbezahlen
SH - Kassenübersicht

Bitte Ihre Aktion eingeben:
```

Abbildung 323: SHOP - Kasse - Code - Beispielprozess VI

```
KR - Kunden-Retoure ausbezahlen
SH - Kassenübersicht

Bitte Ihre Aktion eingeben: KR
Kundenretoure ausbezahlen
Kundenretoure: 8

Gutschrift nicht vorhanden.
Kassenfunktionen:
AN - Anmelden an einer Kasse
AB - Abmelden an einer Kasse
IV - Inventur an einer Kasse
VO - Kunden-Einkauf
KR - Kunden-Retoure ausbezahlen
SH - Kassenübersicht

Bitte Ihre Aktion eingeben:
```

Abbildung 324: SHOP - Kasse - Code - Beispielprozess VII

```
SH - Kassenübersicht

Bitte Ihre Aktion eingeben: KR
Kundenretoure ausbezahlen
Kundenretoure: 3

Gutschrift wird ausbezahlt:  0.85
Kassenfunktionen:
AN - Anmelden an einer Kasse
AB - Abmelden an einer Kasse
IV - Inventur an einer Kasse
VO - Kunden-Einkauf
KR - Kunden-Retoure ausbezahlen
SH - Kassenübersicht

Bitte Ihre Aktion eingeben:
```

Abbildung 325: SHOP - Kasse - Code - Beispielprozess VIII

```
tourpos saved to file
tourstati saved to file
transportmatrix saved to file

Kasse ist abgemeldet.

Kassenfunktionen:
AN - Anmelden an einer Kasse
AB - Abmelden an einer Kasse
IV - Inventur an einer Kasse
VO - Kunden-Einkauf
KR - Kunden-Retoure ausbezahlen
SH - Kassenübersicht

Bitte Ihre Aktion eingeben:
```

Abbildung 326: SHOP - Kasse - Code - Beispielprozess IX

- Anmeldung, Kassenbestand prüfen, Verkaufsvorgänge durchführen, Kassenbestand prüfen, Abmelden

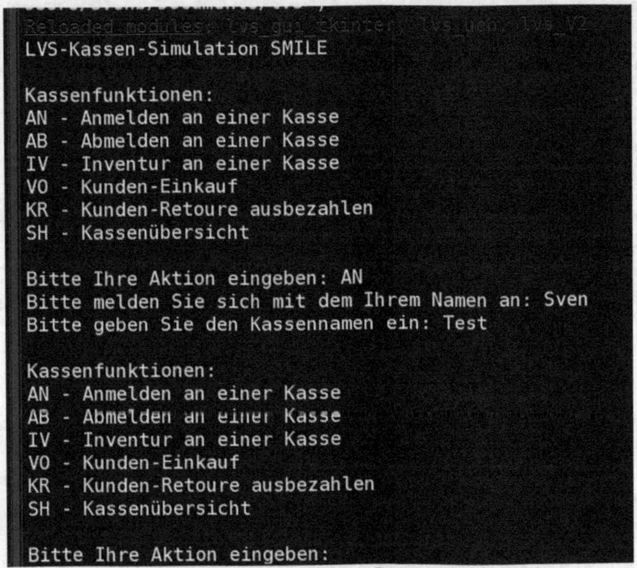

```
LVS-Kassen-Simulation SMILE

Kassenfunktionen:
AN - Anmelden an einer Kasse
AB - Abmelden an einer Kasse
IV - Inventur an einer Kasse
VO - Kunden-Einkauf
KR - Kunden-Retoure ausbezahlen
SH - Kassenübersicht

Bitte Ihre Aktion eingeben: AN
Bitte melden Sie sich mit dem Ihrem Namen an: Sven
Bitte geben Sie den Kassennamen ein: Test

Kassenfunktionen:
AN - Anmelden an einer Kasse
AB - Abmelden an einer Kasse
IV - Inventur an einer Kasse
VO - Kunden-Einkauf
KR - Kunden-Retoure ausbezahlen
SH - Kassenübersicht

Bitte Ihre Aktion eingeben:
```

Abbildung 327: SHOP - Kasse - Code - Beispielprozess X

```
Bitte Ihre Aktion eingeben: SH


Daten zu Kasse Test
...Benutzer = Sven
...Anmeldestatus = True
...Feherstatus = False
...Kassenbestand = 221.15
...Materialien und Preise:
......Material M001 mit Preis 5
......Material M002 mit Preis 1001
......Material M003 mit Preis 75
......Material M005 mit Preis 33
```

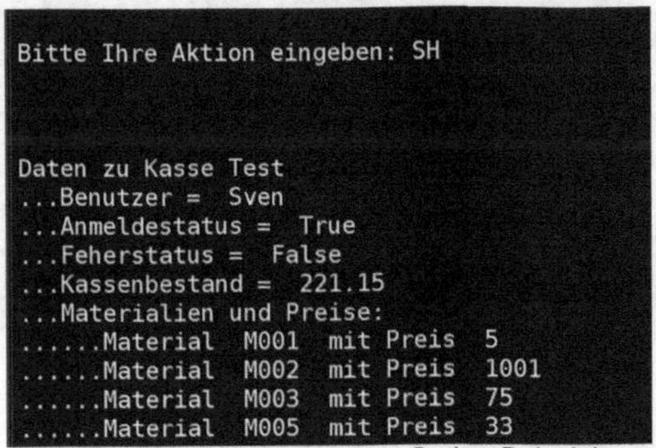

Abbildung 328: SHOP - Kasse - Code - Beispielprozess XI

```
SH - Kassenübersicht

Bitte Ihre Aktion eingeben: VO
Bezahlvorgang zum Kundenkauf

Kunde: Sven

Selektion Bestand vom Kundenplatz...
Bestand selektiert. Anlage der Auslieferung...
benutzer saved to file
bewegungen saved to file
bewegungsarten saved to file
```

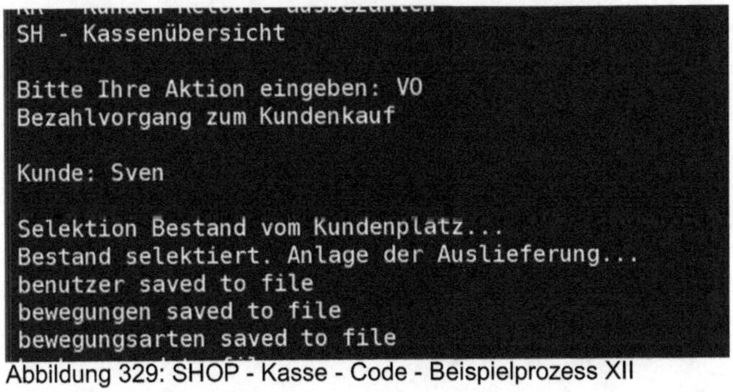

Abbildung 329: SHOP - Kasse - Code - Beispielprozess XII

```
transportmatrix saved to file
Auslieferung angelegt. Rechnungsdruck gestartet...
Rechnungsdruck zur Auslieferung


Bewegungssatz geschrieben

OrderedDict({'Index': '', 'Bewegung': 'REDR', 'HU': ' ', 'Lieferant': ' ',
'User': 'Sven', 'Fehlerflag': ' ', 'Fehlercode': ' ', 'von-Platz': ' ', 'an-
Platz': ' ', 'Zeitstempel': time.struct_time(tm_year=2024, tm_mon=11,
tm_mday=10, tm_hour=21, tm_min=28, tm_sec=34, tm_wday=6, tm_yday=315,
tm_isdst=0), 'Material': ' ', 'Charge': ' ', 'Split': ' ', 'Menge': ' ',
'Einheit': ' ', 'Grund': ' ', 'Referenz': '44', 'Kostenstelle': ' ',
'VReferenz': '63'})

Rechnung gespeichert
benutzer saved to file
```

Abbildung 330: SHOP - Kasse - Code - Beispielprozess XIII

```
tourstati saved to file
transportmatrix saved to file
Rechnung anzeigen (ja/nein) ja
Rechnungsdruck beendet. Bezahlvorgang gestartet...
Zahlen Sie bitte den folgenden Betrag in Euro ein:  87477.495
Bezahlvorgang beendet. Warenausgangsbuchung gestartet...
Warenausgang bebucht.
Kassenfunktionen:
AN - Anmelden an einer Kasse
AB - Abmelden an einer Kasse
IV - Inventur an einer Kasse
VO - Kunden-Einkauf
KR - Kunden-Retoure ausbezahlen
SH - Kassenübersicht

Bitte Ihre Aktion eingeben:
```

Abbildung 331: SHOP - Kasse - Code - Beispielprozess XIV

SMILE-CLI-Prototyp zur Lagerverwaltung
Rechnungsdruck zur Auslieferung

Sven Wirsing-Mathematicum 1a-34125 Python-Deutschland

Herr
Sven Wirsing
Bahnhofstr. 3
12345 Eberbach
Deutschland

Internet: www.smile.de
E-Mail: smile@smile.de
Mobil: 01234/987654-2
SteuerNr: 22/3333/4444
UmstIdnNr: DE987654321
Datum/Uhrzeit: 10.11.2024 21:28:32
Kundennummer: K000001
Rechnungsnummer: 44

Hallo Herr Sven Wirsing,

nachfolgend die Rechnung zu Ihrem Einkauf im SMILE-Shop:
Rechnungnummer 44 zur Auslieferungnummer 63

Pos. 1 Bez. SMILE TT Tisch CL Menge 70 EP/Eur 1000 Betrag/Eur 70000.0
Pos. 2 Bez. SMILE Ersatzteil Netz Menge 1 EP/Eur 10 Betrag/Eur 10.0

Nettobetrag = 70010.0 Eur
Pauschale Verpackung = 3500.5 Eur
Mehrwertsteuer = 13966.995 Eur
Rechnungsbetrag = 87477.495 Eur

Danke, dass Sie im SMILE-Shop eingekauft haben!

Abbildung 332: SHOP - Kasse - Code - Beispielprozess XV

Bitte ueberweisen Sie den offenen Betrag
falls nicht bereits im Shop beglichen
innerhalb einer Woche mittels unten aufgefuehrter Bankverbindung.

Viele Gruesse
Ihr Lagerleiter des SMILE-Shops

Zahlungsempfaenger: Lagerleiter SMILE-Shop

Bank: SMILE-Bank

IBAN: DE1234567890

BIC: 12312345

Abbildung 333: SHOP - Kasse - Code - Beispielprozess XVI

```
Bitte Ihre Aktion eingeben: SH


Daten zu Kasse Test
...Benutzer =  Sven
...Anmeldestatus =  True
...Feherstatus =  False
...Kassenbestand =  87698.64499999999
...Materialien und Preise:
......Material  M001  mit Preis  5
```
Abbildung 334: SHOP - Kasse - Code - Beispielprozess XVII

```
tourkopf saved to file
tourpos saved to file
tourstati saved to file
transportmatrix saved to file

Kasse wurde abgemeldet. Programm wird beendet

In [11]:
```
Abbildung 335: SHOP - Kasse - Code - Beispielprozess XVIII

5.5.12 Verschrottungslogik

Aufgabenstellung

Man implementiere die Verschrottung im Shop-Bereich und teste sie. Die Verschrottung aus dem SMILE-Prototyp soll Grundlage sein.

Stammdaten

Lagerplatz SHOP_KRET ist bereits vorhanden.

Implementierungskonzept und Coding

Der Platz SHOP_KRET ist auch zum Verschrotten vorzusehen.

In lvs_V2.py, Unterprogramm verschrotten entsprechend anpassen.

```
488    #--------------------------------------------------
489    #Unterprogramm HU verschrotten
490    #fuer Beispiel 3
491    #Ergänzung, dass Kundenretourenplatz auch erlaubt ist (V2-Übung)
492    #Ergänzung zu Shop-Retouren (V2-Übung, Shop)
493    #--------------------------------------------------
494    def verschrotten(hunr6,user):
495        toSelect6 = db.gebinde.select({'Nummer':hunr6})
496        print()
497        initial=len(toSelect6)
498        if initial == 0:
499            print()
500            print('Fehler: Gebinde unbekannt')
501            return 'FEHLER'
502        for row in toSelect6:
503            if row['Platz'] != 'SCHROTT' and row['Platz'] != 'WE_KRET' and row['Platz'] != 'SHOP_KRET':
504                print()
505                print('Fehler: Gebinde ist nicht am Schrott-Platz')
506                print()
507                return 'Fehler'
```

Abbildung 336: SHOP - Verschrottung - Code - Unterprogramm ‚verschrotten'

Beispielprozess

- Bestand auf Platz SHOP_KRET mittels Code BPLA prüfen
- falls kein Bestand vorhanden ist
  - Kundenretoure im SHOP durchführen
  - gebinde.csv entsprechend mit Bestand füllen

```
BPLA Bestand zum Platz
--- Allgemein ---
ENDE Programmende

Bitte Ihre Aktion eingeben: BPLA

Platzbestand anzeigen:

Bitte Platz eingeben: SHOP_KRET

[{'Index': 126, 'Nummer': '25', 'Lieferant': '', 'Platz':
'SHOP_KRET', 'Fehlerflag': '', 'Fehlercode': '', 'Status': 'L',
'Material': 'M000', 'Charge': 'CH00', 'Split': '1', 'Menge': '1',
'Einheit': 'ST', 'RetKz': '', 'RetKopf': '6', 'RetPos': '1',
'Lagertyp': 'WE'}, {'Index': 130, 'Nummer': '29', 'Lieferant': '',
'Platz': 'SHOP_KRET', 'Fehlerflag': '', 'Fehlercode': '',
'Status': 'L', 'Material': 'M000', 'Charge': 'CH00', 'Split':
'S0', 'Menge': '1', 'Einheit': 'ST', 'RetKz': '', 'RetKopf': '10',
'RetPos': '1', 'Lagertyp': 'WE'}]


Bitte eine Taste drücken:
```

Abbildung 337: SHOP - Verschrottung - Beispielprozess

- HU 25 verschrotten mittels Code SCHR inkl. Verschrottungsgrund

Abbildung 338: SHOP - Verschrottung - Beispielprozess II

Abbildung 339: SHOP - Verschrottung - Beispielprozess III

5.5.13 Übersichtsbild zum Code

Aufgabenstellung

Man visualisiere das Coding zum Shop, in dem man Zusammenhänge der neu entwickelten Methoden, Klassen und Unterprogramme darstellt.

Skizze ohne Shop-Routinen

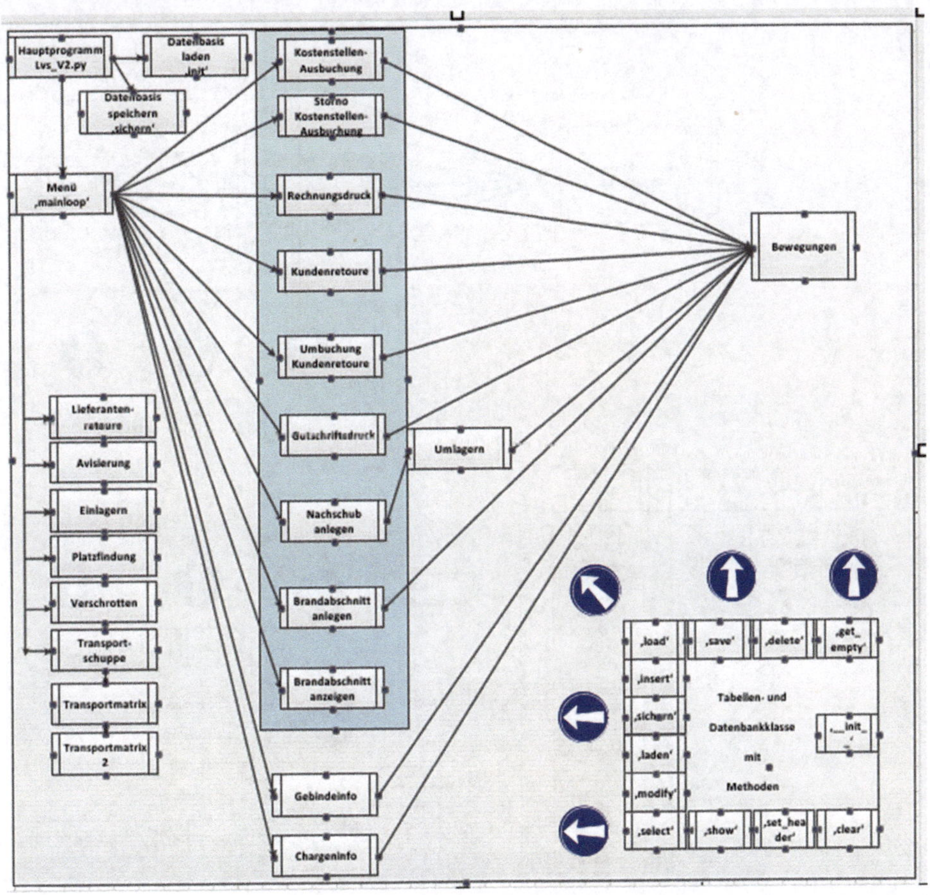

Skizze für Shop-Routinen

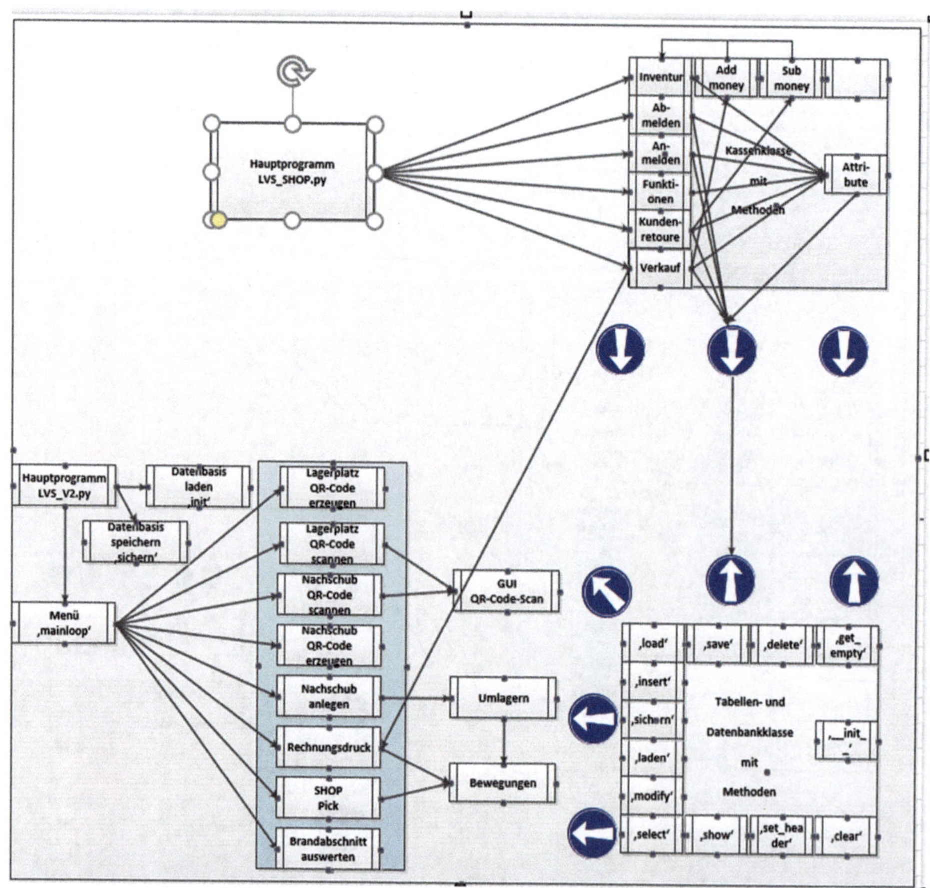

Anhang: Bedienung der Lösungs-Implementierungen im SMILE-Prototyp

In diesem Anhang werden die Lösungsimplementierungen der Übungsaufgaben (ausgenommen SHOP) im SMILE-Prototyp Version 2.0 (Python-Datei lvs_V2.py) schrittweise prozessiert und mittels Screenshots dokumentiert.

Die Datentabellen sind im Ordner ‚Datenbank' vorhanden.

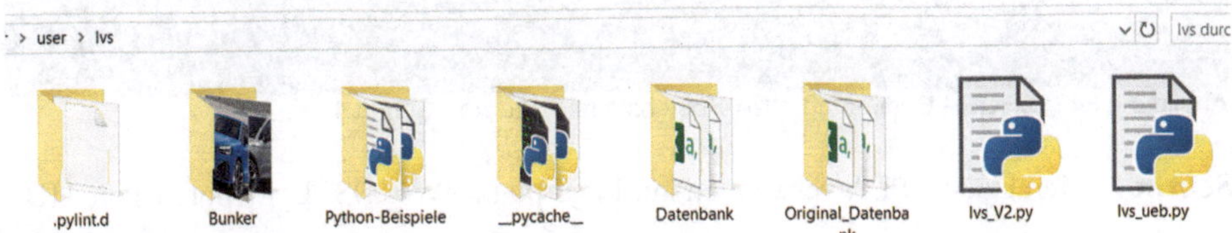

Abbildung 342: SHOP - Bedienung - Python-Programme

Warenausgang

Warenausgang Kostenstelle & Storno
Schritt 1: Start der Anwendung lvs_V2.py und Eingabe des Usernamen -> Menü erscheint.

© Der/die Herausgeber bzw. der/die Autor(en), exklusiv lizenziert an Springer-Verlag GmbH, DE, ein Teil von Springer Nature 2026
S. Wirsing, *SMILE Prototyp zur Lagerverwaltung - Command Line Interface (CLI)*, Schule für Mathematik, Informatik, Logistik und Erfolg,
https://doi.org/10.1007/978-3-662-71857-5

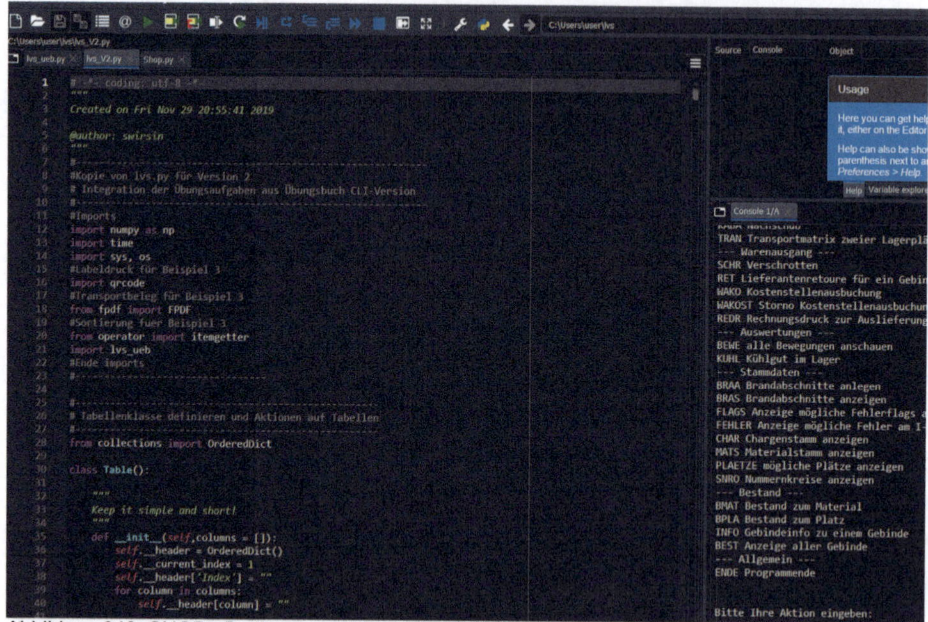

Abbildung 343: SHOP - Bedienung - WA-Kostenstelle & Storno - Schritt 1

Schritt 2: Menücode BPLA verwenden mit Lagerplatz ‚WAKOSTL' -> potenzielle HUs.

```
Bitte Ihre Aktion eingeben: BPLA

Platzbestand anzeigen:


Bitte Platz eingeben: WAKOSTL

[{'Index': 96, 'Nummer': 'TEST1010', 'Lieferant': 'SMILE', 'Platz': 'WAKOSTL',
'Fehlerflag': '', 'Fehlercode': '0', 'Status': 'L', 'Material': 'M005', 'Charge':
'CH005', 'Split': '02', 'Menge': '10', 'Einheit': 'ST', 'RetKz': '', 'RetKopf': '',
'RetPos': '', 'Lagertyp': 'WA'}, {'Index': 97, 'Nummer': 'TEST1011', 'Lieferant':
'SMILE', 'Platz': 'WAKOSTL', 'Fehlerflag': '', 'Fehlercode': '0', 'Status': 'L',
'Material': 'M005', 'Charge': 'CH005', 'Split': '02', 'Menge': '22', 'Einheit': 'ST',
'RetKz': '', 'RetKopf': '', 'RetPos': '', 'Lagertyp': 'WA'}, {'Index': 98, 'Nummer':
'TEST1012', 'Lieferant': 'SMILE', 'Platz': 'WAKOSTL', 'Fehlerflag': '', 'Fehlercode':
'0', 'Status': 'L', 'Material': 'M005', 'Charge': 'CH005', 'Split': '02', 'Menge': '22',
'Einheit': 'ST', 'RetKz': '', 'RetKopf': '', 'RetPos': '', 'Lagertyp': 'WA'}, {'Index':
99, 'Nummer': 'TEST1013', 'Lieferant': 'SMILE', 'Platz': 'WAKOSTL', 'Fehlerflag': '',
'Fehlercode': '0', 'Status': 'L', 'Material': 'M005', 'Charge': 'CH005', 'Split': '02',
'Menge': '22', 'Einheit': 'ST', 'RetKz': '', 'RetKopf': '', 'RetPos': '', 'Lagertyp':
'WA'}]


Bitte eine Taste drücken:
```

Abbildung 344: SHOP - Bedienung - WA-Kostenstelle & Storno - Schritt 2

Folgende HUs können verwendet werden:

- HU TEST1010 mit Menge 10 St.
- HU TEST1011 mit Menge 22 St.

Falls keine HUs auf dem Platz sind, sollte man HUs per Menücode PLATZ vorher auf diesen Lagerplatz umlagern.

Schritt 3: weitere HU auf WE_LIEF mittels Code BPLA -> etwa HU 495.

```
Bitte Ihre Aktion eingeben: BPLA

Platzbestand anzeigen:


Bitte Platz eingeben: WE_LIEF

[{'Index': 22, 'Nummer': '12435', 'Lieferant': 'der', 'Platz': 'WE_LIEF', 'Fehlerflag':
'', 'Fehlercode': '0', 'Status': 'L', 'Material': 'M001', 'Charge': 'CH001', 'Split':
'01', 'Menge': '12', 'Einheit': 'ST', 'RetKz': '', 'RetKopf': '', 'RetPos': '',
'Lagertyp': 'WE'}, {'Index': 23, 'Nummer': '1212', 'Lieferant': 'derte', 'Platz':
'WE_LIEF', 'Fehlerflag': '', 'Fehlercode': '0', 'Status': 'L', 'Material': 'M001',
'Charge': 'Sven', 'Split': '02', 'Menge': '213', 'Einheit': 'ST', 'RetKz': '',
'RetKopf': '', 'RetPos': '', 'Lagertyp': 'WE'}, {'Index': 24, 'Nummer': '11111',
'Lieferant': 'ser', 'Platz': 'WE_LIEF', 'Fehlerflag': '', 'Fehlercode': '0', 'Status':
'L', 'Material': 'M005', 'Charge': '', 'Split': '', 'Menge': '12', 'Einheit': 'ST',
'RetKz': '', 'RetKopf': '', 'RetPos': '', 'Lagertyp': 'WE'}, {'Index': 25, 'Nummer':
'111111', 'Lieferant': 'ser', 'Platz': 'WE_LIEF', 'Fehlerflag': '', 'Fehlercode': '0',
'Status': 'L', 'Material': 'M001', 'Charge': 'sven', 'Split': '12', 'Menge': '12',
'Einheit': 'ST', 'RetKz': '', 'RetKopf': '', 'RetPos': '', 'Lagertyp': 'WE'}, {'Index':
26, 'Nummer': '1111111', 'Lieferant': 'ser', 'Platz': 'WE_LIEF', 'Fehlerflag': '',
'Fehlercode': '0', 'Status': 'L', 'Material': 'M005', 'Charge': 'sven', 'Split': '12',
'Menge': '121', 'Einheit': 'ST', 'RetKz': '', 'RetKopf': '', 'RetPos': '', 'Lagertyp':
'WE'}, {'Index': 27, 'Nummer': '11211', 'Lieferant': 'ser', 'Platz': 'WE_LIEF',
'Fehlerflag': '', 'Fehlercode': '0', 'Status': 'L', 'Material': 'M005', 'Charge': '',
```

Abbildung 345: SHOP - Bedienung - WA-Kostenstelle & Storno - Schritt 3

Schritt 4: mögliche Kostenstellen sind in Tabelle ‚kostenstellen.csv' abgelegt.

	A	B	C
1	Kostenstelle	Bezeichnung	
2	1000	Logistik	
3	2000	Vertrieb	
4	3000	Einkauf	
5	4000	Transport	
6	5000	Kommissionierung	
7	6000	Verpackung	
8	7000	Verladung	
9			
10			

Abbildung 346: SHOP - Bedienung - WA-Kostenstelle & Storno - Schritt 4

Schritt 5: HU TEST1010 mittels Code WAKO vollständig ausbuchen.

```
Bestand auf Kostenstelle ausbuchen


Bitte Gebinde eingeben: TEST1010


Bitte Grund für die Ausbuchung eingeben: CLI-Übung Test1010

Bitte Kostenstelle für die Ausbuchung eingeben: 1000

Bitte Menge eingeben: 10

Bewegungssatz geschrieben

OrderedDict([('Index', ''), ('Bewegung', 'HU_WAKOSTL'), ('HU', 'TEST1010'),
('Lieferant', 'SMILE'), ('User', 'sven'), ('Fehlerflag', ''), ('Fehlercode', '0'),
('von-Platz', 'WAKOSTL'), ('an-Platz', ''), ('Zeitstempel',
time.struct_time(tm_year=2024, tm_mon=10, tm_mday=3, tm_hour=14, tm_min=24, tm_sec=56
tm_wday=3, tm_yday=277, tm_isdst=1)), ('Material', 'M005'), ('Charge', 'CH005'),
('Split', '02'), ('Menge', '10'), ('Einheit', 'ST'), ('Grund', 'CLI-Übung Test1010'),
('Referenz', '2'), ('Kostenstelle', '1000'), ('VReferenz', '')])


Ausbuchung gebucht
benutzer saved to file
```

Abbildung 347: SHOP - Bedienung - WA-Kostenstelle & Storno - Schritt 5

Die Ausbuchung wurde mit Belegnummer 2 (siehe Referenz in der Bewegung)erfasst.

Schritt 6: HU TEST1011 teilweise per Code WAKO ausbuchen.

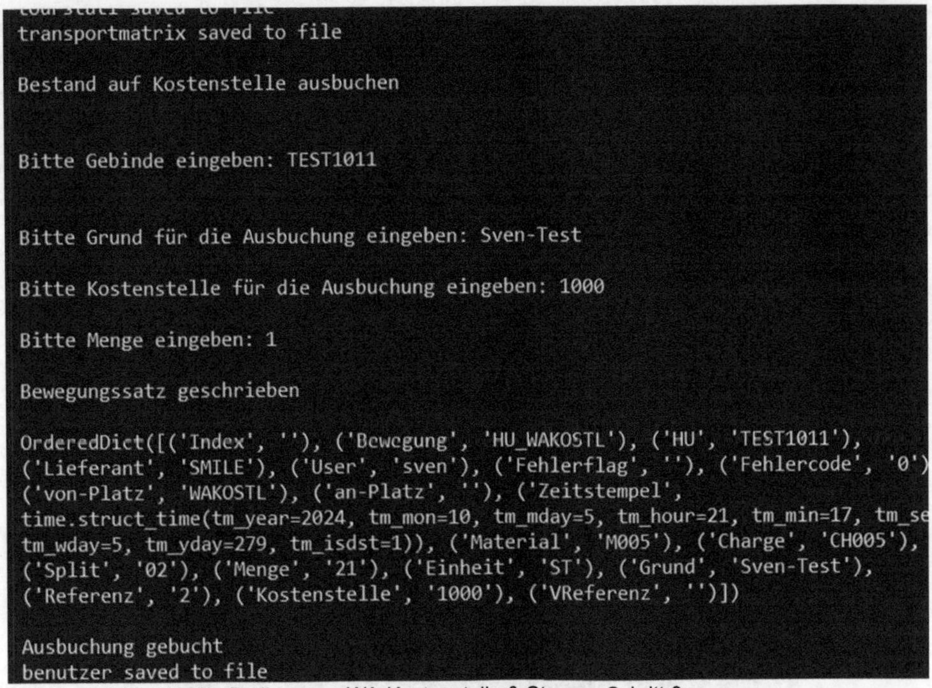

```
tourstati saved to file
transportmatrix saved to file

Bestand auf Kostenstelle ausbuchen


Bitte Gebinde eingeben: TEST1011


Bitte Grund für die Ausbuchung eingeben: Sven-Test

Bitte Kostenstelle für die Ausbuchung eingeben: 1000

Bitte Menge eingeben: 1

Bewegungssatz geschrieben

OrderedDict([('Index', ''), ('Bewegung', 'HU_WAKOSTL'), ('HU', 'TEST1011'),
('Lieferant', 'SMILE'), ('User', 'sven'), ('Fehlerflag', ''), ('Fehlercode', '0')
('von-Platz', 'WAKOSTL'), ('an-Platz', ''), ('Zeitstempel',
time.struct_time(tm_year=2024, tm_mon=10, tm_mday=5, tm_hour=21, tm_min=17, tm_se
tm_wday=5, tm_yday=279, tm_isdst=1)), ('Material', 'M005'), ('Charge', 'CH005'),
('Split', '02'), ('Menge', '21'), ('Einheit', 'ST'), ('Grund', 'Sven-Test'),
('Referenz', '2'), ('Kostenstelle', '1000'), ('VReferenz', '')])


Ausbuchung gebucht
benutzer saved to file
```

Abbildung 348: SHOP - Bedienung - WA-Kostenstelle & Storno - Schritt 6

Schritt 7: HU 495 versuchen auszubuchen mittels Code WAKO -> Fehler, falscher Lager-platz.

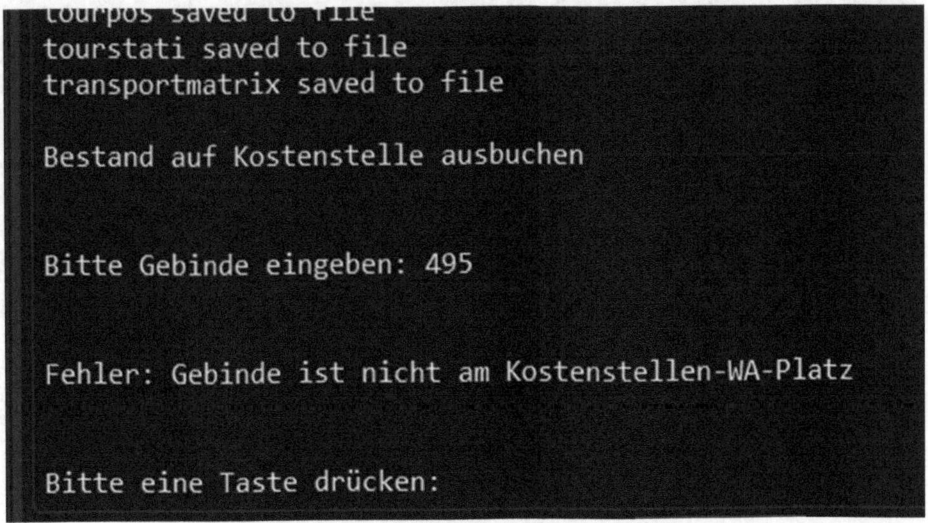

```
tourpos saved to file
tourstati saved to file
transportmatrix saved to file


Bestand auf Kostenstelle ausbuchen



Bitte Gebinde eingeben: 495



Fehler: Gebinde ist nicht am Kostenstellen-WA-Platz



Bitte eine Taste drücken:
```

Abbildung 349: SHOP - Bedienung - WA-Kostenstelle & Storno - Schritt 7

Schritt 8: Bewegungen der beiden Buchungen mittels Code BEWE anzeigen.

[455, 'SPEB', '7113', '', 'sven', '', '', '', '', time.struct_time(tm_year=2024,
tm_mon=9, tm_mday=30, tm_hour=12, tm_min=45, tm_sec=54, tm_wday=0, tm_yday=274,
tm_isdst=1)', '', '', '', '', '', 'manuell', '', '', '']
[456, 'HU_TA', '7113', 'SMILE', 'sven', '', '0', 'BLOCK', 'SPERR',
'time.struct_time(tm_year=2024, tm_mon=9, tm_mday=30, tm_hour=12, tm_min=45, tm_sec=54,
tm_wday=0, tm_yday=274, tm_isdst=1)', 'M003', 'CH003', '01', '12', 'M', '', '', '', '']
[457, 'HU_WAKOSTL', 'TEST1011', 'SMILE', 'sven', '', '0', 'WAKOSTL', '',
'time.struct_time(tm_year=2024, tm_mon=10, tm_mday=5, tm_hour=21, tm_min=17, tm_sec=49,
tm_wday=5, tm_yday=279, tm_isdst=1)', 'M005', 'CH005', '02', '21', 'ST', 'Sven-Test',
'2', '1000', '']

Bitte eine Taste drücken:

Abbildung 350: SHOP - Bedienung - WA-Kostenstelle & Storno - Schritt 8

Schritt 9: Bestand per Code INFO zu HUs TEST1010 und TEST1011.

ENDE Programmende

Bitte Ihre Aktion eingeben: INFO

Gebinde-Information

Bitte Gebinde eingeben: TEST1010

Fehler: Gebinde unbekannt

Bitte eine Taste drücken:

Abbildung 351: SHOP - Bedienung - WA-Kostenstelle & Storno - Schritt 9

BEST Anzeige aller Gebinde
--- Allgemein ---
ENDE Programmende

Bitte Ihre Aktion eingeben: INFO

Gebinde-Information

Bitte Gebinde eingeben: TEST1011

[{'Index': 96, 'Nummer': 'TEST1011', 'Lieferant': 'SMILE', 'Platz': 'WAKOSTL',
'Fehlerflag': '', 'Fehlercode': '0', 'Status': 'L', 'Material': 'M005', 'Charge':
'CH005', 'Split': '02', 'Menge': '20', 'Einheit': 'ST', 'RetKz': '', 'RetKopf': '',
'RetPos': '', 'Lagertyp': 'WA'}]

Gebinde ist nicht geperrt.

HU ist nicht gesperrt und beitzt keine gesperrte Charge.

Soll HU manuell gesperrt werden? (JA|NEIN)

Abbildung 352: SHOP - Bedienung - WA-Kostenstelle & Storno - Schritt 9.2

Schritt 10: Vollausbuchung zur HU1010 stornieren mittels Code WAKOST:

```
tourstati saved to file
transportmatrix saved to file

Bestand auf Kostenstelle ausbuchen - Storno


Bitte Beleg eingeben: 1

Bitte Grund für die Stornierung eingeben: Sven-Test

Bewegungssatz geschrieben

OrderedDict([('Index', ''), ('Bewegung', 'HU_WAKOSTL_ST'), ('HU', '10'), ('Lieferant',
''), ('User', 'sven'), ('Fehlerflag', ''), ('Fehlercode', ''), ('von-Platz',
'WAKOSTL_ST'), ('an-Platz', ''), ('Zeitstempel', time.struct_time(tm_year=2024,
tm_mon=10, tm_mday=5, tm_hour=21, tm_min=20, tm_sec=16, tm_wday=5, tm_yday=279,
tm_isdst=1)), ('Material', 'M005'), ('Charge', 'CH005'), ('Split', '2'), ('Menge',
'10'), ('Einheit', 'ST'), ('Grund', 'Sven-Test'), ('Referenz', '3'), ('Kostenstelle',
'1000'), ('VReferenz', '1')])


Stornierung gebucht
benutzer saved to file
bewegungen saved to file
bewegungsarten saved to file
```

Abbildung 353: SHOP - Bedienung - WA-Kostenstelle & Storno - Schritt 10

Schritt 11: Stornierung wiederholen.

```
tourkopf saved to file
tourpos saved to file
tourstati saved to file
transportmatrix saved to file

Bestand auf Kostenstelle ausbuchen - Storno


Bitte Beleg eingeben: 1

Fehler: Beleg wurde bereits storniert.

Bitte eine Taste drücken:
```

Abbildung 354: SHOP - Bedienung - WA-Kostenstelle & Storno - Schritt 11

Schritt 12: Bewegung der Stornierung per Code BEWE.

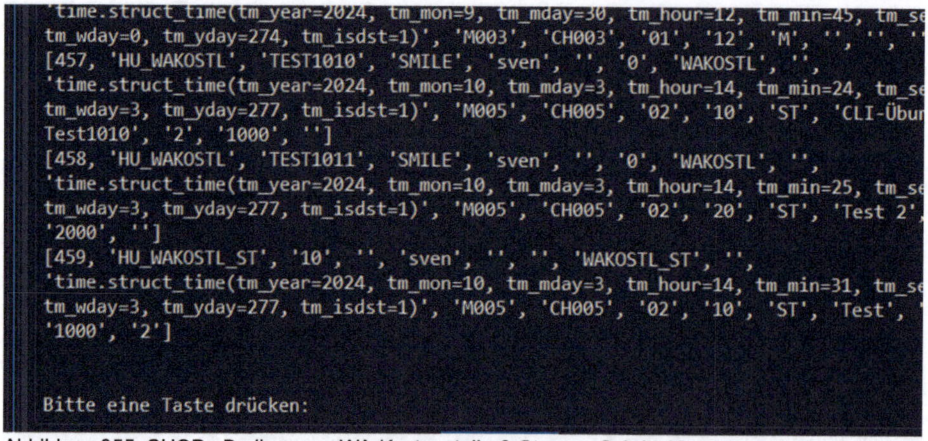

```
'time.struct_time(tm_year=2024, tm_mon=9, tm_mday=30, tm_hour=12, tm_min=45, tm_se
 tm_wday=0, tm_yday=274, tm_isdst=1)', 'M003', 'CH003', '01', '12', 'M', '', '', '
[457, 'HU_WAKOSTL', 'TEST1010', 'SMILE', 'sven', '', '0', 'WAKOSTL', '',
 'time.struct_time(tm_year=2024, tm_mon=10, tm_mday=3, tm_hour=14, tm_min=24, tm_se
 tm_wday=3, tm_yday=277, tm_isdst=1)', 'M005', 'CH005', '02', '10', 'ST', 'CLI-Übur
Test1010', '2', '1000', '']
[458, 'HU_WAKOSTL', 'TEST1011', 'SMILE', 'sven', '', '0', 'WAKOSTL', '',
 'time.struct_time(tm_year=2024, tm_mon=10, tm_mday=3, tm_hour=14, tm_min=25, tm_se
 tm_wday=3, tm_yday=277, tm_isdst=1)', 'M005', 'CH005', '02', '20', 'ST', 'Test 2',
 '2000', '']
[459, 'HU_WAKOSTL_ST', '10', '', 'sven', '', '', 'WAKOSTL_ST', '',
 'time.struct_time(tm_year=2024, tm_mon=10, tm_mday=3, tm_hour=14, tm_min=31, tm_se
 tm_wday=3, tm_yday=277, tm_isdst=1)', 'M005', 'CH005', '02', '10', 'ST', 'Test',
 '1000', '2']


Bitte eine Taste drücken:
```

Abbildung 355: SHOP - Bedienung - WA-Kostenstelle & Storno - Schritt 12

Es wurde HU 10 angelegt und Bewegungsart HU_WAKOSTL_ST verwendet. Die alte HU-Nummer wird nicht verwendet.

Schritt 13: HU 10 per Code Info anzeigen.

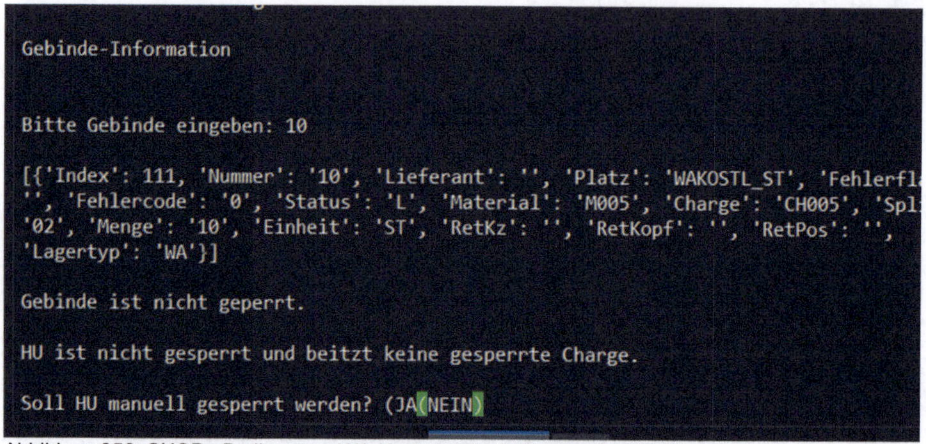

```
Gebinde-Information


Bitte Gebinde eingeben: 10

[{'Index': 111, 'Nummer': '10', 'Lieferant': '', 'Platz': 'WAKOSTL_ST', 'Fehlerfl
'', 'Fehlercode': '0', 'Status': 'L', 'Material': 'M005', 'Charge': 'CH005', 'Spl
'02', 'Menge': '10', 'Einheit': 'ST', 'RetKz': '', 'RetKopf': '', 'RetPos': '',
'Lagertyp': 'WA'}]

Gebinde ist nicht geperrt.

HU ist nicht gesperrt und beitzt keine gesperrte Charge.

Soll HU manuell gesperrt werden? (JA(NEIN)
```

Abbildung 356: SHOP - Bedienung - WA-Kostenstelle & Storno - Schritt 13

Rechnung zur Auslieferung

Schritt 1: Auslieferung im richtigen Status in Tabelle ‚slkopf.csv' aussuchen.

5	29	1	M000	12	ST	disponiert	0
7	30	1	M005	12	ST	unterwegs	2
3	31	1	M001	12	ST	angelegt	0
9	32	1	M001	12	ST	angelegt	0
1	33	1	M000	12	ST	angelegt	0

Abbildung 357: SHOP - Bedienung - Rechnung zur Auslieferung - Schritt 1

Auslieferung 30 ist im Status ‚unterwegs' und kann verwendet werden. Die Auslieferung wurde im Rahmen der GUI-Version 1.0 des SMILE-Prototyp angelegt.

Schritt 2: Rechnung mittels Code ‚REDR' erzeugen und anzeigen.

```
tourstati saved to file
transportmatrix saved to file


Bitte Auslieferungsnummer eingeben: 30

Rechnungsdruck zur Auslieferung


Bewegungssatz geschrieben

OrderedDict([('Index', ''), ('Bewegung', 'REDR'), ('HU', ' '), ('Lieferant', ' '),
('User', 'sven'), ('Fehlerflag', ' '), ('Fehlercode', ' '), ('von-Platz', ' '), ('an-
Platz', ' '), ('Zeitstempel', time.struct_time(tm_year=2024, tm_mon=10, tm_mday=3,
tm_hour=14, tm_min=46, tm_sec=41, tm_wday=3, tm_yday=277, tm_isdst=1)), ('Material', '
'), ('Charge', ' '), ('Split', ' '), ('Menge', ' '), ('Einheit', ' '), ('Grund', ' '),
('Referenz', '43'), ('Kostenstelle', ' '), ('VReferenz', '30')])


Rechnung gespeichert
benutzer saved to file
bewegungen saved to file
bewegungsarten saved to file
hrabs saved to file
```

Abbildung 358: SHOP - Bedienung - Rechnung zur Auslieferung - Schritt 2

```
sipos saved to file
slstati saved to file
smile saved to file
tourkopf saved to file
tourpos saved to file
tourstati saved to file
transportmatrix saved to file

Rechnung anzeigen (ja/nein) ja

Bitte eine Taste drücken:
```

Abbildung 359: SHOP - Bedienung - Rechnung zur Auslieferung - Schritt 2

SMILE-CLI-Prototyp zur Lagerverwaltung
Rechnungsdruck zur Auslieferung

Sven Wirsing-Mathematicum 1a-34125 Python-Deutschland

Herr
Sven Wirsing
Bahnhofstr. 3
12345 Eberbach
Deutschland

Internet: www.smile.de
E-Mail: smile@smile.de
Mobil: 01234/987654-2
SteuerNr: 22/3333/4444
UmstIdnNr: DE987654321
Datum/Uhrzeit: 03.10.2024 14:46:34
Kundennummer: K000001
Rechnungsnummer: 43

Hallo Herr Sven Wirsing,

nachfolgend die Rechnung zu Ihrem Einkauf im SMILE-Shop:
Rechnungnummer 43 zur Auslieferungnummer 30

Pos. 1 Bez. SMILE TT-Bande Paar Menge 12 EP/Eur 33 Betrag/Eur 396.0

Nettobetrag = 396.0 Eur
Pauschale Transport = 39.6 Eur
Pauschale Verpackung = 19.8 Eur
Mehrwertsteuer = 86.52600000000001 Eur
Rechnungsbetrag = 541.926 Eur

Danke, dass Sie im SMILE-Shop eingekauft haben!
Bitte ueberweisen Sie den offenen Betrag
falls nicht bereits im Shop beglichen
innerhalb einer Woche mittels unten aufgefuehrter Bankverbindung.

Viele Gruesse
Ihr Lagerleiter des SMILE-Shops

Zahlungsempfaenger: Lagerleiter SMILE-Shop
Bank: SMILE-Bank
IBAN: DE1234567890
BIC: 12312345

Abbildung 360: SHOP - Bedienung - Rechnung zur Auslieferung - Schritt 2

Schritt 3: Bewegung ‚REDR' mittels ‚BEWE'-Code anzeigen (letzte Bewegung angucken).

Abbildung 361: SHOP - Bedienung - Rechnung zur Auslieferung - Schritt 3

Wareneingang

Gefahrstoffe

Schritt 1: Brandabschnitte in Tabelle ‚brabs.csv' anzeigen.

	A	B	C	D	E
	Brandabschni	Bezeichnung	AnzGefaHu	AktAnzGefaHu	
	BR01	Brandabschni	10	0	
	BR02	Brandabschni	20	0	
	BR03	Brandabschni	25	0	
	BR04	Brandabschni	26	0	

Abbildung 362: SHOP - Bedienung - Gefahrstoffe - Schritt 1

Schritt 2: Brandabschnitt mittels Code ‚BRAA' falsch anlegen -> Fehler.

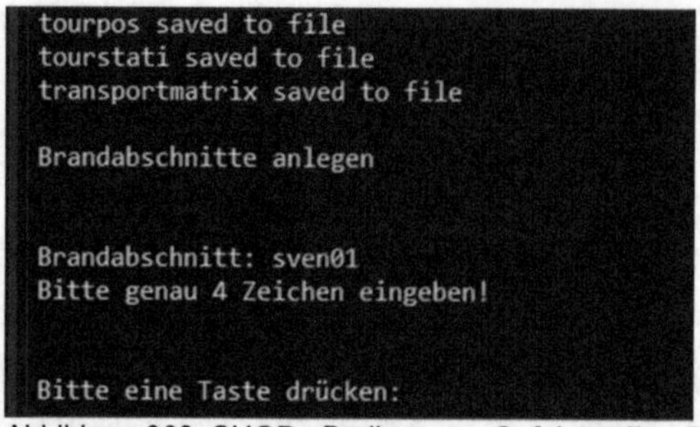

Abbildung 363: SHOP - Bedienung - Gefahrstoffe - Schritt 2

Schritt 3: Einen bereits existierenden Brandabschnitt mittels Code ‚BRAA' anlegen -> Fehler.

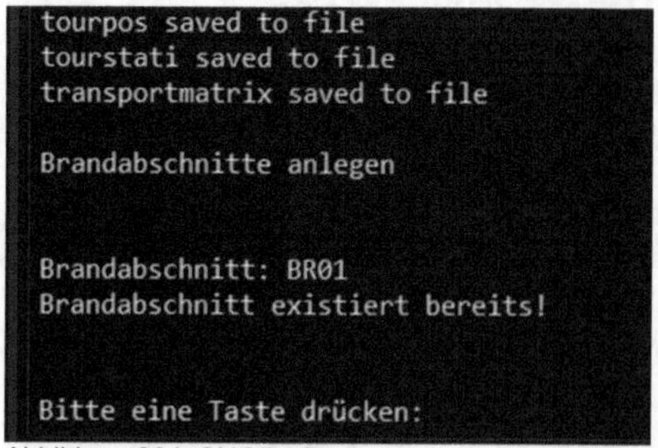

Abbildung 364: SHOP - Bedienung - Gefahrstoffe - Schritt 3

Schritt 4: Menü-Code ‚BRAA' nutzen, um den Brandabschnitt BR10 anzulegen.

```
transportmatrix saved to file

Brandabschnitte anlegen


Brandabschnitt: BR10

Beschreibung Brandabscnitt: Test CLI

Anzahl Gefa-HUs: 120

Bewegungssatz geschrieben

OrderedDict([('Index', ''), ('Bewegung', 'BRAA'), ('HU', ' '), ('Lieferant', ' '),
('User', 'sven'), ('Fehlerflag', ' '), ('Fehlercode', ' '), ('von-Platz', ' '), ('an-
Platz', ' '), ('Zeitstempel', time.struct_time(tm_year=2024, tm_mon=10, tm_mday=3,
tm_hour=15, tm_min=0, tm_sec=28, tm_wday=3, tm_yday=277, tm_isdst=1)), ('Material', '
'), ('Charge', ' '), ('Split', ' '), ('Menge', ' '), ('Einheit', ' '), ('Grund', ' '),
('Referenz', 'BR10'), ('Kostenstelle', ' '), ('VReferenz', ' ')])

Brandabschnitt angelegt!
benutzer saved to file
bewegungen saved to file
bewegungsarten saved to file
```

Abbildung 365: SHOP - Bedienung - Gefahrstoffe - Schritt 4

Schritt 5: Bewegung mittels Code ‚BEWE' auswerten -> Bewegung BRAA.

```
tm_mon=9, tm_mday=30, tm_hour=12, tm_min=45, tm_sec=54, tm_wday=0, tm_yday=274,
tm_isdst=1)', '', '', '', '', '', 'manuell', '', '', '']
[456, 'HU_TA', '7113', 'SMILE', 'sven', '', '0', 'BLOCK', 'SPERR',
'time.struct_time(tm_year=2024, tm_mon=9, tm_mday=30, tm_hour=12, tm_min=45, tm_sec=54,
tm_wday=0, tm_yday=274, tm_isdst=1)', 'M003', 'CH003', '01', '12', 'M', '', '', '', '']
[457, 'BRAA', ' ', ' ', 'sven', ' ', ' ', ' ', ' ', 'time.struct_time(tm_year=2024,
tm_mon=10, tm_mday=3, tm_hour=15, tm_min=0, tm_sec=28, tm_wday=3, tm_yday=277,
tm_isdst=1)', ' ', ' ', ' ', ' ', ' ', ' ', 'BR10', ' ', '']


Bitte eine Taste drücken:
```

Abbildung 366: SHOP - Bedienung - Gefahrstoffe - Schritt 5

Schritt 6: neuen Brandabschnitt anzeigen (Code = BRAS).

```
tourstati saved to file
transportmatrix saved to file

Brandabschnitte anzeigen

odict_keys(['Index', 'Brandabschnitt', 'Bezeichnung', 'AnzGefaHu', 'AktAnzGefaHu'])
[1, 'BR01', 'Brandabschnitt 01', '10', '0']
[2, 'BR02', 'Brandabschnitt 02', '20', '0']
[3, 'BR03', 'Brandabschnitt 03', '25', '0']
[4, 'BR04', 'Brandabschnitt 04', '26', '0']
[5, 'BR10', 'Test CLI', '120', '0']

Bitte eine Taste drücken:
```

Abbildung 367: SHOP - Bedienung - Gefahrstoffe - Schritt 6

Schritt 7: Lagerplatz ‚WAKOSTL' den neuen Brandabschnitt BR10 per Tabelle zuweisen.

	A	B	C	D	E	F	G	H	I
16	HRL_01_01_0!	HRL, Gang 1, !	HRL	NEIN	20	2	1	BR01	
17	HRL_01_01_0(	HRL, Gang 1, !	HRL	NEIN	20	2	1	BR01	
18	KUEHL_1	Kühlturm, Plat	KUEHL	NEIN	-1	5	1	BR02	
19	KUEHL_2	Kühlturm, Plat	KUEHL	NEIN	0	5	1	BR02	
20	KUEHL_3	Kühlturm, Plat	KUEHL	NEIN	1	5	1	BR02	
21	KUEHL_4	Kühlturm, Plat	KUEHL	NEIN	2	5	0	BR02	
22	KUEHL_5	Kühlturm, Plat	KUEHL	NEIN	3	5	1	BR02	
23	BLOCK	Blockplatz	BLOCK	NEIN	ungeprüft	unbegrenzt	0	BR03	
24	SCHROTT	Schrottplatz	WA	NEIN	ungeprüft	unbegrenzt	0		
25	HRL_01_02_0:	HRL, Gang 1, !	HRL	NEIN	20	0	2	BR01	
26	HRL_01_02_0:	HRL, Gang 1, !	HRL	NEIN	20	0	0	BR01	
27	HRL_01_02_0:	HRL, Gang 1, !	HRL	NEIN	20	0	0	BR01	
28	HRL_01_02_0<	HRL, Gang 1, !	HRL	NEIN	20	0	0	BR01	
29	HRL_01_02_0!	HRL, Gang 1, !	HRL	NEIN	20	0	0	BR01	
30	HRL_01_02_0(	HRL, Gang 1, !	HRL	NEIN	20	0	0	BR01	
31	WAKOSTL	Ausbuchung K	WA	NEIN	ungeprüft	unbegrenzt	0	BR10	

Abbildung 368: SHOP - Bedienung - Gefahrstoffe - Schritt 7

Schritt 8: Tabellen mit Lagerklassen, Lagertypen und Materialien anzeigen.

	A	B	C	D	E	F	G	H	I	R	S	T
1	Material	Labor	Split00	BME	Chargenpflich	Kuehlpflicht	vonTemp	bisTemp	TempEinheit	Bezeichnung	Lagerklasse	
2	M000	LAB000	JA	ST	JA	JA	1	4	°C	SMILE DESGEL +		
3	M001	LAB001	NEIN	ST	JA	NEIN			°C	SMILE Kantenband 5m		
4	M002	LAB002	JA	ST	JA	NEIN			°C	SMILE TT-Tisch		
5	M003	LAB003	NEIN	M	JA	NEIN			°C	SMILE TT-Schuh 1 Paar		
6	M004	LAB004	JA	L	JA	JA	-2	1	°C	SMILE DESGEL Pro		
7	M005	LAB005	NEIN	ST	NEIN	NEIN			°C	SMILE TT-Bande Paar		
8	M006	LAB006	NEIN	ST	JA	JA	-2	1	°C	SMILE Kleber E LG1		
9	M007	LAB007	NEIN	ST	JA	JA	-1	4	°C	SMILE Kleber E LG2		
10	M008	LAB008	NEIN	ST	JA	NEIN				SMILE Desinfe LG3		
11	M009	LAB009	NEIN	ST	JA	NEIN				SMILE Desinfe LG4		
12												
13												
14												

Abbildung 369: SHOP - Bedienung - Gefahrstoffe - Schritt 8

	A	B	C	D	E	F
1	Lagernummer	Lagertyp	Bezeichnung	GefaPr		
2	SMILE001	WE	Wareneingang			
3	SMILE001	HRL	Hochregallage	X		
4	SMILE001	KUEHL	Kühllager	X		
5	SMILE001	BLOCK	Blocklager	X		
6	SMILE001	SCHROTT	Verschrottung			
7	SMILE001	WA	Warenausgang			
8	SMILE001	TRAN	Transfer-Lagertyp			
9	SMILE001	SAMM	Sammel-Lagertyp			
10	SMILE001	KONS	Konsolidierungs-Lagertyp			
11	SMILE001	SPERR	Sperr-Lagertyp			
12						
13						
14						

Abbildung 370: SHOP - Bedienung - Gefahrstoffe - Schritt 8

	A	B	C	D
1	Lagernummer	Lagertyp	Lagerklasse	
2	SMILE001	HRL	LG9	
3	SMILE001	HRL		
4	SMILE001	KUEHL	LG1	
5	SMILE001	KUEHL	LG2	
6	SMILE001	BLOCK	LG3	
7	SMILE001	BLOCK	LG4	
8	SMILE001	BLOCK		

Abbildung 371: SHOP - Bedienung - Gefahrstoffe - Schritt 8

Schritt 9: Zu Material M008 den Wareneingang mit Code ‚WEMA' buchen und den Bestand mit Code ‚PLATZ' umlagern.

```
Bitte Gebinde eingeben: 1000

[]


Bitte Lieferant eingeben: sven

Bitte Material eingeben: M008

Bitte Charge eingeben: CH008

Bitte Split eingeben: 08
Pruefung neuer Charge
1
OKAY

Bitte Verfallsdatum eingeben: 1.1.2026
neue Charge angelegt

Bewegungssatz geschrieben

OrderedDict([('Index', ''), ('Bewegung', 'CH_01'), ('HU', ''), ('Lieferant', 'sven'),
('User', 'sven'), ('Fehlerflag', ''), ('Fehlercode', 0), ('von-Platz', ''), ('an-Platz
''), ('Zeitstempel', time.struct_time(tm_year=2024, tm_mon=10, tm_mday=3, tm_hour=15,
tm_min=8, tm_sec=30, tm_wday=3, tm_yday=277, tm_isdst=1)), ('Material', 'M008'),
('Charge', 'CH008'), ('Split', '08'), ('Menge', ''), ('Einheit', ''), ('Grund', ''),
('Referenz', ''), ('Kostenstelle', ''), ('VReferenz', '')])

Bitte Menge eingeben:
```

Abbildung 372: SHOP - Bedienung - Gefahrstoffe - Schritt 9

```
Liste absteigend sortieren
sortierte mögliche Plätze mit freien Kapazitäten sind:
[('BLOCK', 999999, 'BLOCK')]
Platz gefunden  BLOCK

[OrderedDict([('Index', 112), ('Nummer', '1000'), ('Lieferant', 'sven'), ('Platz',
'WE_LIEF'), ('Fehlerflag', ''), ('Fehlercode', 0), ('Status', 'L'), ('Material',
'M008'), ('Charge', 'CH008'), ('Split', '08'), ('Menge', '1234'), ('Einheit', 'ST'),
('RetKz', ''), ('RetKopf', ''), ('RetPos', ''), ('Lagertyp', 'WE')])]


Platz für das Gebinde geändert.


Bewegungssatz geschrieben

OrderedDict([('Index', ''), ('Bewegung', 'HU_TA'), ('HU', '1000'), ('Lieferant',
'sven'), ('User', 'sven'), ('Fehlerflag', ''), ('Fehlercode', 0), ('von-Platz',
'WE_LIEF'), ('an-Platz', 'BLOCK'), ('Zeitstempel', time.struct_time(tm_year=2024,
tm_mon=10, tm_mday=3, tm_hour=15, tm_min=9, tm_sec=18, tm_wday=3, tm_yday=277,
tm_isdst=1)), ('Material', 'M008'), ('Charge', 'CH008'), ('Split', '08'), ('Menge',
'1234'), ('Einheit', 'ST'), ('Grund', ''), ('Referenz', ''), ('Kostenstelle', ''),
('VReferenz', '')])
Hallo  sven


Wollen Sie ein Transportbeleg drucken (JA/NEIN)?NEIN


Bitte eine Taste drücken
```

Abbildung 373: SHOP - Bedienung - Gefahrstoffe - Schritt 9

Schritt 10: HRL_01_01_01 ist wegen Lagerklassen-Prüfung als Platz nicht erlaubt.

```
Bitte Ihre Aktion eingeben: PLATZ

Platz von Gebinde ändern


Bitte Gebinde eingeben: 1000

[OrderedDict([('Index', 112), ('Nummer', '1000'), ('Lieferant', 'sven'), ('Pl
'BLOCK'), ('Fehlerflag', ''), ('Fehlercode', 0), ('Status', 'L'), ('Material'
('Charge', 'CH008'), ('Split', '08'), ('Menge', '1234'), ('Einheit', 'ST'), (
''), ('RetKopf', ''), ('RetPos', ''), ('Lagertyp', 'BLOCK')])]


Neuen Platz eingeben: HRL_01_01_01


Fehler: Gefahrstoff-Lagerklasse im Zielplatz nicht erlaubt


Bitte eine Taste drücken
```

Abbildung 374: SHOP - Bedienung - Gefahrstoffe - Schritt 10

Kundenretoure & Gutschrift

Schritt 1: Eine Auslieferungsposition im richtigen Status in Tabelle slpos.csv suchen.

49	2	M001	21	ST	disponiert	0		
49	3	M003	34	M	disponiert	0		
50	1	M000	33	ST	erledigt	4	CH00	S0
50	2	M005	33	ST	erledigt	0		

Abbildung 375: SHOP - Bedienung - Kundenretoure & Gutschrift - Schritt 1

Achtung: Charge und Split müssen ebenfalls gefüllt sein, ev. manuell eintragen (später in Band II per Kommissionier-Prozess); Status ‚erledigt' kann verwendet werden, bereits retournierte Menge sollte kleiner als die ursprünglich gelieferte Positionsmenge sein, in diesem Fall 4 < 33, so daß noch 29 retournierbar sind

Auslieferung 50 mit Position 1.

Schritt 2: 33 St können nicht retourniert werden: Menücode KRET.

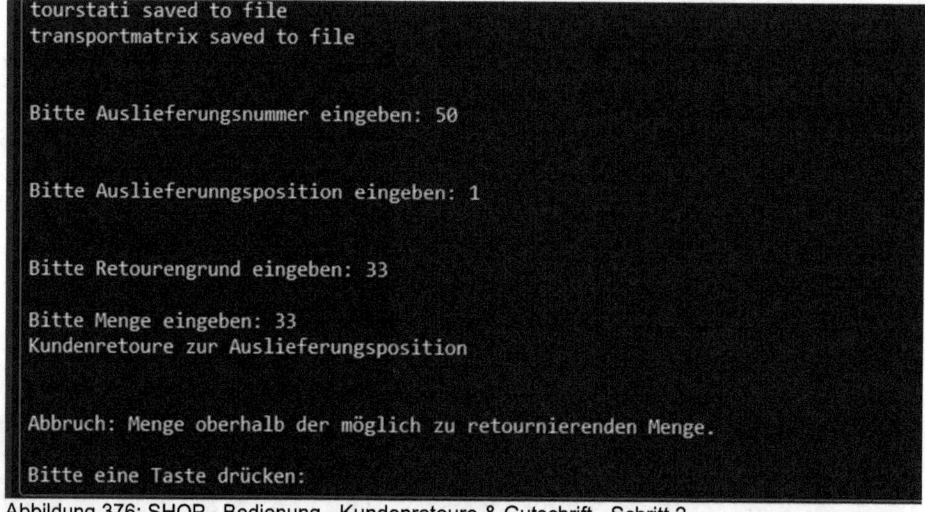

Abbildung 376: SHOP - Bedienung - Kundenretoure & Gutschrift - Schritt 2

Schritt 3: Mittels Code KRET die maximal mögliche Menge (in diesem Fall 29 St.) retournieren.

```
transportmatrix saved to file


Bitte Auslieferungsnummer eingeben: 50


Bitte Auslieferunngsposition eingeben: 1


Bitte Retourengrund eingeben: Test

Bitte Menge eingeben: 29
Kundenretoure zur Auslieferungsposition


Bewegungssatz geschrieben

OrderedDict([('Index', ''), ('Bewegung', 'KRET'), ('HU', '10'), ('Lieferant', ' '),
('User', 'sven'), ('Fehlerflag', ' '), ('Fehlercode', ' '), ('von-Platz', 'WE_KRET')
('an-Platz', 'WE_KRET'), ('Zeitstempel', time.struct_time(tm_year=2024, tm_mon=10,
tm_mday=3, tm_hour=19, tm_min=50, tm_sec=6, tm_wday=3, tm_yday=277, tm_isdst=1)),
('Material', 'M000'), ('Charge', 'CH00'), ('Split', 'S0'), ('Menge', 29), ('Einheit'
'ST'), ('Grund', 'Test'), ('Referenz', '6'), ('Kostenstelle', ' '), ('VReferenz',
'50')])

Kundenretoure gebucht
benutzer saved to file
```

Abbildung 377: SHOP - Bedienung - Kundenretoure & Gutschrift - Schritt 3

Schritt 4: Bestand auf Lagerplatz WE_KRET mittels Code BPLA anschauen -> HU 10 erzeugt.

```
--- Allgemein ---
ENDE Programmende


Bitte Ihre Aktion eingeben: BPLA

Platzbestand anzeigen:


Bitte Platz eingeben: WE_KRET

[{'Index': 102, 'Nummer': '7', 'Lieferant': '', 'Platz': 'WE_KRET', 'Fehlerflag': '',
'Fehlercode': '', 'Status': 'L', 'Material': 'M000', 'Charge': '', 'Split': '', 'Menge':
'1', 'Einheit': 'ST', 'RetKz': 'X', 'RetKopf': '3', 'RetPos': '1', 'Lagertyp': 'WE'},
{'Index': 103, 'Nummer': '8', 'Lieferant': '', 'Platz': 'WE_KRET', 'Fehlerflag': '',
'Fehlercode': '', 'Status': 'L', 'Material': 'M000', 'Charge': 'CH00', 'Split': 'S0',
'Menge': '2', 'Einheit': 'ST', 'RetKz': 'X', 'RetKopf': '4', 'RetPos': '1', 'Lagertyp':
'WE'}, {'Index': 104, 'Nummer': '9', 'Lieferant': '', 'Platz': 'WE_KRET', 'Fehlerflag':
'', 'Fehlercode': '', 'Status': 'L', 'Material': 'M000', 'Charge': 'CH00', 'Split':
'S0', 'Menge': '1', 'Einheit': 'ST', 'RetKz': 'X', 'RetKopf': '5', 'RetPos': '1',
'Lagertyp': 'WE'}, {'Index': 112, 'Nummer': '10', 'Lieferant': '', 'Platz': 'WE_KRET',
'Fehlerflag': '', 'Fehlercode': '', 'Status': 'L', 'Material': 'M000', 'Charge': 'CH00',
'Split': 'S0', 'Menge': '29', 'Einheit': 'ST', 'RetKz': 'X', 'RetKopf': '6', 'RetPos':
'1', 'Lagertyp': 'WE'}]



Bitte eine Taste drücken:
```

Abbildung 378: SHOP - Bedienung - Kundenretoure & Gutschrift - Schritt 4

Schritt 5: Bewegungen per Code BEWE anzeigen -> Bewegungsart KRET -> Materialbelegnummer der Retoure ist 6.

```
'time.struct_time(tm_year=2024, tm_mon=10, tm_mday=3, tm_hour=19, tm_min=15, tm_sec=15,
tm_wday=3, tm_yday=277, tm_isdst=1)', 'M001', 'CH001', '01', '12', 'ST', '', '', '', '']
[460, 'SPEB', '7112', '', 'sven', '', '', '', '', 'time.struct_time(tm_year=2024,
tm_mon=10, tm_mday=3, tm_hour=19, tm_min=21, tm_sec=30, tm_wday=3, tm_yday=277,
tm_isdst=1)', '', '', '', '', '', 'manuell', '', '', '']
[461, 'HU_TA', '7112', 'SMILE', 'sven', '', '0', 'HRL_01_02_01', 'SPERR',
'time.struct_time(tm_year=2024, tm_mon=10, tm_mday=3, tm_hour=19, tm_min=21, tm_sec=30,
tm_wday=3, tm_yday=277, tm_isdst=1)', 'M002', 'CH002', '02', '12', 'ST', '', '', '', '']
[462, 'KRET', '10', '', 'sven', '', '', 'WE_KRET', 'WE_KRET',
'time.struct_time(tm_year=2024, tm_mon=10, tm_mday=3, tm_hour=19, tm_min=50, tm_sec=6,
tm_wday=3, tm_yday=277, tm_isdst=1)', 'M000', 'CH00', 'S0', '29', 'ST', 'Test', '6', '
', '50']



Bitte eine Taste drücken:
```

Abbildung 379: SHOP - Bedienung - Kundenretoure & Gutschrift - Schritt 5

Schritt 6: Gutschrift mittels Belegnummer und Code GUDR erzeugen und anzeigen.

```
tourstati saved to file
transportmatrix saved to file


Bitte Kundenretoure eingeben: 6

Gutschriftdruck zur Kundenretoure


Bewegungssatz geschrieben

OrderedDict([('Index', ''), ('Bewegung', 'GUDR'), ('HU', ' '), ('Lieferant', ' '),
('User', 'sven'), ('Fehlerflag', ' '), ('Fehlercode', ' '), ('von-Platz', ' '), ('an-
Platz', ' '), ('Zeitstempel', time.struct_time(tm_year=2024, tm_mon=10, tm_mday=3,
tm_hour=19, tm_min=51, tm_sec=42, tm_wday=3, tm_yday=277, tm_isdst=1)), ('Material', '
'), ('Charge', ' '), ('Split', ' '), ('Menge', ' '), ('Einheit', ' '), ('Grund', ' '),
('Referenz', '2'), ('Kostenstelle', ' '), ('VReferenz', '6')])


Gutschrift gespeichert
benutzer saved to file
bewegungen saved to file
bewegungsarten saved to file
```

Abbildung 380: SHOP - Bedienung - Kundenretoure & Gutschrift - Schritt 6

```
smile saved to file
tourkopf saved to file
tourpos saved to file
tourstati saved to file
transportmatrix saved to file

Gutschrift anzeigen (ja/nein) ja

Bitte eine Taste drücken:
```

Abbildung 381: SHOP - Bedienung - Kundenretoure & Gutschrift - Schritt 6

SMILE-CLI-Prototyp zur Lagerverwaltung
Gutschriftdruck zur Kundenretoure

Sven Wirsing-Mathematicum 1a-34125 Python-Deutschland

Herr
Terence Hill
Am Neckar 42
45445 Eberbach
Deutschland

Internet: www.smile.de
E-Mail: smile@smile.de
Mobil: 01234/987654-2
SteuerNr: 22/3333/4444
UmstIdnNr: DE987654321
Datum/Uhrzeit: 03.10.2024 19:51:34
Kundennummer: K000006
Rechnungsnummer: <function redr at 0x00000138FC608790>

Hallo Herr Terence Hill,

nachfolgend die Gutschrift zu Ihrer Kundenretoure im SMILE-Shop:
Gutschriftnummer 2 zur Kundenretoure 6

Pos. 1 Bez. SMILE DESGEL + Menge 29 EP/Eur 12 Betrag/Eur 348.0

Nettobetrag = 348.0 Eur
Pauschale Transport = 34.8 Eur
Pauschale Verpackung = 17.4 Eur
Mehrwertsteuer = 76.038 Eur
Gutschriftbetrag = 476.238 Eur

Danke für Ihre Retoure!
Sie haben den Betrag im Shop in bar erhalten.

Viele Gruesse
Ihr Lagerleiter des SMILE-Shops

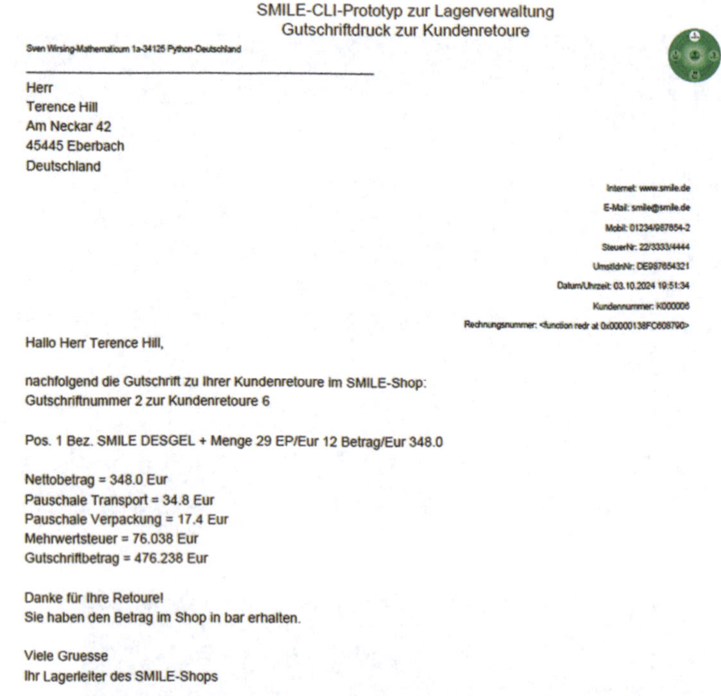

Abbildung 382: SHOP - Bedienung - Kundenretoure & Gutschrift - Schritt 6

Schritt 7: Nochmaliges Retournieren derselben Auslieferungsposition per Code KRET nicht möglich -> Fehler.

```
tourpos saved to file
tourstati saved to file
transportmatrix saved to file


Bitte Auslieferungsnummer eingeben: 50


Bitte Auslieferunngsposition eingeben: 1


Bitte Retourengrund eingeben: Sven

Bitte Menge eingeben: 1
Kundenretoure zur Auslieferungsposition


Abbruch: Menge oberhalb der möglich zu retournierenden Menge.

Bitte eine Taste drücken:
```

Abbildung 383: SHOP - Bedienung - Kundenretoure & Gutschrift - Schritt 7

Schritt 8: Einlagern, Umlagern und Lieferantenretoure sind noch nicht möglich (Codes EINLAG, PLATZ, LRET) -> Fehler.

```
BMAT Bestand zum Material
BPLA Bestand zum Platz
--- Allgemein ---
ENDE Programmende


Bitte Ihre Aktion eingeben: EINLAG

Gebinde einlagern


Bitte Gebinde eingeben: 10
Gebinde einlagern


Fehler: Gebinde ist wegen Retoure gesperrt



Bitte eine Taste drücken
```

Abbildung 384: SHOP - Bedienung - Kundenretoure & Gutschrift - Schritt 8

Schritt 9: Freibuchen des Retourenbestands per Code KUMB, dann Einlagern per Code EINLAG.

```
Bitte Kundenretoure eingeben: 6
Bestand zur Kundenretoure entsperren


Bewegungssatz geschrieben

OrderedDict([('Index', ''), ('Bewegung', 'KUMB'), ('HU', '10'), ('Lieferant', ' '),
('User', 'KUMB'), ('Fehlerflag', ' '), ('Fehlercode', ' '), ('von-Platz', 'WE_KRET'),
('an-Platz', 'WE_KRET'), ('Zeitstempel', time.struct_time(tm_year=2024, tm_mon=10,
tm_mday=3, tm_hour=20, tm_min=3, tm_sec=3, tm_wday=3, tm_yday=277, tm_isdst=1)),
('Material', ' '), ('Charge', ' '), ('Split', ' '), ('Menge', ' '), ('Einheit', ' '),
('Grund', 'KUMB'), ('Referenz', '10'), ('Kostenstelle', ' '), ('VReferenz', '6')])


Retourensperrkennzeichen entfernt
benutzer saved to file
bewegungen saved to file
```

Abbildung 385: SHOP - Bedienung - Kundenretoure & Gutschrift - Schritt 9

Schritt 10: Einlagern nach Freigabe mittels Code EINLAG zu HU 10.

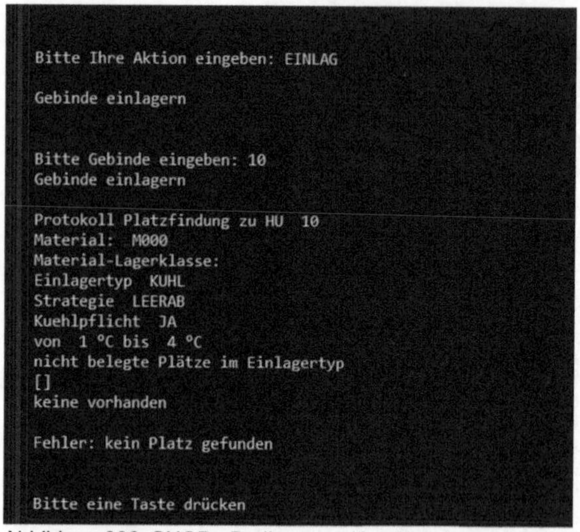

Abbildung 386: SHOP - Bedienung - Kundenretoure & Gutschrift - Schritt 10

kein Fehler wegen Retourenabwicklung, sondern wegen falsch gepflegtem
Einlagertyp KUHL -> Änderung in KUEHL in matstamm.csv.

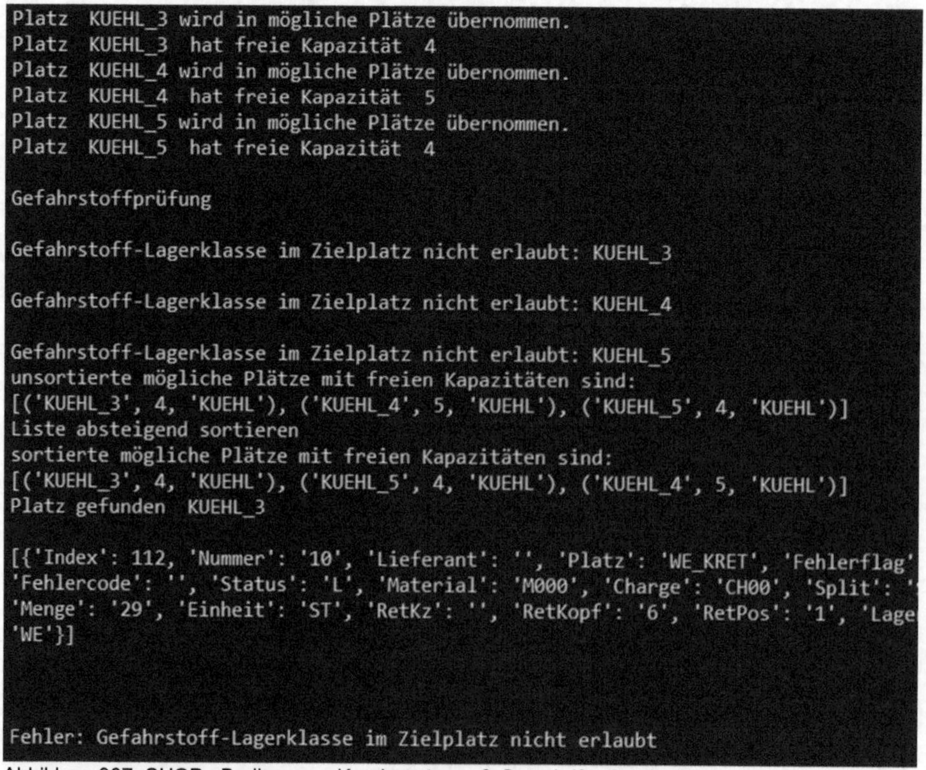

Abbildung 387: SHOP - Bedienung - Kundenretoure & Gutschrift - Schritt 10

weiterer Versuch schlägt fehl wegen nicht erlaubter Lagerklasse im Ziel-Lagertyp.

   M000 bekommt in matstamm.csv andere Lagerklasse zugewiesen

```
Platz KUEHL_5 hat freie Kapazität  4

Gefahrstoffprüfung
unsortierte mögliche Plätze mit freien Kapazitäten sind:
[('KUEHL_3', 4, 'KUEHL'), ('KUEHL_4', 5, 'KUEHL'), ('KUEHL_5', 4, 'KUEHL')]
Liste absteigend sortieren
sortierte mögliche Plätze mit freien Kapazitäten sind:
[('KUEHL_3', 4, 'KUEHL'), ('KUEHL_5', 4, 'KUEHL'), ('KUEHL_4', 5, 'KUEHL')]
Platz gefunden   KUEHL_3

[{'Index': 112, 'Nummer': '10', 'Lieferant': '', 'Platz': 'WE_KRET', 'Fehlerflag': '',
'Fehlercode': '', 'Status': 'L', 'Material': 'M000', 'Charge': 'CH00', 'Split': 'S0',
'Menge': '29', 'Einheit': 'ST', 'RetKz': '', 'RetKopf': '6', 'RetPos': '1', 'Lagertyp':
'WE'}]


Platz für das Gebinde geändert.


Bewegungssatz geschrieben

OrderedDict([('Index', ''), ('Bewegung', 'HU_TA'), ('HU', '10'), ('Lieferant', ''),
('User', 'sven'), ('Fehlerflag', ''), ('Fehlercode', ''), ('von-Platz', 'WE_KRET'),
('an-Platz', 'KUEHL_3'), ('Zeitstempel', time.struct_time(tm_year=2024, tm_mon=10,
tm_mday=3, tm_hour=20, tm_min=12, tm_sec=13, tm_wday=3, tm_yday=277, tm_isdst=1)),
('Material', 'M000'), ('Charge', 'CH00'), ('Split', 'S0'), ('Menge', '29'), ('Einheit',
'ST'), ('Grund', ''), ('Referenz', ''), ('Kostenstelle', ''), ('VReferenz', '')])
Hallo  sven

Wollen Sie ein Transportbeleg drucken (JA/NEIN)?NEIN
```

Abbildung 388: SHOP - Bedienung - Kundenretoure & Gutschrift - Schritt 10

Einlagerung ist erfolgreich durchgeführt.

Interne Prozesse

Nachschub & mehrstufige Umlagerung

Schritt 1: Transportmatrix und Nachschub in Tabellen anschauen.

	A	B	C	D	E	F	G
1	Lagernummer	Material	Platz	NLagertyp	NStrategie	NGesperrt	
2	SMILE01	M005	BLOCK	HRL	KLEINMENGE	NEIN	
3							
4							

Abbildung 389: SHOP - Bedienung - Nachschub & Mehrstufigkeit - Schritt 1

	A	B	C	D	E	F
1	Lagernummer	VonLagertyp	AnLagertyp	TranLagertyp	TranLagerplat	Aktiv
2	SMILE001	WE	BLOCK	TRAN	TRAN_BLOCK	X
3	SMILE001	TRAN	BLOCK	SAMM	SAMM_BLOCK	X
4	SMILE001	WE	TRAN	KONS	KONS_BLOCK	X
5						

Abbildung 390: SHOP - Bedienung - Nachschub & Mehrstufigkeit - Schritt 1

Schritt 2: Menücode TRAN zum Testen der Transportmatrix-Ermittlung von WE_LIEF an BLOCK, von WE_LIEF an TRAN_BLOCK und von WE_LIEF an HRL.

```
Bitte Ihre Aktion eingeben: TRAN

Von-Platz: WE_LIEF

An-Platz: BLOCK
['WE_LIEF', 'KONS_BLOCK', 'TRAN_BLOCK', 'SAMM_BLOCK', 'BLOCK']

Bitte eine Taste drücken:
```

Abbildung 391: SHOP - Bedienung - Nachschub & Mehrstufigkeit - Schritt 2

```
Bitte Ihre Aktion eingeben: TRAN

Von-Platz: WE_LIEF

An-Platz: TRAN_BLOCK
['WE_LIEF', 'KONS_BLOCK', 'TRAN_BLOCK']

Bitte eine Taste drücken:
```

Abbildung 392: SHOP - Bedienung - Nachschub & Mehrstufigkeit - Schritt 2

```
Bitte Ihre Aktion eingeben: TRAN

Von-Platz: WE_LIEF

An-Platz: HRL
['WE_LIEF', 'HRL']

Bitte eine Taste drücken:
```

Abbildung 393: SHOP - Bedienung - Nachschub & Mehrstufigkeit - Schritt 2

Schritt 3: Bestand mit Retouren-Sperrkennzeichen und verschiedenen Mengen im Nachschublagertyp anzeigen (ggfs. vorher durch Umlagerung oder Wareneingang diese Bestandssituation herstellen), Code BEST.

08	HU43	Sven	KUEHL_2		O L	M007	CH007	07	422 ST				KUEHL
09	HU900	Sven	HRL_01_01_02		L	M005			10 ST				HRL
10	HU901	Sven	HRL_01_01_01		L	M005			11 ST				HRL
11	HU902	Sven	HRL_01_01_04		L	M005			9 ST	X		1	1 HRL
12	HU903	Sven	HRL_01_01_03		L	M005			8 ST				HRL
13		1000 sven	BLOCK		O L	M008	CH008	08	1234 ST				BLOCK
14													

Abbildung 394: SHOP - Bedienung - Nachschub & Mehrstufigkeit - Schritt 3

Schritt 4: Auslösen des Nachschubs für Material und Lagerplatz mittels Code KABA, zweimal

Bestand mit Menge 9 wegen Retoure nicht verwendbar im Nachschublagertyp

Mengen nach KLEINMENGE sortiert: 8/10/11.

```
tourstati saved to file
transportmatrix saved to file

Nachschub auslösen

Bitte Lagerplatz eingeben: BLOCK

Bitte Material eingeben: M005
Nachschub auslösen

[('HU903', 'HRL_01_01_03', 8), ('HU900', 'HRL_01_01_02', 10), ('HU901', 'HRL_01_01_01',
11)]

Bitte eine Taste drücken:
```

Abbildung 395: SHOP - Bedienung - Nachschub & Mehrstufigkeit - Schritt 4

Nochmaliges Auslösen des Nachschubs: Bestand mit Mengen 10/11 verfügbar und sortiert.

```
transportmatrix saved to file

Nachschub auslösen

Bitte Lagerplatz eingeben: BLOCK

Bitte Material eingeben: M005
Nachschub auslösen

[('HU900', 'HRL_01_01_02', 10), ('HU901', 'HRL_01_01_01', 11)]

Bitte eine Taste drücken:
```

Abbildung 396: SHOP - Bedienung - Nachschub & Mehrstufigkeit - Schritt 4

Bestandssperren & Folgeaktionen

Schritt 1: Bestand und Chargen in Daten-Tabellen anzeigen (gebinde.csv und chargs-tamm.csv).

19	Sven	KUEHL_5	0	L	M000	CH000	0	12	ST		KUEHL
2999	Sven	KUEHL_1	0	L	M004	CH04	4	12	L		KUEHL
1919	Sven	WE_LIEF	0	L	M000	CH000	0	12	ST		WE
7111	SMILE	HRL_01_01_02	0	L	M001	CH001	1	12	ST		HRL
7112	SMILE	HRL_01_02_01	0	L	M002	CH002	2	12	ST		HRL

Abbildung 397: SHOP - Bedienung - Bestandssperren - Schritt 1

HU7111 und HU7112 im Folgenden verwenden zum Sperren

HU 2999 wird nicht gesperrt

	A	B	C	D	E	F	G
1	Material	Charge	Split	Verfall	ERP_Charge	SperKz	
2	M000	CH000	0	01.02.2020	CH00000	X	
3	M001	CH001	1	01.01.2021	CH00101		
4	M002	CH002	0	01.01.2022	CH00100	X	
5	M002	CH010	10	01.01.2023	CH01010	X	
6	M003	CH003	0	01.01.2019	CH003	X	
7	M004	CH004	0	01.01.2099	CH00400	X	
8	M001	Sven	2	30.07.2021	Sven02		
9	M001	sven	12	14.08.2020	sven12		
0	M001	der	1	18.08.2020	der01		

Abbildung 398: SHOP - Bedienung - Bestandssperren - Schritt 1

Charge zur Sperrung auswählen, in diesem Beispiel M001, CH001, 01.

Schritt 2: Charge M001, CH001, 01 mittels Code CHAR sperren.

```
Chargenstamm anzeigen:


Bitte Material eingeben: M001

Bitte Charge eingeben: CH001

Bitte Split eingeben: 01

[{'Index': 2, 'Material': 'M001', 'Charge': 'CH001', 'Split': '01', 'Verfall':
'01.01.2021', 'ERP_Charge': 'CH00101', 'SperKz': ''}]


Charge nicht gesperrt. Soll sie gesperrt werden? (JA/NEIN)JA

Grund der Sperre: Test Cli

Bewegungssatz geschrieben

OrderedDict([('Index', ''), ('Bewegung', 'SPEC'), ('HU', ''), ('Lieferant', ''),
('User', 'sven'), ('Fehlerflag', ''), ('Fehlercode', ''), ('von-Platz', ''), ('an-
Platz', ''), ('Zeitstempel', time.struct_time(tm_year=2024, tm_mon=10, tm_mday=3,
tm_hour=19, tm_min=8, tm_sec=38, tm_wday=3, tm_yday=277, tm_isdst=1)), ('Material',
'M001'), ('Charge', 'CH001'), ('Split', '01'), ('Menge', ''), ('Einheit', ''), ('Grund',
'Test Cli'), ('Referenz', ''), ('Kostenstelle', ''), ('VReferenz', '')])



Bitte eine Taste drücken:
```

Abbildung 399: SHOP - Bedienung - Bestandssperren - Schritt 2

Schritt 3: Charge mittels Code CHAR anzeigen und Sperre überprüfen.

```
    Allgemein
ENDE Programmende


Bitte Ihre Aktion eingeben: CHAR

Chargenstamm anzeigen:


Bitte Material eingeben: M001

Bitte Charge eingeben: CH001

Bitte Split eingeben: 01

[{'Index': 2, 'Material': 'M001', 'Charge': 'CH001', 'Split': '01', 'Verfall':
'01.01.2021', 'ERP_Charge': 'CH00101', 'SperKz': 'X'}]

Charge bereits gesperrt.



Bitte eine Taste drücken:
```

Abbildung 400: SHOP - Bedienung - Bestandssperren - Schritt 3

Schritt 4: Aufruf Gebinde-Info-Dialog Code INFO für HU 7111 -> automatisches Sperren der HU und Umlagerung in Sperrlagertyp SPERR.

```
Gebinde-Information


Bitte Gebinde eingeben: 7111

[{'Index': 91, 'Nummer': '7111', 'Lieferant': 'SMILE', 'Platz': 'HRL_01_01_02',
'Fehlerflag': '', 'Fehlercode': '0', 'Status': 'L', 'Material': 'M001', 'Charge':
'CH001', 'Split': '01', 'Menge': '12', 'Einheit': 'ST', 'RetKz': '', 'RetKopf': '',
'RetPos': '', 'Lagertyp': 'HRL'}]

Gebinde ist nicht geperrt.

zugehörige Charge gesperrt, HU wird automatisch gesperrt

Bewegungssatz geschrieben

OrderedDict([('Index', ''), ('Bewegung', 'SPEB'), ('HU', '7111'), ('Lieferant', ''),
('User', 'sven'), ('Fehlerflag', ''), ('Fehlercode', ''), ('von-Platz', ''), ('an-
Platz', ''), ('Zeitstempel', time.struct_time(tm_year=2024, tm_mon=10, tm_mday=3,
tm_hour=19, tm_min=15, tm_sec=15, tm_wday=3, tm_yday=277, tm_isdst=1)), ('Material',
''), ('Charge', ''), ('Split', ''), ('Menge', ''), ('Einheit', ''), ('Grund', 'gesperrte
Charge'), ('Referenz', ''), ('Kostenstelle', ''), ('VReferenz', '')])
```

Abbildung 401: SHOP - Bedienung - Bestandssperren - Schritt 4

```
Gebinde nicht im Sperrlager. Automatische Umlagerung wird initiiert.

[{'Index': 91, 'Nummer': '7111', 'Lieferant': 'SMILE', 'Platz': 'HRL_01_01_02',
'Fehlerflag': '', 'Fehlercode': '0', 'Status': 'L', 'Material': 'M001', 'Charge':
'CH001', 'Split': '01', 'Menge': '12', 'Einheit': 'ST', 'RetKz': 'X', 'RetKopf':
'gesperrte Charge', 'RetPos': '', 'Lagertyp': 'HRL'}]


Platz für das Gebinde geändert.


Bewegungssatz geschrieben

OrderedDict([('Index', ''), ('Bewegung', 'HU_TA'), ('HU', '7111'), ('Lieferant',
'SMILE'), ('User', 'sven'), ('Fehlerflag', ''), ('Fehlercode', '0'), ('von-Platz',
'HRL_01_01_02'), ('an-Platz', 'SPERR'), ('Zeitstempel', time.struct_time(tm_year=2024,
tm_mon=10, tm_mday=3, tm_hour=19, tm_min=15, tm_sec=15, tm_wday=3, tm_yday=277,
tm_isdst=1)), ('Material', 'M001'), ('Charge', 'CH001'), ('Split', '01'), ('Menge',
'12'), ('Einheit', 'ST'), ('Grund', ''), ('Referenz', ''), ('Kostenstelle', ''),
('VReferenz', '')])
Hallo  sven

Wollen Sie ein Transportbeleg drucken (JA/NEIN)?
```

Schritt 5: HU 7111 bei erneutem Einstieg mittels Code INFO bereits gesperrt und im Sperrlager.

```
ENDE Programmende


Bitte Ihre Aktion eingeben: INFO

Gebinde-Information


Bitte Gebinde eingeben: 7111

[{'Index': 91, 'Nummer': '7111', 'Lieferant': 'SMILE', 'Platz': 'SPERR', 'Fehlerflag
'', 'Fehlercode': '0', 'Status': 'L', 'Material': 'M001', 'Charge': 'CH001', 'Split'
'01', 'Menge': '12', 'Einheit': 'ST', 'RetKz': 'X', 'RetKopf': 'gesperrte Charge',
'RetPos': '', 'Lagertyp': 'SPERR'}]


Gebinde bereits gesperrt.

Gebinde bereits auf Sperrplatz.


Bitte eine Taste drücken:
```

Abbildung 403: SHOP - Bedienung - Bestandssperren - Schritt 5

Schritt 6: HU 7112 mittels Code INFO manuell sperren (-> automatische Umlagerung in Sperrlagertyp).

```
--- Allgemein ---
ENDE Programmende


Bitte Ihre Aktion eingeben: INFO

Gebinde-Information


Bitte Gebinde eingeben: 7112

[{'Index': 92, 'Nummer': '7112', 'Lieferant': 'SMILE', 'Platz': 'HRL_01_02_01',
'Fehlerflag': '', 'Fehlercode': '0', 'Status': 'L', 'Material': 'M002', 'Charge':
'CH002', 'Split': '02', 'Menge': '12', 'Einheit': 'ST', 'RetKz': '', 'RetKopf': '',
'RetPos': '', 'Lagertyp': 'HRL'}]


Gebinde ist nicht geperrt.

HU ist nicht gesperrt und beitzt keine gesperrte Charge.

Soll HU manuell gesperrt werden? (JA/NEIN)
```

Abbildung 404. SHOP - Bedienung - Bestandssperren - Schritt 6

```
HU ist nicht gesperrt und beitzt keine gesperrte Charge.

Soll HU manuell gesperrt werden? (JA/NEIN)JA

Bewegungssatz geschrieben

OrderedDict([('Index', ''), ('Bewegung', 'SPEB'), ('HU', '7112'), ('Lieferant', ''),
('User', 'sven'), ('Fehlerflag', ''), ('Fehlercode', ''), ('von-Platz', ''), ('an-
Platz', ''), ('Zeitstempel', time.struct_time(tm_year=2024, tm_mon=10, tm_mday=3,
tm_hour=19, tm_min=21, tm_sec=30, tm_wday=3, tm_yday=277, tm_isdst=1)), ('Material',
''), ('Charge', ''), ('Split', ''), ('Menge', ''), ('Einheit', ''), ('Grund',
'manuell'), ('Referenz', ''), ('Kostenstelle', ''), ('VReferenz', '')])

Gebinde nicht im Sperrlager. Automatische Umlagerung wird initiiert.

[{'Index': 92, 'Nummer': '7112', 'Lieferant': 'SMILE', 'Platz': 'HRL_01_02_01',
'Fehlerflag': '', 'Fehlercode': '0', 'Status': 'L', 'Material': 'M002', 'Charge':
'CH002', 'Split': '02', 'Menge': '12', 'Einheit': 'ST', 'RetKz': 'X', 'RetKopf':
'manuell', 'RetPos': '', 'Lagertyp': 'HRL'}]


Platz für das Gebinde geändert.


Bewegungssatz geschrieben

OrderedDict([('Index', ''), ('Bewegung', 'HU_TA'), ('HU', '7112'), ('Lieferant',
'SMILE'), ('User', 'sven'), ('Fehlerflag', ''), ('Fehlercode', '0'), ('von-Platz',
'HRL_01_02_01'), ('an-Platz', 'SPERR'), ('Zeitstempel', time.struct_time(tm_year=2024
```

Abbildung 405: SHOP - Bedienung - Bestandssperren - Schritt 6

Schritt 7: Wiedereinstieg für HU 7112 per Code INFO.

```
Bitte Ihre Aktion eingeben: INFO

Gebinde-Information


Bitte Gebinde eingeben: 7112

[{'Index': 92, 'Nummer': '7112', 'Lieferant': 'SMILE', 'Platz': 'SPERR', 'Fehler
'', 'Fehlercode': '0', 'Status': 'L', 'Material': 'M002', 'Charge': 'CH002', 'Sp
'02', 'Menge': '12', 'Einheit': 'ST', 'RetKz': 'X', 'RetKopf': 'manuell', 'RetPo
'Lagertyp': 'SPERR'}]

Gebinde bereits gesperrt.

Gebinde bereits auf Sperrplatz.


Bitte eine Taste drücken:
```

Abbildung 406: SHOP - Bedienung - Bestandssperren - Schritt 7

Schritt 8: HU 2999 per Code INFO aufrufen und nicht manuell sperren.

```
*** Allgemein ***
ENDE Programmende


Bitte Ihre Aktion eingeben: INFO

Gebinde-Information


Bitte Gebinde eingeben: 2999

[{'Index': 89, 'Nummer': '2999', 'Lieferant': 'Sven', 'Platz': 'KUEHL_1', 'Fehlerflag':
'', 'Fehlercode': '0', 'Status': 'L', 'Material': 'M004', 'Charge': 'CH04', 'Split':
'04', 'Menge': '12', 'Einheit': 'L', 'RetKz': '', 'RetKopf': '', 'RetPos': '',
'Lagertyp': 'KUEHL'}]

Gebinde ist nicht geperrt.

HU ist nicht gesperrt und beitzt keine gesperrte Charge.

Soll HU manuell gesperrt werden? (JA/NEIN)
```

Abbildung 407: SHOP - Bedienung - Bestandssperren - Schritt 8

Schritt 9: Bewegungen mittels Code BEWE anzeigen (Bewegungsarten SPEC und SPEB).

```
[454, 'HU_TA', '7115', 'SMILE', 'sven', '', '0', 'SCHROTT', 'SPERR',
'time.struct_time(tm_year=2024, tm_mon=9, tm_mday=30, tm_hour=12, tm_min=45, tm_sec=4,
tm_wday=0, tm_yday=274, tm_isdst=1)', 'M005', 'CH005', '01', '12', 'ST', '', '', '', '']
[455, 'SPEB', '7113', '', 'sven', '', '', '', '', 'time.struct_time(tm_year=2024,
tm_mon=9, tm_mday=30, tm_hour=12, tm_min=45, tm_sec=54, tm_wday=0, tm_yday=274,
tm_isdst=1)', '', '', '', '', '', 'manuell', '', '', '']
[456, 'HU_TA', '7113', 'SMILE', 'sven', '', '0', 'BLOCK', 'SPERR',
'time.struct_time(tm_year=2024, tm_mon=9, tm_mday=30, tm_hour=12, tm_min=45, tm_sec=54,
tm_wday=0, tm_yday=274, tm_isdst=1)', 'M003', 'CH003', '01', '12', 'M', '', '', '', '']
[457, 'SPEC', '', '', 'sven', '', '', '', '', 'time.struct_time(tm_year=2024, tm_mon=10,
tm_mday=3, tm_hour=19, tm_min=15, tm_sec=11, tm_wday=3, tm_yday=277, tm_isdst=1)',
'M001', 'CH001', '01', '', '', 'Sven', '', '', '']
[458, 'SPEB', '7111', '', 'sven', '', '', '', '', 'time.struct_time(tm_year=2024,
tm_mon=10, tm_mday=3, tm_hour=19, tm_min=15, tm_sec=15, tm_wday=3, tm_yday=277,
tm_isdst=1)', '', '', '', '', '', 'gesperrte Charge', '', '', '']
[459, 'HU_TA', '7111', 'SMILE', 'sven', '', '0', 'HRL_01_01_02', 'SPERR',
'time.struct_time(tm_year=2024, tm_mon=10, tm_mday=3, tm_hour=19, tm_min=15, tm_sec=15,
tm_wday=3, tm_yday=277, tm_isdst=1)', 'M001', 'CH001', '01', '12', 'ST', '', '', '', '']
[460, 'SPEB', '7112', '', 'sven', '', '', '', '', time.struct_time(tm_year=2024,
tm_mon=10, tm_mday=3, tm_hour=19, tm_min=21, tm_sec=30, tm_wday=3, tm_yday=277,
tm_isdst=1), '', '', '', '', '', 'manuell', '', '', '']
[461, 'HU_TA', '7112', 'SMILE', 'sven', '', '0', 'HRL_01_02_01', 'SPERR',
time.struct_time(tm_year=2024, tm_mon=10, tm_mday=3, tm_hour=19, tm_min=21, tm_sec=30,
tm_wday=3, tm_yday=277, tm_isdst=1), 'M002', 'CH002', '02', '12', 'ST', '', '', '', '']


Bitte eine Taste drücken:
```

Abbildung 408: SHOP - Bedienung - Bestandssperren - Schritt 9

Menüstruktur

Umgestaltung Menü
Schritt 1: Datei lvs_V2.py ausführen, Username eingeben -> Menüanzeige.

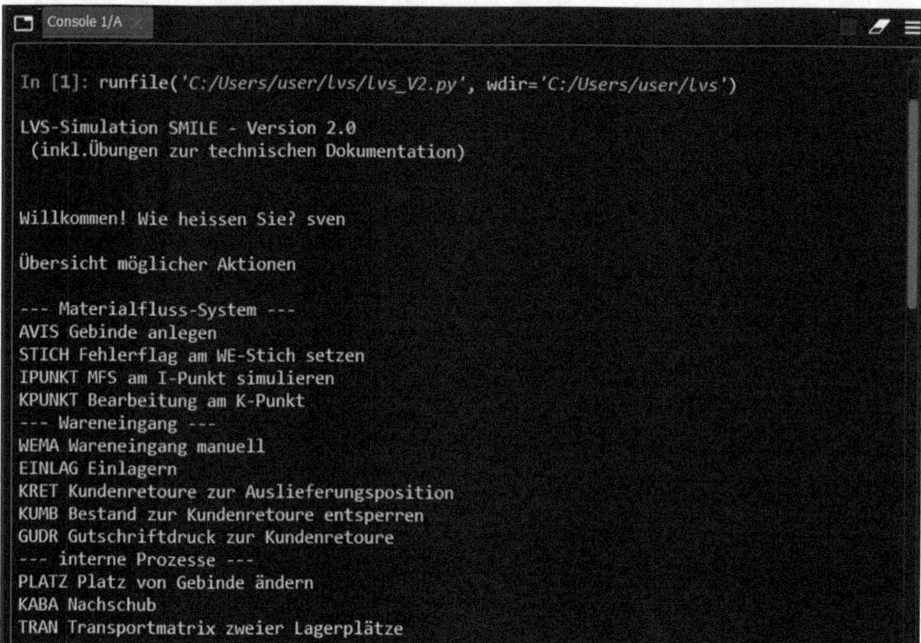

Abbildung 409: SHOP - Bedienung - Menüstruktur - Schritt 1

SMILE-Shop

Innerhalb der Lösungen der Shop-Aufgaben ist bereits detailliert auf die Anwendung mittels Beispielprozessen eingegangen. Aus diesem Grund wird an dieser Stelle keine weitere Dokumentation der Shop-Funktionen vorgenommen.

```
--- Warenausgang ---
RET Lieferantenretoure für ein Gebinde
SCHR Verschrotten
WAKO Kostenstellenausbuchung
WAKOST Storno Kostenstellenausbuchung
REDR Rechnungsdruck zur Auslieferung
--- Auswertungen ---
BEWE alle Bewegungen anschauen
KUHL Kühlgut im Lager
--- Stammdaten ---
FLAGS Anzeige mögliche Fehlerflags am WE-Stich
FEHLER Anzeige mögliche Fehler am I-Punkt
PLAETZE mögliche Plätze anzeigen
CHAR Chargenstamm anzeigen
MATS Materialstamm anzeigen
SNRO Nummernkreise anzeigen
LABL Labeldruck
BRAA Brandabschnitte anlegen
BRAS Brandabschnitte anzeigen
--- Bestand ---
INFO Gebindeinfo zu einem Gebinde
BEST Anzeige aller Gebinde
BMAT Bestand zum Material
BPLA Bestand zum Platz
--- Allgemein ---
ENDE Programmende


Bitte Ihre Aktion eingeben:
```

Abbildung 410: SHOP - Bedienung - Menüstruktur - Schritt 1

Anhang: Optimierungsideen zu den Übungsaufgaben

Tab. 2 Optimierungsideen zu den Übungsaufgaben

Übungsaufgabe	Optimierungsideen
WA: Kostenstellenausbuchungen	• Nutzung von Barcodes zum Scannen von HU, Lagerplatz, Kostenstelle • Integration in die Buchhaltung • Auswertung Kostenstellenausbuchungen pro Kostenstelle, Material, Lagertyp, …
WA: Storno Kostenstellenausbuchungen	• Analog zu WA: Kostenstellenausbuchung
WA: Rechnungsdruck	• Ausdruck direkt auf einem Drucker • Integration mit dem Vertriebsbereich durch Kundenauftrag und Faktura • Verwendung eines Barcodes zum nachträglichen Anscannen der Rechnungsbelege
WE: Kundenretouren	• Erfassung für mehrere Positionen und ggfs. mehrere Lieferungen zum selben Kunden • Integration mit Bereich Vertrieb durch Retourenaufträge • Auswertungen Retouren nach Grund • direkte Kopplung mit Folgeprozessen wie Lieferantenretoure und Verschrottung sowie Einlagerung
WE: Entsperren & Verschrotten Kundenretourenbestände	• Nutzung von HU-Barcodes
WE: Gutschriftsdruck	• siehe Rechnungsdruck
INT: Gefahrstoffe & Brandabschnitte	• Beachtung aller gesetzlichen Regelungen, falls sinnvoll in der IT abbildbar • Zusammenlagerungsverbote • Kennzeichnung von Gefahrstoffen durch Aufkleber • Informationen zum Umgang mit Gefahrstoffen durch Anscannen der Aufkleber

(Fortsetzung)

S. Wirsing, *SMILE Prototyp zur Lagerverwaltung - Command Line Interface (CLI)*, Schule für Mathematik, Informatik, Logistik und Erfolg, https://doi.org/10.1007/978-3-662-71857-5

Tab. 2 (Fortsetzung)

Übungsaufgabe	Optimierungsideen
INT: Nachschub	• Verwendung von Barcodes • mehrstufiger Nachschub, falls im Nachschublagertyp kein geeigneter Bestand vorhanden ist, für den Nachschublagertyp aber wiederum Nachschub definiert und möglich ist • Zusammenfassung von Nachschüben zur optimierten Umlagerung • Kommissionierung von Nachschüben • automatische Auffüllung für Lagerplätze • automatische Anlage von Nachschüben im Rahmen der Kommissionierung
INT: mehrstufige Umlagerungen	• Verwendung von Barcodes und Scannern • Durchführung und Quittierung der Teiltransporte
INT: Bestands- und Chargensperren	• Verwendung von Barcodes und Scannern • Auswertung zu gesperrten Beständen • Berücksichtigung gesperrter Chargen bei allen Formen des Wareneingangs (Hinweis, Unterbindung, direktes Sperren des Bestandes etc.)
MEN: Menü	• Menüverfeinerung mittels Untermenüs zu WE, WA, INT etc.
SHOP: Skizze	• N/A
SHOP: Lagerstruktur	• Nutzung von Lagerbereichen zur ABC-Klassifizierung
SHOP: Auszeichnung Lagerplätze	• Verwendung von Platzkoordinaten
SHOP: Lagerplätze & Mathematik	• N/A
SHOP: Barcodes für Nachschub	• N/A
SHOP: Nachschub vom Lager	• siehe Nachschub
SHOP: Nachschub im Shop	• siehe Nachschub
SHOP: Brandabschnitte	• siehe Gefahrstoffe & Brandabschnitte
SHOP: Pick	• Kundenplätze werden im Rahmen der Kommissionierung dynamisch angelegt • Kommissionierung auf Basis der vom Kunden benötigten Waren mittels Scanner und vorheriger Erfassung der Kundenanforderung
SHOP: Kasse	• mehrere Kassen verwenden • Nutzung von Barcodes
SHOP: Verschrottung	• N/A
SHOP: Zusammenhänge	• N/A

Anhang: logistische Hintergründe der Übungsaufgaben

In diesem Anhang werden Hintergründe zu logistischen Begriffen und Prozessen gegeben, falls diese noch nicht im Kompaktband dargestellt worden sind.

© Der/die Herausgeber bzw. der/die Autor(en), exklusiv lizenziert an Springer-Verlag GmbH, DE, ein Teil von Springer Nature 2026
S. Wirsing, *SMILE Prototyp zur Lagerverwaltung - Command Line Interface (CLI)*, Schule für Mathematik, Informatik, Logistik und Erfolg,
https://doi.org/10.1007/978-3-662-71857-5

Warenausgang

Das folgende Schaubild mag die logistischen Prozesse im Bereich des Warenausgangs des SMILE-Prototyp verdeutlichen.

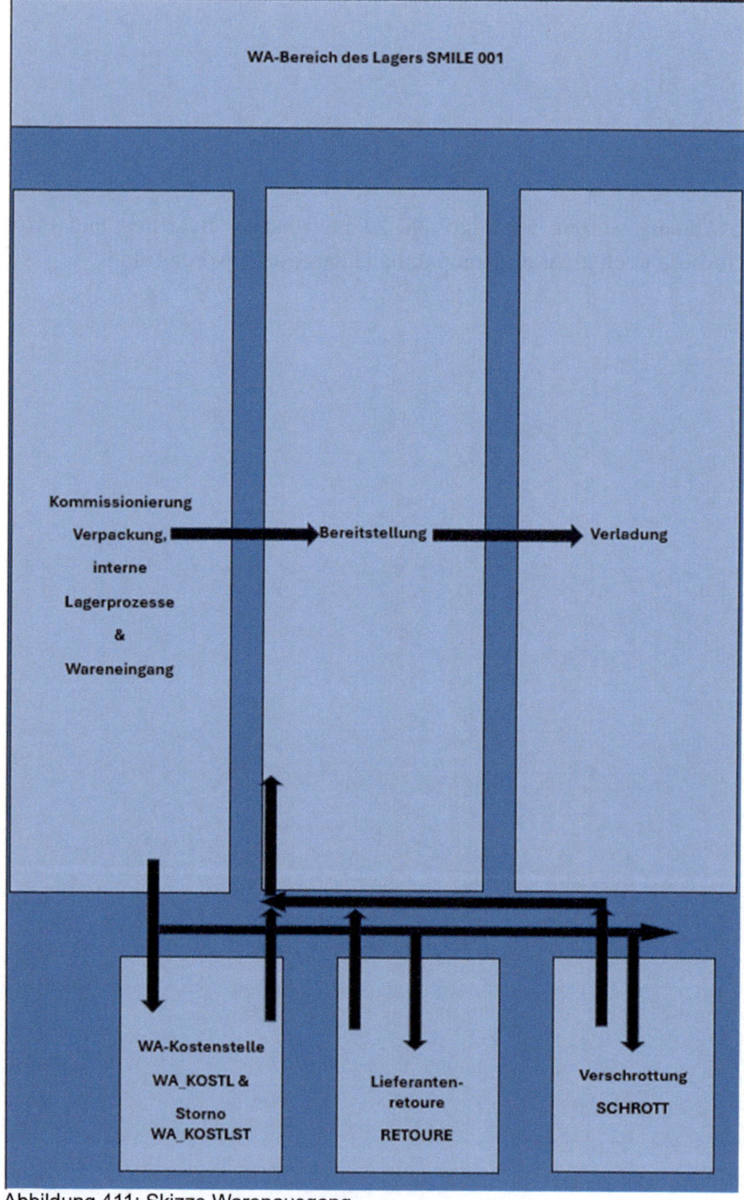

Abbildung 411: Skizze Warenausgang

Warenausgang Kostenstelle

Eine Kostenstelle definiert einen eindeutig bestimmten Ort für eine Entstehung von Kosten. Folgende Aspekte werden für ihre Definition verwendet:

- funktional
- abrechnungstechnisch
- räumlich (Wareneingang, Warenausgang, lagerintern, Büro, …)
- Kostenverantwortung.

Im Rahmen der Übungsaufgabe werden folgende Kostenstellen definiert und verwendet:

	A	B	C
	Kostenstelle	Bezeichnung	
	1000	Logistik	
	2000	Vertrieb	
	3000	Einkauf	
	4000	Transport	
	5000	Kommissionierung	
	6000	Verpackung	
	7000	Verladung	

Abbildung 412: Kostenstellen

Kostenstellen dienen zur Erfassung innerbetrieblicher Kosten und spielen im Rahmen der Kostenstellenrechnung als Teilbereich der Kostenrechnung zur Auswertung und Überwachung von Kosten eine wichtige Rolle.

Logistisch wird bei einem Warenausgang zur Kostenstelle oftmals ein Produkt aus dem Lager entnommen, etwa Packmaterial für Packarbeitsplätze, Papier zum Drucken, Reinigungsmittel für Lagerreinigung usw. In diesem Kontext erfolgt eine Entnahme entweder von allen Lagerplätzen oder von einem bestimmten Lagerplatz (auf den zuvor umgelagert wird). Letzteres Vorgehen wird im Kontext der Übungsaufgabe verwendet. Bei der Entnahme sind Material, Charge, Split, Menge, HU, Kostenstelle und ggfs. ein Grund einzugeben.

IT-technisch ist die Entnahme über eine eigene Bewegungsart abgebildet. Sie dient neben Ausbuchung des Bestandes und Auswertungsmöglichkeiten ebenfalls dazu, Buchungen im Rechnungswesen durchzuführen.

Storno Warenausgang Kostenstelle

Unter Storno bzw. Stornieren versteht man ein Rückgängigmachen einer Buchung auf einem Konto wegen eines unrichtigen Vorgangs, der auf falscher Basis (Schreibfehler, Irrtum, Widerruf) erfolgte. Demzufolge muss ein Storno zum Warenausgang bzgl. einer Kostenstelle diese Falschbuchung auf den entsprechenden Konten aufheben bzw. ausgleichen.

In diesem Kontext wird der logistische Prozess ‚Storno Warenausgang Kostenstelle' getriggert. Zu diesem Zweck hat ein Mitarbeiter den entsprechenden Beleg, der im Rahmen des Warenausgangsprozesses durch die Bewegung erzeugt wurde, einzugeben. Der ursprünglich entnommene Bestand wird im Lagerverwaltungssystem wieder zugebucht (in diesem Kontext auf den dedizierten Platz ‚WA_KOSTLST'). Die dadurch ausgelöste Bewegung löst ebenfalls die Buchung im Rechnungswesen aus und begleicht die Fehlbuchung auf den Konten.

In einigen Fällen erfolgt vor der Buchung noch eine Stornoprüfung. Nicht in jedem Fall kann oder darf eine Stornierung erfolgen. Einfachstes Beispiel wäre, dass eine Stornierung bereits erfolgt war. Diese Prüfung ist im Rahmen der Übungsaufgabe im Prototyp implementiert.

Rechnung zur Auslieferung

Unter Rechnung wird jedes Dokument verstanden, das die Abrechnung über eine Lieferung oder sonstige Leistung zum Inhalt hat, gleichgültig, wie dieses Dokument im Geschäftsverkehr bezeichnet wird.

Inhalt sollten vollständiger Name und Anschrift des leistenden Unternehmers und des Leistungsempfängers, Steuernummer, Umsatzsteueridentifikationsnummer, Ausstellungsdatum und Rechnungsnummer umfassen.

Im Kontext der Übungsaufgabe ergibt sich die Abrechnung mittels folgender Größen:

- Menge und Verkaufspreise der gelieferten Produkte
- Pauschale für die Verpackung
- Pauschale für den Transport
- Mehrwertsteuer.

Das Rechnungsdokument ist in diesem Fall ein PDF-Dokument. Im Prototyp wird ebenfalls eine ‚Bewegung' zum Rechnungsdruck erfasst. In den meisten ERP-Systemen ist zusätzlich die Rechnung = Faktura datentechnisch abgelegt und dient zur Erzeugung des Dokumentes. Davon wurde im SMILE-Prototyp abgesehen, da nur die Lagerverwaltung abgebildet wird.

Wareneingang

Die nachstehende Skizze soll die Prozesse im Wareneingang des SMILE-Prototyps veranschaulichen.

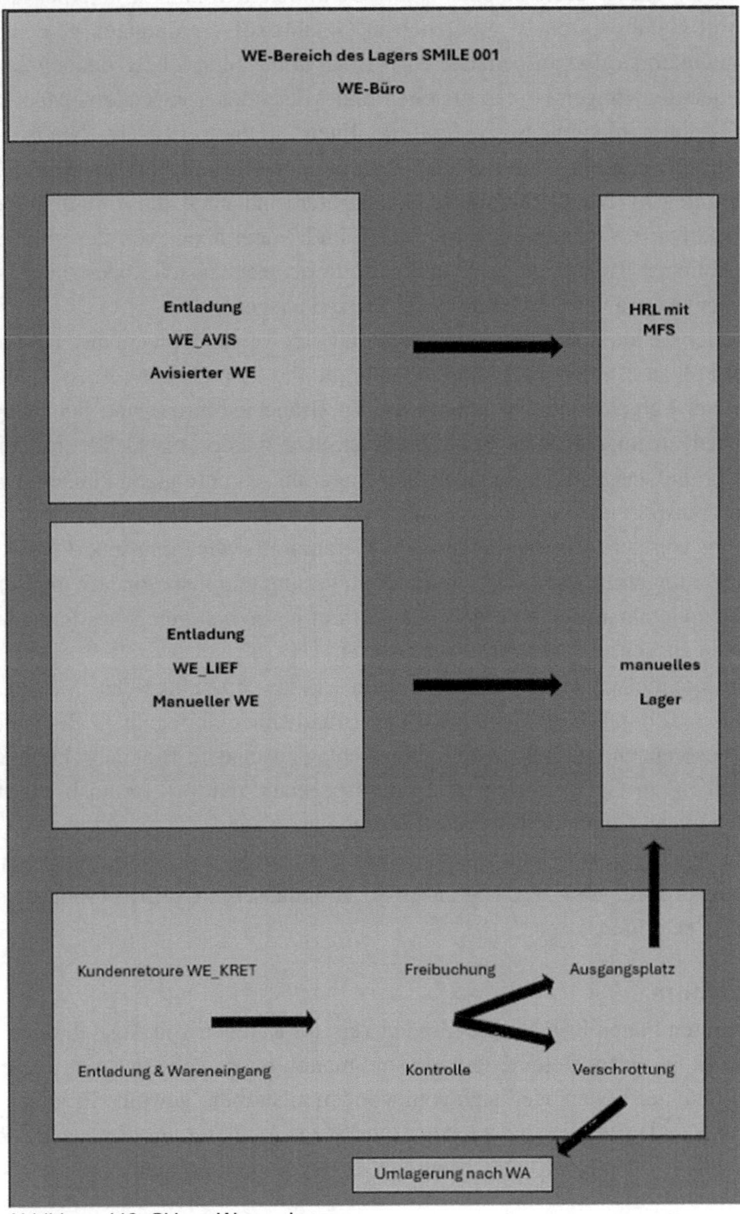

Abbildung 413: Skizze Wareneingang

Gefahrstoffe

Gefahrstoffe (siehe [5]) sind Stoffe oder Gemische (in der Praxis oftmals reine Chemikalien oder mit chemischen Elementen versetzte Produkte), die für Mensch, Tier oder Umwelt gefährlich sind. Das Gefahrenpotenzial kann dabei sowohl in Produktions- als auch in Lagerprozesse eines solchen Stoffs zu finden sein und ist innerbetrieblich. Der Umgang mit Gefahrstoffen ist gesetzlich in Gefahrstoffverordnungen geregelt. Ziel ist es, die von Gefahrstoffen ausgehende Risiken zu kontrollieren bzw. eindämmen zu können. Eine der Regelungen ist das Erstellen und Mitsenden von Sicherheitsdatenblättern, in denen Gefahren im Umgang mit dem jeweiligen Gefahrstoff beschrieben ist.

Nicht zu verwechseln ist der Begriff des Gefahrstoffs mit dem im Kompaktband II erläutertem Begriff des Gefahrgutes. Gefahrgüter (und auch diese sind in der Praxis oftmals Produkte der chemischen Industrie) sind Materialien, von denen während des außerbetrieblichen Transports durch unkontrollierte mechanische oder thermische Einwirkungen (wie etwa bei Straßenunfällen) Risiken ausgehen.

Nicht jeder Gefahrstoff ist ein Gefahrgut und vice versa, obgleich dies bei vielen Produkten der Fall ist. Ein Beispiel für ein Gefahrgut, das kein Gefahrstoff ist, sind Lithium-Batterien. Bei Verkehrsunfällen können sie zu Bränden führen, sind bei fachgerechter Lagerung jedoch ungefährlich. Spülmaschinensalze werden als Gefahrstoff eingestuft, da sie das Grundwasser bei unsachgemäßer Lagerung verunreinigen können. Das Risiko wird beim Transport nicht größer, weshalb man sie nicht als Gefahrgut einstuft.

Abhängig von den Ausprägungen eines Gefahrstoffs wird ihm eine Lagerklasse zugeordnet. Die Lagerklassen dienen dazu, die Lagerung und insbesondere die Zusammenlagerung von Gefahrstoffen zu regeln. Es gibt ein gesetzlich geregeltes Schema, welche Lagerklassen zusammen gelagert werden dürfen.

Brandabschnitte werden als Hilfsmittel im Brandschutz eingesetzt. Sie sind baulich abgegrenzte und durch Brandschutztore und Brandwände abriegelbare Bereiche, die im Brandfall ausbrennen und keinen Brandüberschlag auf andere Brandabschnitte zulassen. Zusammenhang zu Gefahrstoffen ist dadurch gegeben, daß pro Brandabschnitt nur gewissen Mengen an Gefahrstoffen gesetzlich zugelassen sind.

Eine Einlagerung von Gefahrstoffen muss demzufolge die Zusammenlagerung von Gefahrstoffen regeln und Höchstgrenzen je Brandabschnitt prüfen. Beides ist in der Platzfindung zu prüfen.

Kundenretoure

Kundenretouren bieten Kunden die Möglichkeit, im Rahmen von Auslieferung erhaltene Waren zurückzusenden. Retourengründe sind mannigfaltig, wie etwa eine Lieferung falscher oder defekter Waren oder auch vom Kunden nicht mehr gewollte Produkte.

Um eine Kundenretoure abzuwickeln, wird einer Auslieferung oftmals ein Retourenschein beigelegt oder der Kunde kann sich einen Retourenschein beim Sender downloaden.

Die Betrachtungsweise dreht sich zum Vergleich einer Auslieferung um. Die Auslieferung zum Kunden ist für diesen eine Anlieferung. Bei einer Retoure liefert der Kunde ‚aus‘ und der ursprüngliche Sender erhält eine Anlieferung.

Retouren werden mittels Retourenschein im Lager erfasst und einer Qualitätskontrolle unterzogen. Sie werden anschließend freigegeben und eingelagert oder verschrottet. Das Freigeben wird innerhalb der Übungsaufgabe durch Umbuchen von Retourenbestand implementiert.

In einigen Firmen dient die Kundenretoure ebenfalls als Mittel für eine Stornierung eines Auslieferungsprozesses, falls dieser bereits zu weit abgeschlossen ist und nicht mehr im eigentlichen Sinne storniert werden kann.

Im Rahmen der Übungsaufgabe bezieht sich eine Kundenretoure der Einfachheit halber auf genau eine Auslieferungsposition. Gerade in automatisierten Lagern mit Materialfluss-System wird diese Variante auf Basis von Scan-Prozessen durchaus eingesetzt.

Kundenretoure – Gutschrift

Wie bei Kundenretouren bereits dargestellt, dreht sich die Richtung des Waren-Transportes um. Ähnlich verhält es sich mit dem Zahlungsverkehr. Einer Auslieferung ist eine Rechnung zugeordnet. Diese muss ebenfalls ausgeglichen werden. Zu diesem Zweck gibt es eine umgekehrte Rechnung, die als Gutschrift bezeichnet wird.

Folgende Inhalte müssen unbedingt auf einer Gutschrift ausgewiesen sein, damit sie gesetzlich gültig ist:

- Rechnungsnummer
- Name, Anschrift und Mehrwertsteuernummer des Zahlungsgebers
- Name und Adresse des Zahlungsempfängers
- Rechnungsdatum
- Menge und beschreibender Text der retournierten Leistungen
- anzuwendender Mehrwertsteuersatz und Mehrwertsteuerbetrag
- Gutschriftsbetrag

Sinnvollerweise sollte sich eine Gutschrift auf eine Rechnungsnummer beziehen und den Grund der Gutschrift ausweisen.

Interne Prozesse

Interne Prozesse werden durch folgendes Schaubild dargestellt:

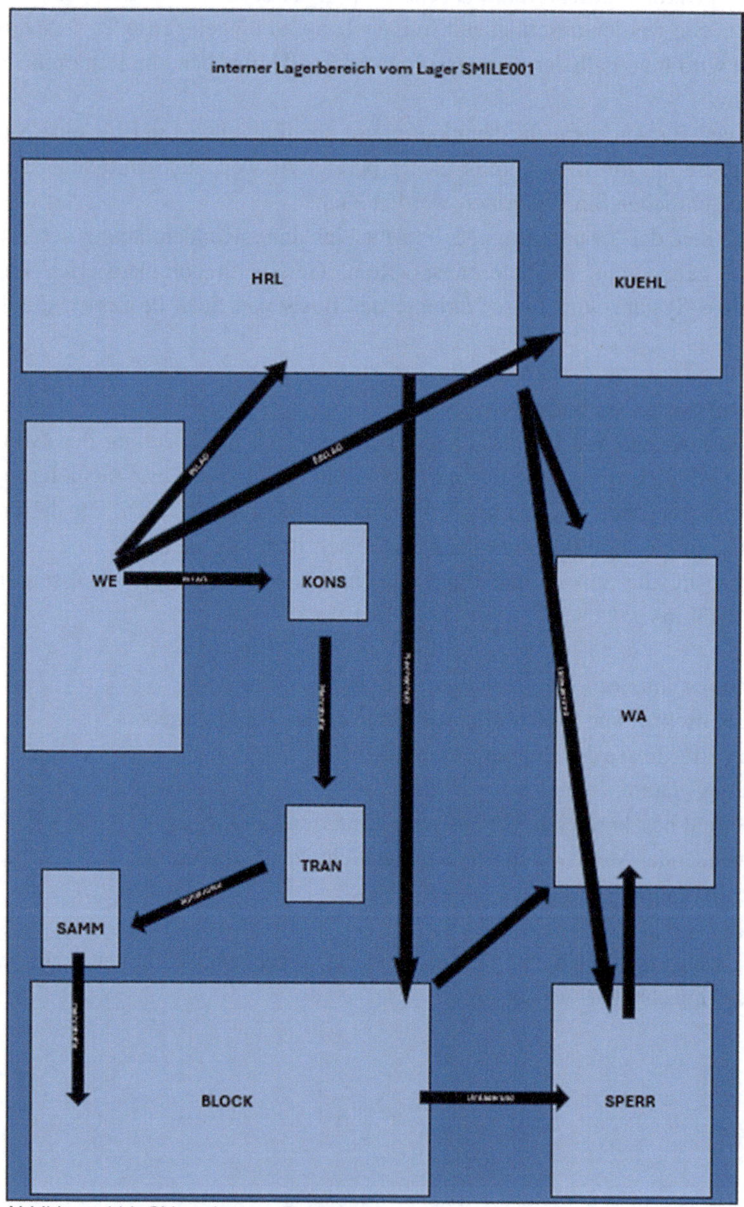

Abbildung 414: Skizze interne Prozesse

Nachschub

Ausgangspunkt für einen Nachschub im Lager ist ein Bedarf an Material an einem bestimmten Ort im Lager wegen fehlenden Bestandes. Wichtige Nachschubverfahren sind

- automatisierter Nachschub auf Basis von Mindestmengen (mengenbasierter Nachschub)
- automatisierter Nachschub im Rahmen von Kommissionierprozessen (auftragsbasierter Nachschub)
- manuell angetriggerter Nachschub (adhoc-Nachschub).

Der Trigger löst eine Umlagerung des Bestandes zum Ort des Fehlbestandes aus. Der nachzuschiebende Bestand wird nach bestimmten Kriterien im Lager ermittelt, die als Nachschubstrategien bezeichnet werden. Dazu zählen u. a. die Nachschublagertypen, der dort zu verwendende Bestand (oftmals freier Bestand) und die Bestimmung eines Lagerplatzes innerhalb dieser Parameter (möglichst viele Kleinmengen, um Plätze freizumachen).

Nachschub wird ebenfalls im Rahmen von Produktionsprozessen verwendet und wird in diesem Kontext als Produktionsversorgung betitelt. Ebenfalls gibt es lagerübergreifende Nachschübe, wie etwa von einem Nachschublager zu einem Zentrallager oder von einem Zentrallager an kleinere Regionallager.

Mehrstufige Umlagerungen

Das Konzept einer mehrstufiger Umlagerung innerhalb eines Lagers wurde bereits in den Übungsaufgaben dargestellt. In diesem Kontext ist eine Ware von einer Quelle zu einem Ziel umzulagern. Es gibt Situationen, die verlangen, diesen Transport in verschiedene Abschnitte einzuteilen, also Zwischenziele einzuführen. Dies ist etwa dann notwendig, wenn die für den Transport benötigte Ressource gewechselt werden muss. Gründe sind etwa bauliche Einschränkungen, Optimierungsgründe oder unterschiedliche Zuständigkeiten.

Beispielhaft werden Waren nach der Wareneingangsbuchung mit einem Handstapler in einen Fahrstuhl verbracht und anschließend mit einem Gabelstapler in den Ziellagertyp von einer anderen Lagercrew transportiert. Im Ziellagertyp werden die Waren auf einem Pufferplatz gesammelt. Erst wenn eine bestimmte Menge vorliegt, werden die Produkte mit einem besonders konzipierten Stapler, der mehrere Paletten aufnehmen kann, in ein manuelles Hochregallager eingelagert.

Im Rahmen der Übungsaufgaben ergibt sich etwa ein Transportweg vom Wareneingang zum Block-Lagertyp mit den Zwischenzielen ‚Konsolidierung‘, ‚Transfer‘ und ‚Sammeln‘:

WE– > KONS– > TRAN– > SAMM– > BLOCK.

Bestandssperren & Folgeaktionen

Das Bestandskonzept wurde im Rahmen des Kompaktbandes bereits erklärt. Ein wichtiges Merkmal ist die Bestandsart. Wichtige Bestandsarten sind freier Bestand, gesperrter Bestand, Bestand in Quarantäne und Retourensperrbestand.

Ziel der Übungsaufgabe ist es, Bestand als gesperrt zu kennzeichnen und notwendige Folgeaktionen sowie Einschränkungen von Prozessen darzustellen.

Gründe für ein Sperren von Bestand können defekte oder verfallende Ware, kontaminierte Lagerplätze, gesperrte Chargen etc. sein.

Zum Kennzeichnen wird keine Bestandsart eingeführt, sondern das Sperrkennzeichen für Retourenbestand verwendet. Um gesperrten Bestand vom Retourensperrbestand unterscheiden zu können, wird nur das Bestands-Feld ‚RetKopf' mit einem Text gefüllt. Bei Retourensperrbestand ist zusätzlich noch das Bestands-Feld ‚RetPos' gefüllt.

Sinnvollerweise darf gesperrter Bestand nicht in Lagerplätzen liegen, von denen sich andere Lagerprozesse wie Nachschub und Kommissionierung bedienen. Auf diese Weise wird das Risiko vermindert, durch Fehlabgriffe defekte Waren an Kunden zu senden oder in Produktionsprozessen zu verwenden. Aus diesem Grund wird nach einer Bestandssperre direkt eine Umlagerung in einen Sperrlagertyp initiiert.

Im Sperrlagertyp kann über die Verwendung der gesperrten Bestände in Ruhe entschieden werden. In den meisten Fällen werden sie verschrottet.

Menüstruktur

Umgestaltung Menü

Logistische Aspekte liegen bei der Umgestaltung des Menüs insofern vor, daß bei einer klaren Struktur die benötigte Zeit zur Auswahl und damit zur Durchführung einer logistischen Funktion durch geringeren Suchaufwand reduziert wird.

Umgesetzt wird die Umgestaltung im Rahmen des Menü-Designs.

SMILE-SHOP

Als Shop bezeichnet man ein kleineres Einzelhandelsgeschäft. Es liegt eine kleinere Räumlichkeit vor, in der Waren zum Verkauf angeboten und veräußert werden.

Im vorliegenden Kontext ist der Shop direkt mit einem Lager verbunden (siehe etwa auch [8]) und wird von diesem mit Ware versorgt.

Hintergrund des Shops ist es,

- Waren entweder direkt ohne Vorankündigung bei Bedarf abzuholen oder
- Waren zu bestellen und ohne separaten Transport als Selbstabholer im Shop direkt beziehen zu können.

In beiden Fällen müssen die Waren vor der Übergabe an den Kunden zunächst zusammengestellt = kommissioniert werden. Zu diesem Zweck gibt es zahlreiche Aspekte, die bei der Kommissionierung zu beachten sind. Ziele sind dabei u. a. die 6R der Logistik:

- das richtige Produkt
- in der richtigen Qualität
- zur richtigen Zeit
- am richtigen Ort
- in der richtigen Menge
- zu den richtigen Kosten.

Der physische Ablauf einer Kommissionierung ist meist wie folgt:

- Transport der Güter zum Bereitstellungsort (Fördertechnik = Ware zum Mann, ohne Transport = statisch = Mann zur Ware)
- Bewegung des Kommissionierers zum Bereitstellungsort (an Arbeitsplätze, per Gabelstapler etc.)
- Entnahme der Artikel durch den Kommissionierer (inkl. Quittierung, Prüfung etc.)
- Platzieren der kommissionierten Waren auf Sammeleinheiten (Europaletten, Kisten, Container, Gestelle etc.)
- Transport der Sammeleinheiten zur Abgabe (Kontrollpunkte, Warenausgang, Produktion, Nachschub,…).

Dieser Materialfluss wird in modernen Lagern durch IT unterstützt, die den Informations- und Organisationsfluss regelt und steuert. Das ganze System der Kommissionierung ist ein komplexes logistisches Feld, in dem tiefgreifende Techniken zur Optimierung Einsatz finden: Wegstreckenoptimierungen, Auswahl geeigneter Kommissioniermethoden (seriell, parallel, auftragsorientiert, …), Unterstützung durch mobile Endgeräte, Zusammenfassung von Auslieferungen nach Zonen und Kunden, Auswahl geeigneter Entnahmestrategien (FIFO, LIFO, FEFO, …) usw.

Im vorliegenden Prototyp werden schlicht ganze HUs (Vollabgriff, Komplettauslagerung) oder Teilmengen dieser (Teilabgriff) mit Referenz zum Kunden in den Warenausgangsbereich umgelagert.

Im Packbereich werden die kommissionierten Waren mittels Kartonagen, Behälter, Packhilfsmittel verpackt. Endresultat sind Versandeinheiten, die mit Versandlabels und weiteren Dokumenten versehen sind. Im Prototyp wird dieser Schritt nur physisch ohne IT durchgeführt.

Beim Verlassen des Lagers wird der Bestand aus dem System entfernt. Die Warenausgangsbuchung wird vollzogen.

Erhält ein Kunde seine Versandeinheiten im Shop, wird er gebeten, die Waren zu bezahlen. Zu diesem Zweck ist eine Kasse vorhanden, um das bezahlte Geld vom Kunden zwischenzulagern. Es kann einerseits für Retouren verwendet werden, um Geld wiederum an Kunden auszubezahlen. Andererseits wird das Geld innerhalb der Kasse meist täglich (bis auf Wechselgeld) auf Bankkonten eingezahlt.

Im Rahmen von Verkaufsvorgängen werden im Shop ebenfalls Gefahrstoffe ausgehändigt. Diese lagern im Shop aus Sicherheitsgründen in einem verschließbarem Gefahrstoffschrank. Hintergründe sind

- kein Zusammenlagern mit anderen Produkten
- Entnahme nur durch autorisiertes Personal
- geringeres Risiko bei Kontamination.

Im Kleinteile-Bereich ist eine Waage angeschlossen. Sie hat den Zweck, durch Wiegen auf die entnommene Menge (per Gewicht in den Stammdaten zum Material je Basismenge) zurückschließen zu können. Dadurch entfällt ein langwieriges Zählen von Kleinteilen.

Die Lagerplätze im Shop sind mit einer speziellen Benennung inkl. Barcodes versehen. In vielen Lagern verwendet man meist für Regal-Lagertypen standardisierte Bezeichnungen:

- Bezeichner eines Gangs
- Bezeichner einer Säule
- Bezeichner einer Ebene
- Bezeichner einer Platztiefe (Tiefe).

Auf dieser Grundlage könnte ein Lagerplatz durch A-01-01-01 bezeichnet sein.

Anhang: mathematische Hintergründe der Übungsaufgaben

Ziel dieses Anhangs ist, mathematische Hintergründe der mittels Python im SMILE-Prototyp implementierten Übungsaufgaben zu geben. In diesem Zusammenhang werden die mathematischen Verbindungen tabellarisch dargestellt und der jeweilige Code bzw. die Datentabelle aufgeführt. Von Wiederholungen wird abgesehen. Es wird in der Reihenfolge des Inhaltsverzeichnis vorgegangen (Warenausgang, Wareneingang, interne Prozesse, Shop).

© Der/die Herausgeber bzw. der/die Autor(en), exklusiv lizenziert an Springer-Verlag GmbH, DE, ein Teil von Springer Nature 2026
S. Wirsing, *SMILE Prototyp zur Lagerverwaltung - Command Line Interface (CLI)*, Schule für Mathematik, Informatik, Logistik und Erfolg,
https://doi.org/10.1007/978-3-662-71857-5

Warenaus-, Wareneingang und interne Prozesse

Warenausgang Kostenstelle, Unterprogramm wakostl in lvs_ueb.py

Tab. 3 Mathematik – Warenausgang – Kostenstelle

Zeile	Python-‚Befehl'	Beschreibung	Mathematik	Beschreibung
21	hunr6 =	Variablenzuweisung	hunr6 =	Definition einer Variablen
22	select	Selektion von Daten mit Einschränkungen	$(Tupel)\_i$	Auswertung eines Tupels von Daten an bestimmten Stellen
24	len	Länge eines Strings	l.l	Länge eines Wortes im freien Monoid über einem Alphabet
25	==	Gleichheit	=	Gleichheit
31	if	Logik-Operator falls	siehe else	siehe else
35	for	Schleifen-Operator for	$(Tupel)\_1$ … $(Tupel)\_i$ … $(Tupel)\_n$	in dieser Programmzeile sukzessives Durchlaufen aller Tupeleinträge
36	int	Int – Operator um String in eine Zahl zu konvertieren	Funktion	spezielle Funktion, die aus einem Wort über $\{0,1,2,3,\dots,9,\}$ eine ganze Zahl in Dezimalschreibweise erzeugt
37	+	Addition	+	Addition
40	modify	Anpassung von bestimmten Daten	$(Tupel)\_i$	Anpassung eines Tupels von Daten an bestimmten Stellen
42	!=	Ungleichheit	<>	Ungleichheit
47	‚L'	String ‚L'	L	Element eines freien Monoids über einem Alphabet
65	>	Größer als	>	Größer als
69	delete	Daten löschen	$(Tupel)\_i$	Entfernen von Einträgen eines Tupels von Daten` an bestimmten Stellen
70	else	else-Operator ansonsten	{ ∨	geschweifte Klammern, oder
71	–	Subtraktion	–	Subtraktion
72	str	str-Operator um aus Variable einen String zu erzeugen	Funktion	Spezielle Funktion, die aus einem Variablenwert (Zahl, String, etc.) ein Wort über einem Alphabet erstellt

```python
14  #-------------------------------------------------------------------
15  #Unterprogramm Bestand auf Kostenstelle ausbuchen
16  #-------------------------------------------------------------------
17  def wakost1(user):
18      lvs.init()
19      print('Bestand auf Kostenstelle ausbuchen')
20      print()
21      hunr6=input('Bitte Gebinde eingeben: ')
22      toSelect6 = lvs.db.gebinde.select({'Nummer':hunr6})
23      print()
24      initial=len(toSelect6)
25      if initial == 0:
26          print()
27          print('Fehler: Gebinde unbekannt')
28          return 'FEHLER'
29      toSelect1 = lvs.db.nummernkreise.select({'Objekt':'BELE'})
30      initial=len(toSelect1)
31      if initial == 0:
32          print()
33          print('Fehler: Numernkreis für Materialbelege unbekannt')
34          return 'FEHLER'
35      for row1 in toSelect1:
36          nummer = int(row1['Stand'])
37          nummer = nummer + 1
38          row1['Stand'] = nummer
39          #neuen Stand speichern
40          lvs.db.nummernkreise.modify(row1)
41      for row in toSelect6:
42          if row['Platz'] != 'WAKOSTL':
43              print()
44              print('Fehler: Gebinde ist nicht am Kostenstellen-WA-Platz')
45              print()
46              return 'Fehler'
47          if row['Status'] != 'L':
48              print()
49              print('Fehler: Gebinde ist nicht im Lager.')
50              print()
51              return 'Fehler'
```

Abbildung 415: Mathematik - Kostenstellenausbuchung

```python
51          return 'Fehler'
52      grund = input('Bitte Grund für die Ausbuchung eingeben: ')
53      kostl = input('Bitte Kostenstelle für die Ausbuchung eingeben: ')
54      toSelectk = lvs.db.kostenstellen.select({'Kostenstelle':str(kostl)})
55      if toSelectk == initial:
56          print('Kostenstelle nicht vorhanden.')
57          return 'Fehler'
58      menge = input('Bitte Menge eingeben: ')
59  #   Menge muss Integer sein
60      try:
61        menge=int(menge)
62      except:
63        print('Bitte geben sie eine natürliche Zahl ein.')
64        return 'Fehler'
65      if int(menge) > int(row['Menge']):
66          print('Bitte maximal die Menge ', int(row['Menge']), ' eingeben.')
67          return 'Fehler'
68      if int(menge) == int(row['Menge']):
69        lvs.db.gebinde.delete(row)
70      else:
71        quan = int(row['Menge']) - int(menge)
72        row['Menge'] = str(quan)
73        #Lagerplatz bleibt erhalten
74        lvs.db.gebinde.modify(row)
75      lvs.bewegungen_schreiben('HU_WAKOSTL',hunr6,row['Lieferant'],user,row['Fehlerflag'],
76                        row['Fehlercode'],'WAKOSTL','',row['Material'],row['Charge'],
77                        row['Split'],row['Menge'],row['Einheit'],str(grund),"",str(nummer),
78                        str(kostl))
79      print()
80      print('Ausbuchung gebucht')
81      lvs.db.sichern()
82      return 'OKAY'
83  #---------------------------------------------------------------
```

Abbildung 416: Mathematik - Kostenstellenausbuchung II

Warenausgang Kostenstelle – Storno, Unterprogramm wakostlst in lvs_ueb.py

Tab. 4 Mathematik – Warenausgang – Kostenstelle – Storno

Zeile	Python-‚Befehl‘	Beschreibung	Mathematik	Beschreibung
135/136	True/False	Boolesche Werte	True/False	Boolesche Werte

```python
132      for row2 in toSelect2:
133          nummer2 = int(row2['Stand'])
134  #       Nummer darf nicht schon existieren als Gebinde
135          check = False
136          while check == False:
137            nummer2 = nummer2 + 1
138            row2['Stand'] = nummer2
139            toSelectg = lvs.db.gebinde.select({'Nummer':str(nummer2)})
140            initialg = len(toSelectg)
141            if initialg == 0:
142              check = True
143  #           neuen Stand speichern
144              lvs.db.nummernkreise.modify(row2)
145
```

Abbildung 417: Mathematik - Kostenstellenausbuchung Storno

Rechnungsdruck zur Auslieferung, Unterprogramm ‚redr' in lvs_ueb.py

Tab. 5 Mathematik – Warenausgang – Rechnungsdruck

Zeile	Python-‚Befehl'	Beschreibung	Mathematik	Beschreibung
255	Datetime	Datum und Uhrzeit	Datum und Uhrzeit	Werte mit Einheiten im Zeit- und Datumsformat
261	200, 5	Höhe und Länge der Zelle	Höhe und Länge	Geometrische Längenangaben
264	+	Konkatenation von Strings	(Konkatenation ist ohne Symbol)	Konkatenation von Worten im freien Monoid eines Alphabets
295/301/302	For und +	For-Schleife und Addition	Summenzeichen	Summe über die ‚Einträge der for-Schleife' = Indizes
301	float	float-Operator	Funktion	Spezielle Funktion, die aus einem Wort eine Dezimalbruchzahl erzeugt
301	*	Multiplikation	*	Multiplikation
309	/	Division	*, /	Division
348	450 etc.	Koordinaten	(450,…), (…,…)	Koordinaten in der 2-dimensionalen Ebene

```python
254     #   Datum und Uhrzeit
255         datetime = time.strftime("%d.%m.%Y %H:%M:%S")
256
257     #   PDF-Dokument erzeugen und aufbauen
258         pdf = FPDF()
259         pdf.add_page()
260         pdf.set_font("Arial", size=12)
261         pdf.cell(200, 5, txt="SMILE-CLI-Prototyp zur Lagerverwaltung", ln=1, align="C")
262         pdf.cell(200, 5, txt="Rechnungsdruck zur Auslieferung", ln=1, align="C")
263         pdf.set_font("Arial", size=6)
264         pdf.cell(200, 5, txt=str(smilell)+'-'+str(smilestr)+'-'+str(smilestd)+'-'+str(smilelnd), ln=1)
265         pdf.cell(100, 5, txt='_____________________________________________
266         pdf.set_font("Arial", size=10)
```

Abbildung 418: Mathematik - Rechnungsdruck

```python
292     #   später über Material nach PreisBME, Preiseinheit, Bezeichnung aus matstamm.csv
293         netto = 0
294         betrag = 0
295         for rowb in toSelectb:
296             toSelectm = lvs.db.matstamm.select({'Material':str(rowb['Material'])})
297             for rowm in toSelectm:
298                 einzelpreis = str(rowm['PreisBME'])
299                 preiseinheit = str(rowm['Preiseinheit'])
300                 bezeichnung = str(rowm['Bezeichnung'])
301             betrag = float(rowb['Menge']) * float(einzelpreis)
302             netto = float(netto) + float(betrag)
303             pdf.cell(100, 5, txt='Pos. '+str(rowb['Position'])+' Bez. '+str(bezeichnung)+' Menge '+st
```

Abbildung 419: Mathematik - Rechnungsdruck II

```
304
305        pdf.cell(100, 5, txt='', ln=1)
306    #    betrag
307        pdf.cell(100, 5, txt='Nettobetrag = '+str(netto)+' Eur', ln=1)
308    #    pauschaletra
309        ptra =  float(netto)*float(smileptra)/100
310        pdf.cell(100, 5, txt='Pauschale Transport = '+str(ptra)+' Eur', ln=1)
311    #    pauschaleverp
312        pverp =  float(netto)*float(smilepverp)/100
313        pdf.cell(100, 5, txt='Pauschale Verpackung = '+str(pverp)+' Eur', ln=1)
314    #    mwst
315        mwst = float(smilemwst)/100*(float(netto)+float(ptra)+float(pverp))
316        pdf.cell(100, 5, txt='Mehrwertsteuer = '+str(mwst)+' Eur', ln=1)
317    #    rbetrag
318        rbetrag = float(netto)+float(ptra)+float(pverp)+float(mwst)
319        pdf.cell(100, 5, txt='Rechnungsbetrag = '+str(rbetrag)+' Eur', ln=1)
320    #    Abschlusstext
```

Abbildung 420: Mathematik - Rechnungsdruck III

```
345        image_file = "Spirale.gif"
346        # Open document
347        document = ap.Document(input_file)
348        document.pages[1].add_image(image_file, ap.Rectangle(450, 700, 600, 850, True))
349        document.save(output_pdf)
350
```

Abbildung 421: Mathematik - Rechnungsdruck IV

Kundenretoure zur Auslieferungsposition, Unterprogramm ‚kret' in lvs_ueb.py

Tab. 6 Mathematik – Wareneingang – Kundenretoure

Zeile	Python-‚Befehl'	Beschreibung	Mathematik	Beschreibung
378	‚'	String ohne Inhalt	(das leere Wort hat oft kein Symbol)	leeres Wort in einem freien Monoid
382	and	und	∧	logisches UND
480	1	Eins	1	Eins

```python
367
368    #------------------------------------------------------
369    #Unterprogramm Kundenretoure zur Auslieferungsposition
370    #------------------------------------------------------
371  ▼ def kret(ausl,auslpos,menge,user,grund):
372        lvs.init()
373        print('Kundenretoure zur Auslieferungsposition')
374        print()
375    #   Prüfungen Auslieferungsposition, bereits retournierte Menge, Status
376        toSelectp = lvs.db.slpos.select({'Lieferung':str(ausl),'Position':str(auslpos)})
377  ▼     for rowp in toSelectp:
378  ▼         if rowp['Lieferung'] == '':
379                print()
380                print('Abbruch: Lieferung unbekannt.')
381                return 'NOKAY'
382  ▼         if rowp['Status'] != 'unterwegs' and rowp['Status'] != 'erledigt':
383                print()
384                print('Abbruch: Auslieferungsposition im falschen Status.')
385                return 'NOKAY'
386  ▼         if str(rowp['RMenge']) == '':
387                rowp['RMenge'] = 0
388            vgl = int(menge) + int(str(rowp['RMenge']))
389  ▼         if vgl > int(rowp['Menge']):
390                print()
391                print('Abbruch: Menge oberhalb der möglich zu retournierenden Menge.')
392                return 'NOKAY'
393    #       Charge und Split sowie Material überehmen
394            charge = str(rowp['Charge'])
395            split = str(rowp['Split'])
396            material = str(rowp['Material'])
397            einheit = str(rowp['Einheit'])
398    #   Anpassung retournierte Menge in SLPOS
399            rowp['RMenge'] = str(vgl)
400            lvs.db.slpos.modify(rowp)
401
```

Abbildung 422: Mathematik - Kundenretoure

```python
479        geb['RetKopf'] = str(nummer)
480        geb['RetPos'] = 1
481        lvs.db.gebinde.insert(geb)
482
483    #   Bewegung schreiben zur Kundenretoure
484        lvs.bewegungen_schreiben('KRET',str(nummer2),' ',str(user),' ',' ','WE_KRET','WE_KRET',material,charg
485
486    #   DB-Sicherung
487        print()
488        print('Kundenretoure gebucht')
489        lvs.db.sichern()
490        return 'OKAY'
491    #------------------------------------------------------
```

Abbildung 423: Mathematik - Kundenretoure II

Brandabschnitte anlegen, Unterprogramm ‚braa' in lvs_ueb.py

Tab. 7 Mathematik – Wareneingang – Brandabschnitt

Zeile	Python-‚Befehl'	Beschreibung	Mathematik	Beschreibung
723	set	Menge	$\{\dots\}$	Mengendefinition
731	in	Enthaltensein in Menge	$\in$	Enthaltensein eines Elementes in einer Menge
731 ff	brabs[0],… ,brabs[3]	Tupel-Komponente	Brabs_0,… ,barbs_3	Komponente eines Tupels
757	4	die Zahl 4	4	die Zahl 4
781	0	die Zahl 0	0	die Zahl 0

```python
707
708    #------------------------------------------------------------
709    #Unterprogramm Brandabschnitte anlegen
710    #------------------------------------------------------------
711    def braa(user):
712        print('Brandabschnitte anlegen')
713        print()
714        lvs.init()
715
716        #   Eingabe Kennung, Bezeichnung und Anzahl
717        #   Kennung darf noch nicht existieren
718        #   Kennungsprüfung mit Alphabeten und Längen
719        #     Länge gleich vier
720        #     ersten beiden Buchstaben A bis Z
721        #     dritter und vierter Buchstabe eine Zahl 0 bis 9
722        #   Anzahl muss ganze Zahle sein
723        alphabeta = set('ABCDEFGHIJKLMNOPQRSTUVWXYZ')
724        alphabetb = set('0123456789')
725        brabs = input('Brandabschnitt: ')
726        if len(brabs) != 4:
727            print('Bitte genau 4 Zeichen eingeben!')
728            print()
729            input('Bitte eine Taste drücken: ')
730            return 'NOKAY'
731        test = brabs[0] in alphabeta
732        if test == False:
733            print('Erstes Zeichen muss A bis Z sein')
734            print()
735            input('Bitte eine Taste drücken: ')
736            return 'NOKAY'
737        test = brabs[1] in alphabeta
738        if test == False:
739            print('Zweites Zeichen muss A bis Z sein')
740            print()
741            input('Bitte eine Taste drücken: ')
742            return 'NOKAY'
743        test = brabs[2] in alphabetb
```

Abbildung 424: Mathematik - Brandabschnitte

```
756     for row in toSelect:
757         if len(str(row['Brandabschnitt'])) == 4:
758             print('Brandabschnitt existiert bereits!')
759             print()
760             input('Bitte eine Taste drücken: ')
761             return 'NOKAY'
762     brabst = input('Beschreibung Brandabscnitt: ')
763     try:
764      menge = input('Anzahl Gefa-HUs: ')
765      menge = int(menge)
766     except TypeError:
767         print('Bitte natürliche Zahl als Menge eingeben!')
768         print()
769         input('Bitte eine Taste drücken: ')
770         return 'NOKAY'
771     except ValueError:
772         print('Bitte natürliche Zahl als Menge eingeben!')
773         print()
774         input('Bitte eine Taste drücken: ')
775         return 'NOKAY'
776     #   Aufbau brabs-Eintrag und speichern
777     h = lvs.db.brabs.get_empty()
778     h['Brandabschnitt']=str(brabs)
779     h['Bezeichnung']=str(brabst)
780     h['AnzGefaHu']=menge
781     h['AktAnzGefaHu']=0
782     lvs.db.brabs.insert(h)
783     #   Bewegung schreiben
784     lvs.bewegungen_schreiben('BRAA',' ',' ',str(user),' ',' ',' ',' ',' ',' ',' ',' ',' ','',str(brab
785     #   Erfolgsmeldung und DB-Sicherung
786     print()
787     print('Brandabschnitt angelegt!')
788     lvs.db.sichern()
789     #   zurück zum Hauptprogramm
790     return 'OKAY'
791     #-------------------------------------
```

Abbildung 425: Mathematik - Brandabschnitte II

Nachschub auslösen, Unterprogramm ‚kaba‘ in lvs_ueb.py

Tab. 8 Mathematik – Interne Prozesse – Nachschub

Zeile	Python-‚Befehl‘	Beschreibung	Mathematik	Beschreibung
819	[]	leere Liste	leere Funktion	leere Funktion
838	sorted	Sortieren nach 2ter Komponente aufsteigend	Sortieren	Sortieren mittels Sortieralgorithmus
842	sliste[0][0]	Liste, deren Elemente wieder Listen sind; von der ersten Liste wird der erste Eintrag = Komponente ausgewählt	(sliste_1)_1	Tupel mit Komponenten, die ebenfalls Tupel sind; Auswahl der ersten Tupel-Komponente und von dieser wiederum die erste Komponente
844	platzaendern	Unterroutine	‚Funktion‘	‚Aufruf einer Funktion‘ (siehe technische CLI-Dokumentation)

```python
#--------------------------------------------------------------
#Unterprogramm Nachschub auslösen
#--------------------------------------------------------------
def kaba(platz,material,user):
#   Überschrift und DB initialisieren
    print('Nachschub auslösen')
    print()
    lvs.init()
#   Daten übernehmen
    material = str(material)
    platz = str(platz)
#   Nachschub-Daten lesen und prüfen
    toSelectn = lvs.db.nachschub.select({'Material':material,'Platz':platz})
    if toSelectn == []:
        print()
        print('Abbruch: keine Nachschubdaten zum Material und Lagerplatz vorhanden!')
        return 'NOKAY'
    for rown in toSelectn:
        ltyp = rown['NLagertyp']
        strat = rown['NStrategie']
        if rown['NGesperrt'] == 'NEIN':
            gesp = ''
        else:
            gesp = 'X'
#   Bestand zum Material im Nachschub-Lagertyp suchen und Sperrkennzeichen sowie Status im Lager beachten
    toSelectg = lvs.db.gebinde.select({'Lagertyp':ltyp,'Material':material,'Status':'L','RetKz':gesp})
    liste = []
    sliste = []
    for rowg in toSelectg:
        liste.append((rowg['Nummer'],rowg['Platz'],int(rowg['Menge'])))
#   Bestand nach Menge sortieren nach Strategie = KLEINMENGE
    if strat == 'KLEINMENGE':
        sliste = sorted(liste, key=itemgetter(2), reverse=False)
#   Falls möglich, eine zum Zielplatz HU bewegen mittels platzaendern
    print(sliste)
    input('Bitte eine Taste drücken: ')
    hu = sliste[0][0]
#   Platzänderung
    fehler = lvs.platzaendern(hu,user,platz)
```

Abbildung 426: Mathematik - Nachschub

Transportmatrix zu Quelle und Ziel, Unterprogramm ‚tmatrix' in lvs_V2.py

Tab. 9 Mathematik – Interne Prozesse – Transportmatrix

Zeile	Python- ‚Befehl'	Beschreibung	Mathematik	Beschreibung
1736	while	Solange-Schleife	Rekursive Funktion	Eine Funktion f berechnet Werte f(var) zu einer Variablen-Menge var, falls b(var)=True ist, wobei b eine Bedingung in Abhängigkeit von var ist. Gleichzeitig werden die Variablen mittels Funktion h zu neuen Variablen h(var) transformiert. Nun wird f erneut mit h(var) aufgerufen, falls b(h(var)) wahr ist und liefert das Ergebnis f(h(var)) usw. …
1736	<	Kleiner gleich	<	Kleiner gleich
1737	range(0, y-1)	Range mit Startwert 0 und Endwert y-2 (nicht y-1 !)	Tupel	Menge der natürlichen Zahlen von 0 bis y-2 als Tupel in aufsteigender Reihenfolge
1741	nliste. append	Objekt an nliste anhängen	Tupel-Erweiterung = Funktionserweiterung	Konkatenation im Tupelmonoid

```
1727
1728    #------------------------------------------------
1729    #Transportmatrix
1730    #------------------------------------------------
1731  ▼ def tmatrix(vonPlatz,anPlatz):
1732        x = 2
1733        y = len(tmatrix2(vonPlatz,anPlatz))
1734        liste = tmatrix2(vonPlatz,anPlatz)
1735        nliste = []
1736  ▼     while x < y:
1737  ▼         for i in range(0, y-1):
1738                tliste = tmatrix2(liste[i],liste[i+1])
1739  ▼             if i < y-2:
1740  ▼                 if len(tliste) > 2:
1741                        nliste.append(tliste[0])
1742                        nliste.append(tliste[1])
1743  ▼                 else:
1744                        nliste.append(tliste[0])
1745  ▼             else:
1746  ▼                 for c in tliste:
1747                        nliste.append(c)
1748            x = len(liste)
1749            y = len(nliste)
1750            liste = nliste
1751            nliste = []
1752        return liste
1753
```

Abbildung 427: Mathematik - Transportmatrix

Datentabellen brabs.csv, retkopf.csv, retpos.csv und smile.csv

Tab. 10 Mathematik – Datenbasis

Tabelle	Feld	Beschreibung	Mathematik	Beschreibung
brabs	AnzGefaHu	Anzahl erlaubter Gefahrstoff-HUs im Brandabschnitt	natürliche Zahl	Variable mit natürlicher Zahl als Wert, mit der vergleichend geprüft wird
brabs	AktAnzGefaHu	Aktuelle Anzahl an Gefahrstoff-HUs im Brandabschnitt	natürliche Zahl	Variable mit natürlicher Zahl als Wert, mit der vergleichend geprüft wird
retkopf	Lieferung	Retourennummer	natürliche Zahl	aus einer Menge = Nummernkreis
retkopf	Anlagedatum	Anlagedatum und Uhrzeit	Datum und Uhrzeit	in jeweiliger Einheit
retpos	Lieferung	Retourennummer	natürliche Zahl	aus einer Menge = Nummernkreis
retpos	Position	Positionsnummer	natürliche Zahl	fix = 1
retpos	Menge	Retournierte Menge	natürliche Zahl	höchstens so groß wie die ausgelieferte Menge
retpos	Einheit	Einheit der retournierten Menge	Menge mit Einheit	Einheit der retournierten Menge
retpos	VLieferung	Vorgänger-Nummer	natürliche Zahl	Auslieferungsnummer aus einem Intervall = Nummernkreis
retpos	VPosition	Vorgänger-Positionsnummer	natürliche Zahl	Positionsnummer
smile	ProzPauTRa	prozentualer Aufschlag für den Transport	Prozentsatz	Nettobetrag einer Auslieferung wird um diesen Anteil erhöht
smile	ProzPauVerp	prozentualer Aufschlag für die Verpackung	Prozentsatz	Nettobetrag einer Auslieferung wird um diesen Anteil erhöht
smile	MWST	Mehrwertsteuer in %	Prozentsatz	Nettobetrag + Aufschläge (VERP und TRA) einer Auslieferung werden um diesen Anteil erhöht

	A	B	C	D	E
1	Brandabschni	Bezeichnung	AnzGefaHu	AktAnzGefaHu	
2	BR01	Brandabschni	10	0	
3	BR02	Brandabschni	20	0	
4	BR03	Brandabschni	25	0	
5	BR04	Brandabschni	26	0	

Abbildung 428: Mathematik - Datentabellen I

	A	B	C
1	Lieferung	Anlagedatum	
2	1	25.09.2024 20:21	
3	2	25.09.2024 20:26	
4	3	25.09.2024 20:38	
5	4	25.09.2024 20:39	
6	5	25.09.2024 20:44	
7			
8			

Abbildung 429: Mathematik - Datentabellen II

	A	B	C	D	E	F	G	H	I	J
1	Lieferung	Position	Material	Menge	Einheit	Charge	Split	VLieferung	VPosition	
2	1	1	M005	1	ST			30	1	
3	2	1	M005	1	ST			30	1	
4	3	1	M000	1	ST			50	1	
5	4	1	M000	2	ST	CH00	S0	50	1	
6	5	1	M000	1	ST	CH00	S0	50	1	
7										
8										

Abbildung 430: Mathematik - Datentabellen III

J	K	L	M	N
iteuerNr	ProzPauTra	ProzPauVerp	MWST	Bank
2/3333/4444	10	5	19	SMILE-Bar

Abbildung 431: Mathematik - Datentabellen IV

SMILE-Shop

In Modul lvs_ueb.py

Tab. 11 Mathematik – Shop

Zeile	Python-‚Befehl‘	Beschreibung	Mathematik	Beschreibung
1184	split	Splitten von Strings	Split	Splitten eines Wortes
495	random.uniform	reelle Zufallszahl in einem Intervall	Methoden zur Zufallszahlen-erzeugung, Intervalle, Dezimalzahl	reelle Zufallszahl in einem Intervall
1502	ceil	Aufrunden	ceil	Aufrundungs-funktion
520	<=	Kleiner gleich	<=	Kleiner gleich
1067	'SHOP' in row-p['Lagertyp']	In-Operator	Boyer-Moore-Horspool-Algorithmus	Suchalgorithmus Wort im Wort
1067	qrcode.make(string)	QR-Code aus String erzeugen	siehe z. B. [7]	QR-Code aus Wort erzeugen
1175	Scanqrcode()	Scan eines QR-Codes via Laptop-Kamera	siehe z. B. [7], Mustererkennung	Scan eines QR-Codes via Lap-top-Kamera
1511	time.sleep(4)	Ausführung 4 s anhalten	Zeitintervall	Zeitintervall
261	time.strfti-me(„%d.%m.%Y %H:%M:%S“)	Formatierung der internen Zeit in Tag, Monat, Jahr, Stunden, Minuten, Sekunden	Zeit und Datum, Funktion zur Kon-vertierung	Zeit und Datum, Funktion zur Kon-vertierung
174 (in shop_kasse-py)	time.strfti-me(„%m/%d/%Y“)	Formatierung der internen Zeit in Tag, Monat, Jahr	Zeit und Datum, Funktion zur Kon-vertierung	Zeit und Datum, Funktion zur Kon-vertierung

```
1181            return 'Abbruch'
1182
1183    #   Splitten nach /
1184    x = scanfield.split("/")
1185
```

Abbildung 432: Mathematik - Shop I

```
490              min = gewicht * float(1)
491              print('Minimum: ',min)
492              max = gewicht * float(rowhu['Menge'])
493              print('Maximum',max)
494          #Zufallszahl float im Intervall
495              zgewicht = np.random.uniform(min,max)
496              print('Zufallsgewicht: ',zgewicht)
497              zgewicht = float(zgewicht)
```

Abbildung 433: Mathematik - Shop II

```
1498              print('aufgerundetes Zufallsgewicht: ',zgewicht)
1499          #Umrechnen in Menge
1500              gewogen = zgewicht / float(rowm['Gewicht'])
1501              print('Zufallsgewicht in Menge: ',gewogen)
1502              imenge = math.ceil(gewogen)
1503              print('aufgerundete Menge: ',imenge)
1504          #HUM setzen bis zur Maximalmenge
1505              if imenge > int(rowhu['Menge']):
1506                  hum = int(rowhu['Menge'])
```

Abbildung 434: Mathematik - Shop III

```
517              print()
518              print('Menge ist unzulässig, da groesser als HU-Menge.')
519              continue
520          if int(hum) <= 0:
521              print()
522              print('Menge kleiner oder gleich Null ist unzulässig.')
523              continue
524          if rowhu['RetKz'] == 'X':
```

Abbildung 435: Mathematik - Shop IV

```
1063          return 'NOKAY'
1064
1065    #   wenn SHOP-Lagertyp, dann Prüfung auf 10 Stellen, A bis Z und 0 bis 9
1066    for rowp in toSelectp:
1067        if 'SHOP' in rowp['Lagertyp']:
1068            prfbuch = set('ABCDEFGHIJKLMNOPQRSTUVWXYZ')
1069            prfzahl = set('0123456789')
1070            if len(platzn) > 10:
```

Abbildung 436: Mathematik - Shop V

```
1084          qr = 'SMILE001 PV' + rohp
1085
1086    #   Qrcode.make verwenden
1087        img = qrcode.make(qr)
1088
```

Abbildung 437: Mathematik - Shop VI

```
1171      tvs.init()
1172
1173    #   angepasster Scan aus GUI-Version verwenden
1174    #   Scan-Ergebnis wurde retourniert
1175      scanfield = gui.SCANqrcode()
1176
```

Abbildung 438: Mathematik - Shop VII

```
1508                             hum = int(imenge)
1509                 print('endgültige Menge: ',hum)
1510●                #4 Sekunden warten
1511                 time.sleep(4)
1512                 #Ausgabe des Wiegens
1513                 print()
1514                 print('Wiegen erfolgreich durchgef
```

Abbildung 439: Mathematik - Shop VIII

```
259
260    #    Datum und Uhrzeit
261         datetime = time.strftime("%d.%m.%Y %H:%M:%S")
262
263    #    PDF-Dokument erzeugen und aufbauen
```

Abbildung 440: Mathematik - Shop IX

```
173            slk['StelEinheit']='EPAL'
174            slk['Anlagedatum']=time.strftime("%m/%d/%Y")
175            slk['Dispodatum']=time.strftime("%m/%d/%Y")
176            slk['Shop']='X'
```

Abbildung 441: Mathematik - Shop X

Python-Programme, Klassen, Methoden, Unterprogramme

Es werden die in den jeweilige Modulen und Programmen neu erstellten bzw. angepassten Klassen,
Methoden und Unterprogramme gelistet

Tab. 12 Programme, Klassen, Methoden, Unterprogramme

Programm	Klasse	Methode	Unterprogramm	neu	angepasst
lvs_ueb.py				X	
lvs_ueb.py			wakostl	X	
lvs_ueb.py			wakostlst	X	
lvs_ueb.py			redr	X	
lvs_ueb.py			kret	X	
lvs_ueb.py			kumb	X	
lvs_ueb.py			gudr	X	
lvs_ueb.py			braa	X	
lvs_ueb.py			bras	X	
lvs_ueb.py			kaba	X	
lvs_ueb.py			brar	X	
lvs_ueb.py			qrlp	X	
lvs_ueb.py			qrla	X	
lvs_ueb.py			qrne	X	
lvs_ueb.py			qrna	X	
lvs_ueb.py			pick	X	
shop_kasse.py				X	
shop_kasse.py	kassen	__init__			X
shop_kasse.py	kassen	addmoney			

(Fortsetzung)

© Der/die Herausgeber bzw. der/die Autor(en), exklusiv lizenziert an Springer-Verlag GmbH, DE, ein Teil von Springer Nature 2026
S. Wirsing, *SMILE Prototyp zur Lagerverwaltung - Command Line Interface (CLI)*, Schule für Mathematik, Informatik, Logistik und Erfolg,
https://doi.org/10.1007/978-3-662-71857-5

Tab. 12 (Fortsetzung)

Programm	Klasse	Methode	Unterprogramm	neu	angepasst
shop_kasse.py	kassen	submoney		X	
shop_kasse.py	kassen	func			X
shop_kasse.py	kassen	inventory			
shop_kasse.py	kassen	custret		X	
shop_kasse.py	kassen	action			X
shop_kasse.py	kassen	__del__		X	
shop_kasse.py			__main__	X	
lagerplatz.py				X	
lagerplatz.py			__main__	X	
lagerplatz.py			umwandlung	X	
lvs_gui_tkinter.py					X
lvs_gui_tkinter.py			SCANqrcode()		X
lvs_gui_tkinter.py			alle anderen		
lvs_V2.py				X	
lvs_V2.py			gebindeavis		X
lvs_V2.py			lieferantenret		X
lvs_V2.py			verschrotten		X
lvs_V2.py			transportschuppe		X
lvs_V2.py			platzfindung		X
lvs_V2.py			einlagern		X
lvs_V2.py			bewegungen_schreiben		X
lvs_V2.py			platzaendern		X
lvs_V2.py			chargstamminfo		X
lvs_V2.py			gebindeinfo		X
lvs_V2.py			mainloop		X
lvs_V2.py			__main__		
lvs_V2.py			tmatrix	X	
lvs_V2.py			tmatrix2	X	
lvs_V2.py			kpunktdialog		
lvs_V2.py			ipunktdialog		
lvs_V2.py			kuehlgut		
lvs_V2.py			nummernkreise		
lvs_V2.py			bestmat		
lvs_V2.py			bestplatz		
lvs_V2.py			matstamminfo		
lvs_V2.py			stichdialog		
lvs_V2.py			huweauto		

(Fortsetzung)

Tab. 12 (Fortsetzung)

Programm	Klasse	Methode	Unterprogramm	neu	angepasst
lvs_V2.py			klassen und methoden		
lvs_V2.py			gebindelabel		
lvs_V2.py			pruefchargeneu		
lvs_V2.py			gebindewe		
lvs_V2.py			zahltobadisch		
lvs_V2.py			badischtozahl		
lvs_V2.py	datenbank	init			
lvs_V2.py	datenbank	sichern			
lvs_V2.py	table	set_header			
lvs_V2.py	table	select			
lvs_V2.py	table	delete			
lvs_V2.py	table	modify			
lvs_V2.py	table	insert			
lvs_V2.py	table	get_empty			
lvs_V2.py	table	show			
lvs_V2.py	table	load			
lvs_V2.py	table	clear			
lvs_V2.py	table	save			

Datentabellen und Felder

Es werden alle Datentabellen (im csv-Format) und zugehörigen Felder aufgelistet sowie dargestellt, ob sie neu angelegt, angepasst oder nicht geändert wurden.

Tab. 13 Datentabellen und Felder

Tabelle.csv	Feld	neu	angepasst
benutzer			
benutzer	Benutzer		
benutzer	Hash		
benutzer	Mail		
bewegungen			X
bewegungen	Bewegung		
bewegungen	HU		
bewegungen	Lieferant		
bewegungen	User		
bewegungen	Fehlerflag		
bewegungen	Fehlercode		
bewegungen	von-Platz		
bewegungen	an-Platz		
bewegungen	Zeitstempel		
bewegungen	Material		
bewegungen	Charge		
bewegungen	Split		
bewegungen	Menge		
bewegungen	Einheit		
bewegungen	Grund		

(Fortsetzung)

S. Wirsing, *SMILE Prototyp zur Lagerverwaltung - Command Line Interface (CLI)*, Schule für Mathematik, Informatik, Logistik und Erfolg, https://doi.org/10.1007/978-3-662-71857-5

Tab. 13 (Fortsetzung)

Tabelle.csv	Feld	neu	angepasst
bewegungen	Referenz		
bewegungen	Kostenstelle	X	
bewegungen	VReferenz	X	
bewegungsarten			
bewegungsarten	Bewegungsart		
bewegungsarten	Bedeutung		
brabs		X	
brabs	Brandabschnitt	X	
brabs	Bezeichnung	X	
brabs	AnzGefaHu	X	
brabs	AktAnzGefaHu	X	
chargstamm			X
chargstamm	Material		
chargstamm	Charge		
chargstamm	Split		
chargstamm	Verfall		
chargstamm	ERP_Charge		
chargstamm	SperKz	X	
codebereiche		X	
codebereiche	Lagernummer	X	
codebereiche	Bereich	X	
codebereiche	Text	X	
codes			X
codes	Funktion		
codes	Bedeutung		
codes	Bereich	X	
fehlerflag			
fehlerflag	Fehlerflag		
fehlerflag	Fehlerflagtext		
fehlertabelle			
fehlertabelle	Fehlernummer		
fehlertabelle	Fehlertext		
flotte			
flotte	Kennzeichen		
flotte	Art		
flotte	Zuladung		
flotte	ZulEinheit		

(Fortsetzung)

Tab. 13 (Fortsetzung)

Tabelle.csv	Feld	neu	angepasst
flotte	Stellplaetze		
flotte	StelEinheit		
flotte	Status		
flotte	Bilddatei		
flotte	aktTour		
flotte	lTour		
gebinde			X
gebinde	Nummer		
gebinde	Lieferant		
gebinde	Platz		
gebinde	Fehlerflag		
gebinde	Fehlercode		
gebinde	Status		
gebinde	Material		
gebinde	Charge		
gebinde	Split		
gebinde	Menge		
gebinde	Einheit		
gebinde	RetKz	X	
gebinde	RetKopf	X	
gebinde	RetPos	X	
gebinde	Lagertyp	X	
kostenstellen			X
kostenstellen	Kostenstelle		X
kostenstellen	Bezeichnung		X
gefaltyp			X
gefaltyp	Lagernummer		X
gefaltyp	Lagertyp		X
gefaltyp	Lagerklasse		X
kunde			X
kunde	Kunde		
kunde	Land	X	
kunde	Stadt	X	
kunde	StrNr	X	
kunde	Mail	X	
kunde	Geschlecht	X	
kunde	Nummer	X	

(Fortsetzung)

Tab. 13 (Fortsetzung)

Tabelle.csv	Feld	neu	angepasst
kunde	Postleitzahl	X	
kunde	Nachname	X	
lagerklassen			X
lagerklassen	Lagerklasse		X
lagerklassen	Bezeichnung		X
lagertyp			X
lagertyp	Lagernummer		X
lagertyp	Lagertyp		X
lagertyp	Bezeichnung		X
lagertyp	GefaPr		X
lagertyp	Waage		X
lhmstamm			
lhmstamm	LHM		
lhmstamm	Name		
lhmstamm	Stellplatz		
lhmstamm	StelEinheit		
lhmstamm	Gewicht		
lhmstamm	GewEinheit		
lhmstamm	Bilddatei		
lhmstamm	Bild		
matstamm			X
matstamm	Material		
matstamm	Labor		
matstamm	Split00		
matstamm	BME		
matstamm	Chargenpflicht		
matstamm	Kuehlpflicht		
matstamm	vonTemp		
matstamm	bisTemp		
matstamm	TempEinheit		
matstamm	Einlstrat		
matstamm	Einltyp		
matstamm	LHM		
matstamm	Gewicht		
matstamm	GewEinheit		
matstamm	Palette		
matstamm	PreisBME	X	

(Fortsetzung)

Tab. 13 (Fortsetzung)

Tabelle.csv	Feld	neu	angepasst
matstamm	Preiseinheit	X	
matstamm	Bezeichnung	X	
matstamm	Lagerklasse	X	
matstamm	Shop	X	
nachschub		X	
nachschub	Lagernummer	X	
nachschub	Material	X	
nachschub	Platz	X	
nachschub	NLagertyp	X	
nachschub	NStrategie	X	
nachschub	NGesperrt	X	
nachschub	Teilmenge	X	
nummernkreise			
nummernkreise	Objekt		
nummernkreise	Stand		
nummernkreise	Beschreibung		
nummernkreise	Aktiv		
plaetze			X
plaetze	Platz		
plaetze	Bedeutung		
plaetze	Lagertyp		
plaetze	belegt		
plaetze	Temperatur		
plaetze	Kapazitaet		
plaetze	aktAnzahl		
plaetze	Brandabschnitt	X	
retkopf		X	
retkopf	Lieferung	X	
retkopf	Anlagedatum	X	
retkopf	Gutschrift	X	
retkopf	Betrag	X	
retkopf	Kasse	X	
retpos		X	
retpos	Lieferung	X	
retpos	Position	X	
retpos	Material	X	
retpos	Menge	X	

(Fortsetzung)

Tab. 13 (Fortsetzung)

Tabelle.csv	Feld	neu	angepasst
retpos	Einheit	X	
retpos	Charge	X	
retpos	Split	X	
retpos	VLieferung	X	
retpos	Vposition	X	
slkopf			X
slkopf	Lieferung		
slkopf	Tour		
slkopf	Kunde		
slkopf	Status		
slkopf	Gewicht		
slkopf	GewEinheit		
slkopf	Stellplaetze		
slkopf	StelEinheit		
slkopf	Anlagedatum		
slkopf	Dispodatum		
slkopf	Shop	X	
slpos			X
slpos	Lieferung		
slpos	Position		
slpos	Material		
slpos	Menge		
slpos	Einheit		
slpos	Status		
slpos	RMenge	X	
slpos	Charge	X	
slpos	Split	X	
slstati			
slstati	Status		
smile		X	
smile	Lagernummer	X	
smile	Lagerleiter	X	
smile	Strasse	X	
smile	Stadt	X	
smile	Land	X	
smile	Mail	X	
smile	Internet	X	

(Fortsetzung)

Tab. 13 (Fortsetzung)

Tabelle.csv	Feld	neu	angepasst
smile	Mobil	X	
smile	UmstIdnNr	X	
smile	SteuerNr	X	
smile	ProzPauTra	X	
smile	ProzPauVerp	X	
smile	MWST	X	
smile	Bank	X	
smile	BIC	X	
smile	IBAN	X	
smile	ZahlEmp	X	
smile	SCGrund	X	
smile	SMGrund	X	
smile	SPPlatz	X	
smile	Kasse	X	
tourkopf			
tourkopf	Tour		
tourkopf	Kennzeichen		
tourkopf	Status		
tourkopf	Gewicht		
tourkopf	Stellplaetze		
tourkopf	zGewicht		
tourkopf	zStellplaetze		
tourkopf	GewEinheit		
tourkopf	StelEinheit		
tourkopf	Anlagedatum		
tourpos			
tourpos	Tour		
tourpos	Lieferung		
tourpos	tourstati		
tourpos	Status		
transportmatrix		X	
transportmatrix	Lagernummer	X	
transportmatrix	VonLagertyp	X	
transportmatrix	AnLagertyp	X	
transportmatrix	TranLagertyp	X	
transportmatrix	TranLagerplatz	X	
transportmatrix	Aktiv	X	

(Fortsetzung)

Feldinhalte der Datenbasis

Einige Stammdaten-Inhalte sind bewusst in ihrer Bezeichnung so gewählt, dass sie auf ihre Bedeutung hinweisen. Nachfolgende Tabelle präsentiert diese Inhalte.

Tab. 14 Feldinhalte der Datenbasis

Tabelle.csv	Feld	Inhalt	Bedeutung
Bewegungs-arten	Bewegungs-art	CH_01	CH = Charge 01 = Anlage
		HU_WE	HU = Handling Unit WE = Wareneingang
		HU_AVIS	HU = Handling Unit AVIS = Avisierung
		HU_LRET	HU = Handling Unit LRET = Lieferantenretoure
		HU_SCHR	HU = Handling Unit SCHR = Verschrottung
		HU_TA	HU = Handling Unit TA = Transportauftrag
		HU_FLAG	HU = Handling Unit FLAG = Fehlerkennzeichen am WE-Stich
		HU_CODE	HU = Handling Unit CODE = Fehlercode am I-Punkt
		SL_01	SL = Soll-Lieferung = Auslieferung 01 = Anlage
		TU_01	TU = Tour 01 = Anlage

(Fortsetzung)

S. Wirsing, *SMILE Prototyp zur Lagerverwaltung - Command Line Interface (CLI)*, Schule für Mathematik, Informatik, Logistik und Erfolg, https://doi.org/10.1007/978-3-662-71857-5

Tab. 14 (Fortsetzung)

Tabelle.csv	Feld	Inhalt	Bedeutung
		HU_WAKOSTL	HU = Handling Unit WAKOSTL = Warenausgang Kosten- stelle
		HU_WAKOSTL_ST	HU = Handling Unit WAKOSTL = Warenausgang Kosten- stelle ST = Storno
		REDR	REDR = Rechnungsdruck
		KRET	KRET = Kundenretoure erfassen
		KUMB	KUMB = Kundenretourenbestand um- buchen
		GUDR	GUDR = Gutschriftdruck
		BRAA	BRAA = Brandabschnitt anzeigen
		KABA	KABA = Kanban Nachschub
		SPEC	SPEC = Sperrkennzeichen Charge
		SPEB	SPEB = Sperrkennzeichen Bestand
		WA_SL	WA = Warenausgang SL = Auslieferung = Soll-Lieferung
brabs	Brand- abschnitt	BR01…BR99	BR = Brandabschnitt
chargstamm	Charge	CH***	CH = Charge
code- bereiche	Bereich	MFS	Materialfluss-System
		WE	Wareneingang
		INT	interne Prozesse
		WA	Warenausgang
		REPO	Auswertungen
		STAMM	Stammdaten
		BEST	Bestand
		ALLG	Allgemein
codes	Funktion	ENDE	Programmende
		AVIS	Gebinde anlegen
		STICH	Fehlerflag am WE-Stich setzen
		IPUNKT	MFS am I-Punkt simulieren
		KPUNKT	Bearbeitung am K-Punkt
		INFO	Gebindeinfo zu einem Gebinde

(Fortsetzung)

Tab. 14 (Fortsetzung)

Tabelle.csv	Feld	Inhalt	Bedeutung
		FLAGS	Anzeige mögliche Fehlerflags am WE-Stich
		FEHLER	Anzeige mögliche Fehler am I-Punkt
		BEST	Anzeige aller Gebinde
		PLATZ	Platz von Gebinde ändern
		PLAETZE	mögliche Plätze anzeigen
		RET	Lieferantenretoure für ein Gebinde
		BEWE	alle Bewegungen anschauen
		CHAR	Chargenstamm anzeigen
		MATS	Materialstamm anzeigen
		BMAT	Bestand zum Material
		BPLA	Bestand zum Platz
		WEMA	Wareneingang manuell
		SNRO	Nummernkreise anzeigen
		SCHR	Verschrotten
		KUHL	Kühlgut im Lager
		LABL	Labeldruck zum Gebinde
		EINLAG	Einlagern
		WAKO	Kostenstellenausbuchung
		WAKOST	Storno Kostenstellenausbuchung
		REDR	Rechnungsdruck zur Auslieferung
		KRET	Kundenretoure zur Auslieferungsposition – Lager
		KRETS	Kundenretoure zur Auslieferungsposition – SHOP
		KUMB	Bestand zur Kundenretoure entsperren
		GUDR	Gutschriftdruck zur Kundenretoure
		BRAA	Brandabschnitte anlegen
		BRAS	Brandabschnitte anzeigen
		KABA	Nachschub
		TRAN	Transportmatrix zweier Lagerplätze
		BRAR	Brandabschnitt auswerten
		QRLP	QR-Barcode Lagerplatz
		QRLA	QR-Barcode Scan zum Lagerplatz
		QRNE	QR-Barcode Nachschub
		QRNA	QR-Barcode Scan zum Nachschub
		PICK	Shop – Kommissionierung

(Fortsetzung)

Tab. 14 (Fortsetzung)

Tabelle.csv	Feld	Inhalt	Bedeutung
fehlerflag	Fehlerflag		fördertechniktauglich
		F	fördertechnikuntauglich
		D	Mengenfehler
		M	Materialfehler
		C	Chargenfehler
		B	Barcodefehler
		K	Kartonage defekt
		P	Palette defekt
		O	Stretchfolie defekt
Flotte	Kennzeichen	LI-MS-***	in Anlehnung an SMILE
		SMILE***	in Anlehnung an SMILE
Lagerklasse	Lagerklasse	LG***	LG = Lagerklasse
lagertyp	Lagertyp	WE	Wareneingang
		HRL	Hochregallager
		KUEHL	Kühllager
		BLOCK	Blocklager
		SCHROTT	Verschrottung
		WA	Warenausgang
		TRAN	Transfer-Lagertyp
		SAMM	Sammel-Lagertyp
		KONS	Konsolidierungs-Lagertyp
		SPERR	Sperr-Lagertyp
		SHOP_NACH	Shop Nachschubregal
		SHOP_GEFA	Shop Gefahrstoff-Schrank
		SHOP_KTL	Shop Kleinteilebereich
		SHOP_KRET	Shop Kundenretoure
		SHOP_SCHR	Shop Verschrottung
		SHOP_SHOW	Shop Showroom
		TRAN_SHOP	Shop Lagertransfer
		SHOP_PACK	Shop Verpackung & WA
lhmstamm	LHM	EPAL**	In Anlehnung an die Firma EPAL die Ladehilfsmittel mit den Bezeichnungen EPAL** herstellt (siehe [9])
matstamm	Material	M***	M = Material
	Labor	LAB**	LAB = Labor
	Einlstrat	LEERAB	LEERAB = absteigend nach Kapazität sortieren

(Fortsetzung)

Tab. 14 (Fortsetzung)

Tabelle.csv	Feld	Inhalt	Bedeutung
	Einlstrat	LEERAUF	LEERAUF = aufsteigend nach Kapazität sortieren
nachschub	NStrategie	KLEINMENGE	N = Nachschub KLEINMENGE = Plätze mit geringsten Bestand wählen
nummern-kreise	Objekt	TRAPO	interne Transporte
		WE	Wareneingang
		AUSL	Auslieferung
		INTL	Interne Umlagerung
		BELE	Materialbeleg
		ANLI	Anlieferung
		GEBE	Gebinde
		TOUR	Touren
		WA	Warenausgang
		PICK	Kommissionierungen
		REDR	Rechnungsdruck zur Auslieferung
		KRET	Kundenretoure
		GUDR	Gutschrftdruck zur Kundenretoure
Plaetze	Platz	WE_STICH	Wareneingangs-Stich
		TRANSPORT_I_PUNKT	Transport zum I-Punkt: unterwegs
		I_PUNKT	I-Punkt
		NIO	Kontroll-Platz
		TRANSPORT_HRL	Transport ins HRL: unterwegs
		TRANSPORT_K_PUNKT	Transport zum K-Punkt: unterwegs
		K_PUNKT	K-Punkt
		TRANSPORT_RETOURE	Transport zum Retouren-Platz: unterwegs
		RETOURE	Retouren-Platz
		WE_LIEF	manueller Wareneingang
		HRL_01_01_01	HRL
		HRL_01_01_02	HRL
		HRL_01_01_03	HRL
		HRL_01_01_04	HRL
		HRL_01_01_05	HRL
		HRL_01_01_06	HRL
		KUEHL_1	Kühlturm
		KUEHL_2	Kühlturm

(Fortsetzung)

Tab. 14 (Fortsetzung)

Tabelle.csv	Feld	Inhalt	Bedeutung
		KUEHL_3	Kühlturm
		KUEHL_4	Kühlturm
		KUEHL_5	Kühlturm
		BLOCK	Blockplatz
		SCHROTT	Schrottplatz
		HRL_01_02_01	HRL
		HRL_01_02_02	HRL
		HRL_01_02_03	HRL
		HRL_01_02_04	HRL
		HRL_01_02_05	HRL
		HRL_01_02_06	HRL
		WAKOSTL	Ausbuchung Kostenstelle
		WAKOSTL_ST	Storno Ausbuchung Kostenstelle
		WE_KRET	Kundenretoure zur Auslieferungsposition
		TRAN_BLOCK	Transfer zum Blocklagertyp
		SAMM_BLOCK	Sammeln zum Blocklagertyp
		KONS_BLOCK	Konsolidieren zum Blocklagertyp
		SPERR	gesperrt Bestände
		SHOPNACH01	Shop – Nachschub 01
		SHOPNACH02	Shop – Nachschub 02
		SHOPNACH03	Shop – Nachschub 03
		SHOPNACH04	Shop – Nachschub 04
		SHOPNACH05	Shop – Nachschub 05
		SHOPNACH06	Shop – Nachschub 06
		SHOPNACH07	Shop – Nachschub 07
		SHOPNACH08	Shop – Nachschub 08
		SHOPNACH09	Shop – Nachschub 09
		SHOPNACH10	Shop – Nachschub 10
		SHOPKTL001	Shop – Kleinteilebereich 001
		SHOPKTL002	Shop – Kleinteilebereich 002
		SHOPKTL003	Shop – Kleinteilebereich 003
		SHOPKTL004	Shop – Kleinteilebereich 004
		SHOPKTL005	Shop – Kleinteilebereich 005
		SHOPKTL006	Shop – Kleinteilebereich 006
		SHOPKTL007	Shop – Kleinteilebereich 007
		SHOPKTL008	Shop – Kleinteilebereich 008

(Fortsetzung)

Tab. 14 (Fortsetzung)

Tabelle.csv	Feld	Inhalt	Bedeutung
		SHOPKTL009	Shop – Kleinteilebereich 009
		SHOPKTL010	Shop – Kleinteilebereich 010
		SHOP_KRET	Shop – Kundenretoure
		SHOPGEFA01	Shop – Gefahrstoffschrenk 01
		SHOPGEFA02	Shop – Gefahrstoffschrenk 02
		SHOPGEFA03	Shop – Gefahrstoffschrenk 03
		SHOPGEFA04	Shop – Gefahrstoffschrenk 04
		SHOPGEFA05	Shop – Gefahrstoffschrenk 05
		SHOPGEFA06	Shop – Gefahrstoffschrenk 06
		SHOPGEFA07	Shop – Gefahrstoffschrenk 07
		SHOPGEFA08	Shop – Gefahrstoffschrenk 08
		SHOPGEFA09	Shop – Gefahrstoffschrenk 09
		SHOPGEFA10	Shop – Gefahrstoffschrenk 10
		SHOPSHOW01	Shop – Showroom 01
		SHOPSHOW02	Shop – Showroom 02
		SHOPSHOW03	Shop – Showroom 03
		SHOPSHOW04	Shop – Showroom 04
		SHOPSHOW05	Shop – Showroom 05
		SHOPSHOW06	Shop – Showroom 06
		SHOPSHOW07	Shop – Showroom 07
		SHOPSHOW08	Shop – Showroom 08
		SHOPSHOW09	Shop – Showroom 09
		SHOPSHOW10	Shop – Showroom 10
		SHOP_SCHR	Shop – Verschrottung
		TRAN_SHOP	Shop – Transfer zum Lager
		SHOP_Sven	Shop – Verkauf Kunde Sven
		SHOP_Alex	Shop – Verkauf Kunde Alex
		SHOP_Lena	Shop – Verkauf Kunde Lena
		SHOP_Erhard	Shop – Verkauf Kunde Erhard
		SHOP_Dominik	Shop – Verkauf Kunde Dominik
		SHOP_Terence	Shop – Verkauf Kunde Terence
retpos	VLieferung	***	V = Vorgänger
	VPosition	***	V = Vorgänger

Verwendete Python-Befehle

Es folgt eine Liste aller benutzten ‚Python-Befehle', die bei den Lösungen der Übungsaufgaben angewendet worden sind.

Im Vergleich zur technischen Dokumentation sind

- bereits verwendete Python-Befehle fett markiert (etwa **# – Kommentar**)
- nicht verwendete Python-Befehle durchgestrichen
- neu verwendete Befehle in anderer Schrift (etwa .ceil – Aufrundungsfunktion)

dargestellt.

Tab. 15 Liste verwendeter Python-Befehle

Befehl	Bedeutung
#	**Kommentar**
==	**logischer Ausdruck für gleich**
!=	**logischer Ausdruck für ungleich**
"	**leerer Text**
>	**logischer Ausdruck für grösser**
>=	**logischer Ausdruck für grösser gleich**
<	**logischer Ausdruck für kleiner**
<=	**logischer Ausdruck für kleiner gleich**
+	**Addition bei Zahlen, Konkatenation bei Strings**
=+1	**Variable um 1 erhöhen**
–	**Subtraktion von Zahlen**
**	**Potenzieren von Zahlen**
*	**Multiplizieren von Zahlen**

(Fortsetzung)

S. Wirsing, *SMILE Prototyp zur Lagerverwaltung - Command Line Interface (CLI)*, Schule für Mathematik, Informatik, Logistik und Erfolg, https://doi.org/10.1007/978-3-662-71857-5

Tab. 15 (Fortsetzung)

Befehl	Bedeutung
{}	leere Menge
[]	leere Liste
\n	Zeilenumbruch
‚Text'	das Wort Text als String
__init__	Initialisierungsmethode eines Klassenobjektes
__name__	Systemvariable von Python
__main__	Wert der Systemvariablen ‚__name__' als Haupt-programm-Indikator
__del__	Destruktor definieren
.append	Liste erweitern
answer =	Umgang mit Variablen
Anzahl[0], sliste[0][0]	Umgang mit Listen, erste Stelle (fängt intern bei 0 an)
as	Alias-Erzeugung
aspose	aspose-Modul
dc = aspose.Document(file) dc.pages[1].add_image(…) aspose.Rectangle(a,b,c,d)	Aspose-Funktionen zum Bearbeiten von Files bzgl. Bildern und Rechtecken
bew['HU'] =	Umgang mit Python-Dictionary Wert des Feldes ‚HU' in Zeile bew
bewegungen_schreiben(…)	Unterprogramm aufrufen
break	Schleife abbrechen
chargstamminfo	Unterprogramm aufrufen
.ceil	Aufrundungsfunktion
class	Klassendefinition
continue	Schleifendurchlauf abbrechen und Folgedurchlauf beginnen
Datenbank()	Klasse ‚Datenbank'
db =	Umgang mit Variablen
def Beispiel(…) def __init__	Unterprogramm oder Klassenmethode definieren Konstruktordefinition
del kasse1	Destruktor aufrufen
delete	eigene Methode aus Klasse ‚*Table*'
einlagern	Unterprogramm aufrufen
False	Boolesche Variable für FALSCH
float(var)	Umwandlung von ‚var' in Fliesskommazahl
for … in …	for-Schleife
FPDF()	Modul FPDF
from … import …	Importieren von Funktionen, Paketen etc.

(Fortsetzung)

Tab. 15 (Fortsetzung)

Befehl	Bedeutung
gebindeinfo	Unterprogramm aufrufen
gebindewe	Unterprogramm aufrufen
gebindlabel	Aufruf Unterprogramm
get_empty	eigene Methode aus Klasse ‚*Table*‘
h[‚nummer‘] =	Umgang mit Python-Dictionary, Wert des Feldes ‚nummer‘ in Zeile h
If	wenn-dann-Operator
If…elif	logischer if-Operator
If…elif…else	logischer if-Operator
img.show(text)	Python-Methode zum Speichern eines Images
img.save(text)	Python-Methode zum Anzeigen eines Images
import	Python-Paketimport
in	logischer Operator z. B. Buchstabe oder String enthalten in anderem String
.index	Index eines Strings
init()	Aufruf Unterprogramm
initial =	Umgang mit Variablen
input	Dateneingabe auf der Konsole
insert	eigene Methode aus Klasse ‚*Table*‘
int(var)	Umwandlung von ‚var‘ in Integerzahl
is instance	Objekt ist Instanz einer Klasse
kasse1 = Kassen()	Instanzierung einer Klasse
kasse1.action()	Ausführung Methode action auf kasse1
laden	eigene Methode aus Klasse ‚*Datenbank*‘
len	Länge eines Strings
lieferantenret	Unterprogramm aufrufen
mainloop()	Aufruf Unterprogramm
modify	eigene Methode aus Klasse ‚*Table*‘
not	logische Bedingung für ‚nicht‘
not in	logischer Operator
np.random.uniform(a,b)	reelle Zufallsvariable zwischen a und b
nummernkreise	Unterprogramm aufrufen
or	logischer Ausdruck für oder
OrderedDict()	Datentyp für Dictionarys
pdf.add_page	Seite hinzufügen
pdf.cell	Zelle hinzufügen
pdf.output	PDF speichern

(Fortsetzung)

Tab. 15 (Fortsetzung)

Befehl	Bedeutung
pdf.set_font	**Schriftart setzen**
platzaendern	**Unterprogramm aufrufen**
platzfindung	**Unterprogramm zum Finden eines Lagerplatzes zur Einlagerung**
print	**Ausgabe auf der Konsole**
protokoll.append	**Anhängen an eine Liste mit append-Methode**
qrcode.make(qr)	**Python-Methode zur Erzeugung eines QR-Codes**
raise	**Ausnahmebehandlung**
range	**Liste von Zahlen**
return a,b,…	**Datenrückgabe aus einem Unterprogramm oder einer Klassenmethode**
row['Charge']	**Umgang mit Python-Dictionary** **Wert des Feldes ‚Charge' in Zeile row**
save	**Methode aus Klasse ‚Table'**
select	**eigene Methode aus Klasse *Table***
self.addmoney()	**Ausführung Methode addmoney auf Klasse self** **(in anderer Methode, die Klasse self übergeben bekommt)**
s in alphabet	**Prüft, ob Wert s in Menge alphabet vorkommt und gibt TRUE oder FALSE zurück**
self.__current **self._current** **self.current**	**Umgang mit Klassenattributen**
set	**Mengendefinition**
sichern	**eigene Methode aus Klasse *Datenbank***
sorted(liste, key = itemgetter(1)) **sorted(liste, key = itemgetter(1), reverse = True)**	**absteigend und aufsteigende Sortierung einer Liste mit der sorted-Methode**
split =	**Umgang mit Variablen (analog lieferant = etc.)**
.split	**Zeichenkette splitten**
str(var)	**Umwandlung eines Wertes einer Variablen in einen String**
Table()	**Definition Klassenobjekt aus Klasse ‚Table'**
time.sleep(n)	**n Sekunden mit Ausführung warten**
time.strftime	**Zeitstempel inkl. Formatierung**
True	**Boolesche Variable für WAHR**
try … except	**Ausnahmebehandlung**
type error	Fehlerfall bei Verwendung von try – except
value error	Fehlerfall bei Verwendung von try – except
verschrotten	**Unterprogramm aufrufen**
while	**while-Schleife**

Literatur

1. Smile Spirale Katja Tränker, SMILE-Logo, @eStudioCalamar
2. https://link.springer.com/ (Plattform des Verlages Springer Nature, letzter Seitenaufruf: 10.04.2026)
3. SMILE Prototyp zur Lagerverwaltung - Command Line Interface (CLI) - Version 1.0, Python-Grundlagen und technische Dokumentation, Sven Wirsing, Springer Nature, 2025, Heidelberg
4. Modul aspose https://products.aspose.com/pdf/de/python-net/images/add/, (Link zum Modul aspose, letzter Seitenaufruf: 10.04.2026
5. Gefahrgut und Gefahrstoff https://www.jh-profishop.de/profi-guide/unterschied-gefahrgut-gefahrstoff/?srsltid=AfmBOoqsHx9zdJMY5-wxhfeMYCnhOAuFsUyez3V-8T7zTCqbFJULE-pAV (Link zu Gefahrstoffen, letzter Seitenaufruf: 10.04.2026)
6. Serverdaten für POP3 und SMTP https://hilfe.gmx.net/pop-imap/pop3/serverdaten.html (Link zu Sicherheitseinstellungen bei GMX, letzter Seitenaufruf: 10.04.2026)
7. QR-Codes einfach erklärt https://www.mathematik.de/dmv-blog/142-qr-codes-einfach-erklaert (Link zu QR-Codes, letzter Seitenaufruf: 10.04.2026)
8. AMAG-Shop https://www.amag-import.ch/de/teile-und-zubehoer/amag-shop.html (Link zum AMAG-Shop, letzter Seitenaufruf: 10.04.2026)
9. EPAL https://www.epal-pallets.org/eu-de/ (Link zur EPAL, letzter Seitenaufruf: 10.04.2026)